普通高等教育土建学科专业"十二五"规划教材
高校建筑电气与智能化学科专业指导委员会
规划推荐教材

建筑物信息设施系统

丁海鹰
朱学莉　主　编
王　娜　主　审

中国建筑工业出版社

图书在版编目(CIP)数据

建筑物信息设施系统/于海鹰,朱学莉主编. —北京:中国建筑工业出版社,2017.12(2024.1重印)
普通高等教育土建学科专业"十二五"规划教材. 高校建筑电气与智能化学科专业指导委员会规划推荐教材
ISBN 978-7-112-21408-2

Ⅰ.①建… Ⅱ.①于…②朱… Ⅲ.①智能建筑-信息技术-基础设施-高等学校-教材 Ⅳ.①TU855

中国版本图书馆 CIP 数据核字(2017)第 258572 号

本教材依据《高等学校建筑电气与智能化本科指导性专业规范》(2014 年版)编写,共有 10 章,全面系统地介绍了智能建筑中信息设施系统的基本概念、系统构成、系统功能和工程设计方法等。

第 1 章介绍信息设施系统、智能建筑和智慧城市等基本概念及其相互关系,标准的概念、分类和作用。第 2 章至第 10 章分别介绍组成信息设施系统的各子系统的结构、功能和工程设计方法,内容包括用户电话交换系统、计算机网络系统、综合布线系统、接入网系统、公共广播系统、会议系统、信息引导与发布系统、时钟系统和机房系统。

本教材的编写注重工程实际应用,重点介绍各子系统的组成、工作原理、具备的功能和采用的新技术,国家颁布的最新技术或工程设计规范,并介绍工程案例。

本教材是普通高等教育土建学科专业"十二五"规划教材,主要用于建筑电气与智能化专业及其他相关专业的教材,亦可作为智能建筑工程设计、施工、管理人员的参考书。

本书配套课件及资料,如有需要请发邮件至 jckj@cabp.com.cn,电话:010-58337285,建工书院http://edu.cabplink.com。

责任编辑:张 健 王 跃 齐庆梅
责任校对:焦 乐 关 健

普通高等教育土建学科专业"十二五"规划教材
高校建筑电气与智能化学科专业指导委员会规划推荐教材

建筑物信息设施系统

于海鹰
朱学莉 主 编
王 娜 主 审

*

中国建筑工业出版社出版、发行(北京海淀三里河路 9 号)

各地新华书店、建筑书店经销

北京科地亚盟排版公司制版

建工社(河北)印刷有限公司印刷

*

开本:787×1092 毫米 1/16 印张:19 字数:470 千字
2018 年 1 月第一版 2024 年 1 月第七次印刷
定价:**45.00** 元(赠教师课件)
ISBN 978-7-112-21408-2
(30559)

教材编审委员会名单

序

自 20 世纪 80 年代中期智能建筑概念与技术发端以来，智能建筑蓬勃发展而成为长久热点，其内涵不断创新丰富，外延不断扩展渗透，具有划时代、跨学科等特性，因之引起世界范围教育界与工业界高度瞩目与重点研究。进入 21 世纪，随着我国经济社会快速发展，现代化、信息化、城镇化迅速普及，智能建筑产业不但完成了"量"的积累，更是实现了"质"的飞跃，成为现代建筑业的"龙头"，赋予了节能、绿色、可持续的属性，延伸到建筑结构、建筑材料、建筑能源以及建筑全生命周期的运营服务等方面，更是促进了"绿色建筑"、"智慧城市"中建筑电气与智能化技术日新月异的发展。

坚持"节能降耗、生态环保"的可持续发展之路，是国家推进生态文明建设的重要举措，建筑电气与智能化专业承载着智能建筑人才培养重任，肩负现代建筑业的未来，且直接关乎建筑"节能环保"目标的实现，其重要性愈来愈加突出！2012 年 9 月，建筑电气与智能化专业正式列入教育部《普通高等学校本科专业目录（2012 年）》（代码：081004），这是一件具有"里程碑"意义的事情，既是十几年来专业建设的成果，又预示着专业发展的新阶段。

全国高等学校建筑电气与智能化学科专业指导委员会历来重视教材在人才培养中的基础性作用，下大气力紧抓教材建设，已取得了可喜成绩。为促进建筑电气与智能化专业的建设和发展，根据住房和城乡建设部《关于申报普通高等教育土建学科专业"十二五"部级规划教材的通知》（建人专函〔2010〕53 号）要求，委员会依据专业规范，组织有关专家集思广益，确定编写建筑电气与智能化专业 12 本"十二五"规划教材，以适应和满足建筑电气与智能化专业教学和人才培养需要。望各位编者认真组织、出精品，不断夯实专业教材体系，为培养专业基础扎实、实践能力强、具有创新精神的高素质人才而不断努力。同时真诚希望使用本规划教材的广大读者多提宝贵意见，以便不断完善与优化教材内容。

全国高等学校建筑电气与智能化学科专业指导委员会

主任委员　方潜生

前　言

随着智能建筑技术在我国的快速发展，为满足社会对专业人才的需要，我国首次设立了建筑电气与智能化本科专业并被正式列入教育部《普通高等学校本科主要目录（2012年）》。在建筑电气与智能化专业规范中，提出开设建筑物信息设施系统课程，并列为本专业的核心课程之一。本书作为普通高等教育土建学科"十二五"规划教材，根据住房和城乡建设部《关于普通高等教育土建学科"十二五"规划教材选题通知》的要求和建筑电气与智能化专业规范对建筑物信息设施系统课程知识领域要求，由高等学校建筑电气与智能化学科专业指导委员会组织编写。

建筑物信息设施系统涵盖了建筑物中所有与信息的采集、传送、处理、交换、显示、存储等相关的系统，它是现代化建筑物中最重要的基础设施平台，是智慧城市建设中最基本的单元。

本教材的编写注重工程实际应用，重点介绍各子系统的组成、应具备的功能、采用的新技术及系统的配置，依据国家颁布的最新技术或工程设计规范，对最基本和核心的子系统讲解设计方法，并介绍工程案例。

由于建筑物信息设施系统涉及的子系统繁多，应用的技术涉及多个学科，并且其内容还在随着科技发展不断地外延和扩充，近几年相关系统技术或工程设计新规范不断推出，既有规范不断修订，编写这样一本教材确实具有挑战性。为此我们邀请了富有工程实践经验的部分行业人士共同参与编写。

本书由山东建筑大学于海鹰教授和苏州科技大学朱学莉教授（硅湖职业技术学院特聘教授）联合组织编写。本书第1、3和4章由于海鹰编写，第2章由庄华伟编写，第5章由张泉、于海鹰编写，第6和9章由朱学莉编写，第7章由王岷编写，第8章由温波、于海鹰编写，第10章由杨维瑛、阎绍才和闫庆军编写，于海鹰主编负责全书编写组织和统稿工作。主审由长安大学王娜教授担任。在本书的编写过程中，北京联合大学范同顺教授、南京工业大学张九根和刘建峰教授、苏州科技大学付保川教授、华东交通大学倪勇教授等给予了诸多中肯意见，在此表示真诚感谢！于亮、秦旭辉、魏谦、王艳艳和王娜等研究生承担了部分插图及工程图纸的制作和绘制，星网锐捷网络有限公司、杭州华三通信技术有限公司和济南同圆设计研究院提供了部分工程案例，在此一并感谢！本书部分案例的图纸通过扫描二维码获得，由深圳市松大科技有限公司提供技术支持，在此表示感谢！

由于作者水平有限，书中不当与错误之处在所难免，恳请各位同行、专家、使用本教材的师生和所有读者批评指正，并将意见和建议发给主编，以便修正。

目　录

第1章 概　　述

当时光进入 21 世纪，历史的长河将人类带入了信息化社会。在这个时代，每时每刻都在产生海量的多样化的信息，人们生活在这样一个空间，周边充满了各种形态的信息，它们渗透到了人类的几乎一切活动之中。

建筑是现代文明人赖以生活和工作的居所，因此在建筑内必须要有能够为人们提供信息服务的设施，这就是建筑物的信息设施系统（Information Facilites in the Buildings，IFB）。该系统承担建筑物内部与内部、内部与外部的信息处理职能。《智能建筑设计标准》GB 50314—2015 给信息设施系统的定义是：

为满足建筑物的应用与管理对信息通信的需求，将各类具有接收、交换、传输、处理、存储和显示等功能的信息系统整合，形成建筑物公共通信服务综合基础条件的系统。

在当今时代，建筑物信息设施系统是智能建筑中最基础的系统，也是建设智慧城市的基础。

1.1　建筑物信息设施系统的构成

人们通过耳、目、鼻、口、身感知外界的各种信息，但是人们进行信息交流的器官则仅限耳、目和口，信息呈现的形式必须是可视、可闻的，因此建筑物信息设施系统需要能够对声音、图形和图像、文字以及三者组成的多媒体形式的信息进行处理。根据国家有关标准、规范，建筑物信息设施系统有以下系统构成。

（1）通信接入系统。

（2）电话交换系统。

（3）信息网络系统。

（4）综合布线系统。

（5）室内移动通信覆盖系统。

（6）卫星通信系统。

（7）有线电视系统及卫星电视接收系统。

（8）广播系统。

（9）会议系统。

（10）信息引导及发布系统。

（11）时钟系统。

（12）其他相关的信息通信系统。

本书根据国家设计标准的要求，结合智能建筑系统工程建设的实际情况，将建筑物中的信息设施系统划分为十一项，列于图 1-1 中。上述标准中提到的室内移动通信覆盖系统和卫星通信系统合并到接入网系统中，把建筑物中的信息机房作为信息设施系统之一进行

建筑物信息设施系统																		
电话通信系统			计算机网络系统			接入网系统			广播系统		有线电视系统		会议系统		信息导引系统	信息发布系统	时钟系统	机房系统	
用户电话交换机	虚拟交换系统	软交换系统	局域网	无线局域网	综合布线系统	有线接入网	无线接入网	三网合一	公共广播	紧急广播	有线电视	卫星电视接收	数字会议	视频会议	信息导引系统	信息发布系统	时钟系统	机房系统

图 1-1　现阶段智能建筑系统中的信息设施系统

介绍。

1.1.1　电话交换系统

电话交换系统是历史最为悠久的电气化的通信系统，至今已有近 140 年的历史。电话交换系统在发明之初是要提供语音信息服务。随着电话网络的普及和数字技术的出现，电话交换网曾承担相当多的非语音业务，如传真、数据业务、计算机网络业务等，并为计算机网络的发展做出了重大贡献。但是目前电话交换网"返璞归真"，依然主要提供话音业务。

虽然电话交换系统提供的业务没有发生太大变化，但是组网技术、交换方式和系统的实现形式发生了根本性的改变。现在的用户电话交换系统已不仅仅是采用用户交换机（PBX）一种模式，出现了虚拟交换（Virtual Switching）、分组交换（Packet Switching）、软交换（Soft-Switching）等现代化的电话交换系统。在本书第 2 章，将对各种交换技术的原理和组网方法作介绍，并依据国家相关规范，讲授用户电话交换机的配置规定和要点。

1.1.2　计算机网络系统

当代人们的工作和生活与计算机系统密切相关，不仅办公室和居所有 PC 机，而且大量的笔记本电脑、平板电脑（PAD）、手持电脑（PDA）和智能手机等便携式、手持式的计算机就在身边。利用这些计算机接入计算机网络，人们可以随时随地获得所需的信息。为满足用户的这一需要，就要求在建筑物内建立完善的计算机网络系统。建筑物内的计算机网络系统不仅能够支持台式 PC 机上网，并且保证一定的传输速率，还要能够支持移动设备的上网。因此，智能建筑中不仅要有宽带的固定网络，还要有无缝覆盖的无线网络。当然，不论是固定网络还是无线网络，在建筑物内的计算机网络均属于计算机局域网。在第 3 章，将对各种局域网技术作介绍，重点介绍以太网、高速以太网和 Wi-Fi 无线局域网，还将介绍组网用的各种网络设备，并就网络系统的设计方法和要点做讲授，此外还简要介绍了网络安全和网络管理方面的基本知识。

1.1.3　综合布线系统

综合布线系统是建筑物内的智能化系统，包括计算机网络系统和语音通信系统、楼宇自控系统、建筑安防系统等，提供统一、开放的线缆敷设平台。因此，有人把它称为建筑物的"神经系统"。

综合布线系统不同于传统的布线系统，它采用一套模块化的结构，可适应各种类型的建筑、建筑群和住宅小区的布线要求，其拓扑结构可以支持各种应用系统和不同的网络技术。综合布线技术的出现和应用打破了传统布线系统的桎梏，可以在建筑物的建设过程中同步设计和施工。如今，综合布线系统已是各类建筑，特别是智能建筑中最基本、最重要的基础设施。在第 4 章，将详细介绍综合布线系统的由来、综合布线系统的特点，重点讲授综合布线系统的设计方法和步骤以及综合布线系统的各项性能指标以及综合布线系统的测试方法、测试模型及其应用。

1.1.4　通信接入网系统

每一栋建筑、建筑群或住宅小区，在信息的海洋中都是一个个独立的小岛。这些独立的信息岛需要与外界相连以便交换信息，否则就变成信息孤岛了。将这些信息岛连接到一起的就是电信系统中的接入网系统。

接入网分有线接入和无线接入两大类接入方式。接入网与运营商提供的业务有很大关系。当前，在我国提供接入网服务的运营商，既有传统的电信公司和有线电视网络公司，还有许多计算机网络公司和卫星通信公司。在过去以及现在的大部分地区，一个行业的运营商只能提供一种服务，如电信公司提供语音服务，有线电视公司提供有线电视服务，计算机网络公司提供 Internet 服务。因此连接各建筑物、建筑群和住宅小区的接入网有多套，造成重复建设和资源的巨大浪费。现在我国政府已提出要进行电信改革，实施"三网融合"。三网融合的关键是在接入网方面。本教材的第 5 章，将对接入网的概念、作用和类型做简要介绍，并对三网合一采用的主要技术做讲解。

1.1.5　公共广播与紧急广播系统

广播系统分为公共广播、紧急广播和厅堂广播系统，厅堂广播又分为会议广播和影剧院/场馆广播。一般建筑物内的广播系统包括了公共广播、紧急广播和会议广播。公共广播系统通常与紧急广播系统合设，正常情况时用作公共广播，当出现紧急情况时切换为紧急广播。

公共广播作为传播信息的一种工具，早期主要用于转播新闻、发布通知及作息信号。目前的公共广播系统已发展成为个性化、多样化和多功能化的独立系统。在本教材的第 6 章，将介绍智能建筑中广播系统的基本构成、系统配置和设备选型。

1.1.6　有线电视与卫星电视接收系统

如果说电话系统是建筑物中最早的信息设施系统，那么有线电视系统则是历史上仅次于电话系统的信息设施系统了。电视广播有着全球最大的用户群体，如今有线电视系统的覆盖率甚至超过了固定电话系统。几乎所有的办公建筑、居住建筑、公共建筑都对有线电视系统有需求。初期的有线电视系统解决了开路系统传输容量小和信号质量差的不足。随着城市有线电视网络的发展和普及，有线电视系统已从过去单向的单业务模拟传输系统向双向、宽带、高清晰度、数字化、多业务传输系统发展。

卫星电视接收系统可以接收通信卫星或电视直播卫星发送的电视信号，进一步丰富了电视节目的来源。在酒店类建筑中，卫星电视接收系统可以提供境外电视节目，服务来自于不同地区的客户；在偏远的学校，可以通过卫星电视接收系统开展远程教学。

在第 7 章，将对有线电视系统做详细介绍，包括系统的构成、系统功能和实现方式，重点介绍有线电视系统的设计方法和步骤。

1.1.7　会议系统

目前许多的智能建筑中安装了现代化的会议系统。会议室不再是过去仅配置几个话筒，后台放置一台功率放大器，连接几个音箱组成的初级会议系统了。现代化的会议系统采用了数字音视频处理和传输技术以及数字控制技术，贯穿了从会议签到、发言表决、同声传译、多媒体信息显示、会场照明到扩声均衡各个环节。视频会议系统允许与会人员在各自的办公室或分会场面对面地参与会议，省却了参会人员舟车劳顿，节省了时间和费用，提高了办公效率。第8章将对数字会议系统和会议电视系统做基本介绍，包括系统构成、系统功能和基本配置。

1.1.8　信息导引、发布系统与时钟系统

现在越来越多的机关办公建筑和公共建筑，如医院、商场等设立了信息查询台，以方便客户查询信息，这就是所谓的"信息导引"系统。信息导引系统的前端大多采用触摸屏，后端接入业主或单位的局域网。查询内容可通过联网的计算机进行编辑、修改和更新。

提到信息发布系统，似乎还有些抽象和陌生，但是说到LED（Light Emitting Diode，发光二极管）显示大屏幕，相信大家都已司空见惯。其实，LED大屏就是信息发布系统的一种形式。近年来信息发布系统几乎在所有的建筑物中都有应用，如交通场站的车次、航班信息，银行营业厅的金融信息，证券交易所中的证券信息，政府办事大厅的现行政策法规信息，学校教学楼的教室使用状态信息，写字楼电梯厅等处的多媒体显示终端等，都属于信息发布系统。

时钟系统在某些类型的建筑中是非常重要的一个系统，如媒体类建筑、医院建筑、学校建筑、交通枢纽建筑等，在这些类建筑中，对时间有着严格的要求。时钟系统将保证建筑物中的所有受控钟表的时间相一致，并且钟表设置的位置和数量符合相关的规定。

在教材的第9章，将分别介绍信息导引、发布和时钟系统。

1.1.9　信息机房系统

随着智能建筑的发展，建筑物中的智能化系统越来越多，因此安放设备的机房也越来越多，特别是计算机技术的广泛应用和各种基于网络技术的应用系统的不断增加，电子信息机房的重要性日显突出。信息机房是指放置关键网络和通信设备的弱电机房。信息机房系统现在已发展成为一个专门的技术门类和行业，不仅涉及强、弱电，还与结构、消防、空调等密切相关。在本教材最后一章，将对信息机房的工程设计做初步介绍。

1.2　信息设施系统与智能建筑和智慧城市

何为"智能建筑"？

根据国家标准《智能建筑设计标准》GB 50314—2015，对智能建筑定义为：以建筑物为平台，基于对各类智能化信息的综合应用，集架构、系统、应用、管理及优化组合为一体，具有感知、传输、记忆、推理、判断和决策的综合智慧能力，形成以人、建筑、环境互为协调的整合体，为人们提供安全、高效、便利及可持续发展功能环境的建筑。

在该定义中，明确了智能建筑系统的构成，并将信息设施系统列为智能建筑中的首个

系统，由此可见信息设施系统在智能建筑中的重要位置。

何为"智慧城市"？

智慧城市的概念源于IBM公司2009年提出的"智慧地球"。IBM所谓的"智慧地球"是把各种功能不同的传感器嵌入到地球各个角落的物体中，实现对物体的全面感知，通过泛在、普适的物联网，实现物—物、物—人、人—人互联互通，再通过超级计算机系统、云计算和移动计算技术、大数据处理技术，最终实现人类对工作、生活方式的更精细化动态管理，从而达到"全球智慧"的状态。

"智慧城市"目前尚没有统一、明确的定义，不同的视角对智慧城市的理解不同，定义也就不同。但有一点毋庸置疑，智慧城市建设的起源是城市信息化建设。城市信息化建设的目的就是要融合各个行业的信息，消除信息孤岛，在城市的管理、生活、产业等各个方面，实现智能控制、智能管理、智能服务和智能处理。目前在"智慧城市"概念的带动下，智慧交通、智慧医疗、智慧物流、智慧城管、智慧公共安全、智慧农畜牧业、智慧大厦（智能建筑）、智慧社区等应运而生。

我国相关政府部门提出了一个智慧城市的体系架构，如图1-2所示。

在该体系架构中，将智慧城市分为城市基础设施和城市建设应用服务两部分。其中，城市基础设施由信息通信网、水网、能源网和交通网四个物理基础网络模块组成。这其中的信息通信网模块，自下而上又由感知控制层、网络传输层、数据层和平台层四个层次构成。

总之，智慧城市建设是要建造一个由信息技术支撑、能够统一管理的网络平台。它由多个系统组成，能够相互融合、互联互通，通过对各种数据的智慧应用，在城市一级实现统一运营、管理和服务。

建筑是城市的细胞。智能建筑是具有感知、推理、判断和决策的综合智慧能力及形成以人、建筑、环境互为协调的整合体，因此智能建筑是智慧城市的基本单元、管理枢纽和基础载体。智能建筑以及智能社区，理所当然地是智慧城市的基石，是智慧城市中的重要组成部分。

当然，由于智慧城市概念的出现，对智能建筑提出了新的要求。今后智能建筑的技术发展和工程建设都应适应智慧城市的需求，换言之，智能建筑需升级，套用"智慧地球"、"智慧城市"的名称，升级后的智能建筑可以冠以"智慧建筑"，也有人称为"智能建筑2.0"。

新概念下的智能建筑有哪些升级呢？

首先，智慧城市对于智能建筑的要求不仅仅是单体建筑、建筑群、住宅小区，而是整个城市基于道路、建筑、管线等立体的管理，需要将单体建筑或建筑群的智能化系统建设拓展到建筑物之间、建筑群之间的共通和互联。从技术上说，是建立起一个基于空间地理信息系统的建筑物、道路以及地下管线的全方位的智能化系统。

其次，传统的智能建筑以楼宇自控系统、建筑公共安防系统为核心。在智慧城市中，智能建筑将是智慧城市中的信息节点，实现建筑物内外的互联互通、信息共享和联动协调显得尤为重要。因此，今后的智能建筑系统建设，其智能化系统转向以信息系统为核心，楼宇自控、安防等系统仅作为节点的一般配置。

最后，集成的深度应由之前单纯的建筑物内各智能化系统之间的系统集成，升级到网络集成、应用集成和数据集成。

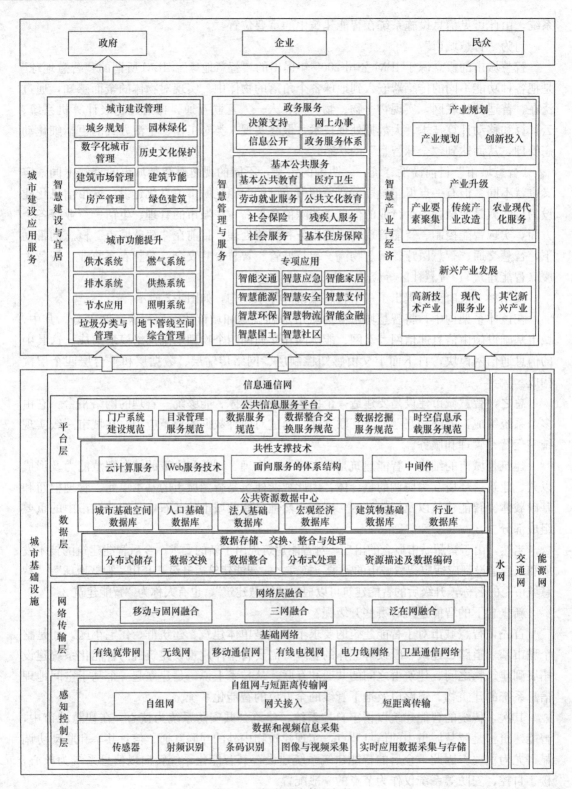

图 1-2　智慧城市体系架构

建筑智能化系统是一个发展的概念，具备适应情况变化的能力，能够与时俱进，它会随着智能化技术的发展及人们需求的增长而不断完善。

1.3 系统的工程设计标准与规范

标准与质量紧密联系在一起，标准是质量管理的基础，是质量控制的依据。建筑工程质量也不例外。《中华人民共和国建筑法》明确规定：建筑工程勘察、设计、施工的质量必须符合国家有关建筑工程安全标准的要求（第五十二条）。建筑工程的勘察、设计单位必须对其勘察、设计的质量负责。勘察、设计文件应当符合有关法律、行政法规的规定和建筑工程质量、安全标准、建筑工程勘察、设计技术规范以及合同的约定。设计文件选用的建筑材料、建筑构配件和设备，应当注明其规格、型号、性能等技术指标，其质量要求必须符合国家规定的标准（第五十六条）。

《中华人民共和国建筑法》第七十三条还规定：建筑设计单位不按照建筑工程质量、安全标准进行设计的，责令改正，处以罚款；造成工程质量事故的，责令停业整顿，降低资质等级或者吊销资质证书，没收违法所得，并处罚款；造成损失的，承担赔偿责任；构成犯罪的，依法追究刑事责任。

因此，依照相关标准规范进行工程设计是每个从事建筑工程设计人员所要牢记和遵守的。

目前我国已颁发了许多有关智能建筑中的信息设施系统相关技术和工程设计及工程验收标准和规范。在进行信息设施系统工程设计时应严格遵循这些国家或行业的标准、规范，特别是标准和规范中的强制性条文（简称"强条"），必须严格执行。

当前有关信息设施系统的标准和规范详见表1-1。新的标准和规范将会陆续颁发，现有的标准和规范也会定期修订。一旦新的标准、规范推出，或现有标准、规范进行了修订，必须按照新版和修订后的执行。

有关信息设施系统的现行部分国家和行业标准、规范一览表 表 1-1

系统名称	标准、规范名称及编号	最新年号	类型
智能建筑	《智能建筑设计标准》GB 50314	2015	指南
电话交换系统	《用户电话交换系统工程设计规范》GB/T 50622	2010	规程
	《用户电话交换系统工程验收规范》GB/T 50623	2010	规程
计算机网络系统	《以太网交换机技术要求》YD/T 1099	2013	规范
	《具有路由功能的以太网交换机技术要求》YD/T 1255	2013	规范
	《局域网 第 3 部分：带碰撞检测的载波侦听多址访问（CSMA/CD）的访问方法和物理层规范》GB 15629.3	2014	规范
	《防火墙设备技术要求》YD/T 1132	2001	规范
	《基于以太网技术局域网系统验收测评规范》GB/T 21671	2008	规范
	《5.8GHz无线局域网》GB 15629.1101	2006	规范
	《2.4GHz无线局域网》GB 15629.1104	2006	规范

续表

系统名称	标准、规范名称及编号	最新年号	类型
综合布线系统	《综合布线系统工程设计规范》GB 50311	2016	规程
	《综合布线系统工程验收规范》GB/T 50312	2016	规程
	《用户建筑群的通用布缆》GB/T 18233	2008	规程
通信接入网系统	《3.5GHz 固定无线接入工程设计规范》YD/T 5097	2005	规程
	《接入网设备测试方法——不对称数字用户线（ADSL）》YD/T 1055	2005	规程
	《无线通信室内覆盖系统工程设计规范》YD/T 5120	2015	规程
	《住宅区和住宅建筑内光纤到户通信设施工程设计规范》GB 50846	2012	规程
	《住宅小区光纤到户通信配套设施设计规范》DB37/T 2123	2012	规程
	《住宅小区光纤到户通信配套设施验收规范》DB37/T 2124	2012	规程
广播系统	《公共广播系统工程技术规范》GB 50526	2010	规程
有线电视系统与卫星电视接收系统	《有线电视系统工程技术规范》GB 50200	1994	规程
	《有线电视广播系统技术规范》GY/T 106	1999	规程
	《C 频段卫星电视接收站通用规范》GB/T 11442	2017	规程
会议系统	《会议电视会场系统工程设计规范》GB 50635	2010	规程
	《基于 IP 网络的视讯会议系统总技术要求》GB/T 21639	2008	规程
	《红外线同声传译系统工程技术规范》GB 50524	2010	规程
	《会议电视系统工程验收规范》YD 5033	2005	规程
	《厅堂扩声系统设计规范》GB 50371	2006	规程
信息导引、发布系统	《视频显示系统工程技术规范》GB 50464	2008	规程
	《视频显示系统工程测量规范》GB/T 50525	2010	规程
信息机房系统	《电子信息系统机房设计规范》GB 50174	2008	规程
	《数据中心基础设施施工及验收规范》GB 50462	2015	规程
	《建筑物电子信息系统防雷技术规范》GB 50343	2012	规程
	《建筑物防雷设计规范》GB 50057	2010	规程
	《通信局（站）电源系统总技术要求》YD/T 1051	2010	规程
	《通信电源设备安装工程设计规范》YD 5040	2005	规程
	《电信设备安装抗震设计规范》YD 5059	2005	规程
	《通信建筑工程设计规范》YD 5003	2014	规程

本 章 小 结

　　建筑物中的信息设施系统不论其重要性还是它所包含的内容，在当今时代都在不断发展和变化。作为本书的开篇，首先对建筑物中的信息设施系统的基本概念和系统的构成做了介绍。结合我国的有关设计规范和工程建设的具体情况，将建筑物信息设施系统划分为电话交换系统、计算机网络系统、通信接入网系统、综合布线系统、广播系统、有线电视系统、会议系统、信息引导与发布系统、时钟系统和信息机房系统共 10 个子系统，并对各子系统的功能和作用做了简要介绍。应掌握建筑物信息设施系统的构成和各子系统的基本功能。

　　建筑物信息设施系统与智能建筑和智慧城市是密切相关的，并且随着智慧城市的出现，其内涵也在发生着变化。应熟悉建筑物信息设施系统与智能建筑和智慧城市的关系。

　　本章的最后介绍了有关标准的基本概念，标准的几种主要类型和标准条款的表述形式，以便于阅读标准时正确理解各条款的含义。此外还列出了智能建筑以及信息设施系统工程设计相关的标准和规范，供读者在学习时参照。应掌握有关工程标准的类型和条款表述的形式，熟悉建筑物信息设施系统工程设计和验收的相关国家标准和行业标准。

思考题与习题

1. 建筑物中的信息设施系统包含了哪些应用系统？各系统的功能有哪些？

2. 为什么说现阶段建筑物信息设施系统是智能建筑的基础？

3. 试论述建筑物信息设施系统在智慧城市建设中的作用和角色。

4. 为何在工程设计时必须遵守或符合国家、行业的工程设计标准或规范？

第2章 用户电话交换系统

2.1 系统概述

人类社会的一切活动都离不开信息的传递，信息设施系统的任务就是克服人们距离上的障碍，迅速准确地传递信息。在当今信息时代，信息传递的方式日新月异，但是在所有的通信方式中，电话通信应用最为广泛。

自1876年美国人贝尔发明电话以来，电话交换技术一直处于飞速的变革和发展之中。随着电话数量的增加，电话网络变得越来越庞大。在这庞大的网络中，有一种设备是不可缺少的，那就是用户电话程控交换机。用户电话程控交换机是进行内部电话交换的一种专用交换机，其基本功能是完成单位内部用户的相互通话，也可以通过出入中继线与公用电话网（PSTN，Public Switched Telephone Network）相连接。由于这类交换机可根据用户需要增加若干附加性能以提供使用上的方便，因此这类交换机具有较大的灵活性。另外用户交换机在各单位分散设置，更靠近用户，因而缩短了用户线距离，节省了用户电缆；同时用少量的出入中继线接入市话网，起到话务集中的作用。因此在公用网建设中，用户交换机起着重要的作用。

伴随着Internet的不断发展，网络中的信息量在不断增长，基于Internet的IP电话（Voice over IP，简写为VoIP）应运而生。经过多年的技术积累，将话音转换为IP数据报的技术变得更为实用和经济。此外，集成电路技术的高速发展，使得IP电话的核心部件数字信号处理器的价格也大幅度下降。IP电话发展至今，已由初期的IP电话软件时期进入到IP电话网关时期。VoIP技术已从具有话音服务的PC初级产品和仅限定在IP网络内部范围发展到具有多业务、高可靠性以及较好服务质量的含话音、传真、数据传送功能的电信业务。目前，通过IP电话网关实现PSTN和Internet互通，从而实现PC到电话、电话到PC和电话到电话的呼叫，完全能够满足商用的要求，并且话音质量也大大改善。

通过网关等设备组建的VoIP网络，以PSTN作为本地用户的接入，用IP网络代替昂贵的长途传输网络，可以大大节省通信线路的成本，成本的降低就意味着通话价格的下降，用户可以直接受益，所以未来IP电话的市场潜力是巨大的。

传统的基于时分复用（TDM）电路交换技术的PSTN电话网，虽然可以提供64kb/s的业务，但业务和控制都是由交换机来完成的。这种技术虽然能够保证优良的语音品质，但是通信的过程中，所分配的电路资源被通信的双方独占，电路的利用率低。经测试，即便在人不断地讲话时，其电路的利用率也只稍高于30%。其次，整个网络的构造并没有考虑到多媒体的通信要求，对新业务的提供需要较长的周期。同时，随着数据网的迅速发展，人们除了在其上传输数据业务外，也开始尝试传输语音等传统的PSTN业务，特别是H.323协议的推出，使得IP电话业务开始从试用走入正式运营。与传统电话相比，分组交换网传送语音具有成本低、网络利用率高等优势。采用分组交换技术代替传统的电路交换，形成可以提供语音、数据、视频综合业务的新一代电信网络已经得到众多电信运营商的青睐，建设下一代网络将成为新的发展趋势。

从 20 世纪 80 年代开始，随着多媒体业务的出现以及各种数字传输线路的广泛应用，传统的电路交换与分组交换技术已经无法满足用户及电信运营商的要求，各种新的交换技术层出不穷。随着以 IP 技术为核心的互联网的飞速发展，Everything over IP 以及 IP over Everything 使传统的电信业务及运营模式均产生很大的改变。IP 电话的大规模商用彻底改变了过去的"IP 网络不能承载电信业务"的理念。软交换就是在 IP 电话中发展起来的一个概念，软交换不是用一种新的交换技术替代已有的交换技术，而是将传统 PSTN 智能网与 IP 网络相结合，采用"业务与呼叫控制分离、呼叫控制与承载分离"的思路，充分利用了传统电信网集中控制与数据业务网络资源利用率高的优点，再加上提供开放的增值业务接口，使得网络既可控、可管，又可提供更多的业务。因此，软交换将成为下一代网络的核心。如果说传统电信网络是基于程控交换机的网络，那么下一代网络就是基于软交换的网络。

2.2 电话交换原理与电话通信网

2.2.1 程控电话交换机的基本组成

用户电话交换机的主要任务是实现用户间通话的接续，划分为两大部分：话路设备和控制设备。话路设备主要包括各种接口电路（如用户线接口和中继线接口电路等）和交换网络；控制设备包括中央处理器（CPU）、存储器和输入/输出设备。程控交换机基本组成如图 2-1 所示。

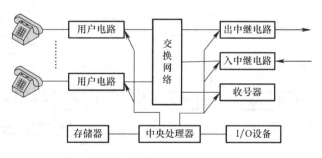

图 2-1 程控交换机基本组成

程控交换机实质上是采用计算机进行"存储程序控制"的交换机，它将各种控制功能和方法编成程序存入存储器，通过对外部状态的扫描数据和存储程序来控制、管理整个交换系统的工作。

1. 交换网络

交换网络的基本功能是根据用户的呼叫要求，通过控制部分的接续命令，建立主叫与被叫用户间的连接通路。在纵横制交换机中它采用各种机电式接线器（如纵横接线器、编码接线器，笛簧接线器等）。在程控交换机中目前主要采用由电子开关阵列构成的空分交换网络和由存储器等电路构成的时分接续网络。

2. 用户电路

用户电路的作用是实现各种用户线与交换机之间的连接，通常又称为用户线接口电路。根据交换机制式和应用环境的不同，用户电路也有多种类型；对于程控数字交换机来说，目前主要有与模拟话机连接的模拟用户线电路及与数字话机即数据终端（或终端适配器）连接的数字用户线电路。

3. 出入中继电路

出入中继电路是中继线与交换网络间的接口电路，用于交换机中继线的连接。其功能与电路所用的交换系统的制式及局间中继线信号方式有密切的关系。

4. 控制设备

控制部分是程控交换机的核心，其主要任务是根据外部用户与内部维护管理的要求，执行存储程序和各种命令，以控制相应硬件实现交换及管理功能。

程控交换机控制设备的主体是微处理器，通常按其配置与控制工作方式的不同，可分为集中控制和分散控制两类。为了更好地适应软硬件模块化的要求，提高处理能力及增强系统的灵活性与可靠性，目前程控交换系统的分散控制程度日趋提高，已广泛采用部分或完全分布式控制方式。

2.2.2 程控交换机基本工作流程

当用户在使用程控交换机网络中的电话时，每次通话都要分为：摘机、拨号、通话和挂线这四个步骤。下面介绍这四个步骤中程控交换机的工作流程。程控交换机基本工作流程如图 2-2 所示。

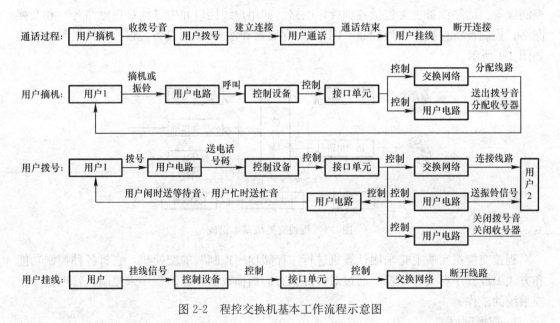

图 2-2　程控交换机基本工作流程示意图

1. 摘机

当用户每次摘机时，用户向程控交换机发出请求，由用户电路将检测到的请求信号呼叫给控制设备，控制设备通过接口单元利用交换网络为用户分配一条线路，同时通过用户电路给用户发出拨号音并分配收号器。

2. 拨号

用户在听到拨号音后，利用电话上的双音多频（DTMF）拨号器将要呼叫的电话号码通过用户电路传递给控制设备，然后控制设备通过接口单元控制交换网络将主叫用户与被叫用户的线路相连接，并通过用户电路向被叫用户发出振铃信号，同时主叫用户听到提示音：如果被叫用户处于空闲状态时，主叫用户听到的是等待音；如果被叫用户处于忙状态时，主叫用户将听到忙音。当线路连接成功后，程控交换机将关闭拨号音和收号器。

3. 通话

当被叫用户听到振铃信号并摘机后，主叫用户和被叫用户的话音信道就搭建成功，双方可以使用这条信道进行语音通话或数据传输（如传真等）。

4. 挂线

当通话双方的任意一方挂线时，用户向程控交换机中的控制设备发出挂线信号，这时控制设备将控制交换网络断开通话双方的线路，并向未挂线的一方发出忙音信号，标志着本次通话结束。

2.2.3　电话通信网的组成

随着社会经济的发展，人们的需求已经从进行本地通话发展到要求与世界各地进行通话，形成把各地的电话连接起来的电话通信网。按电话使用范围分类，电话网可分为本地电话网、国内长途电话网和国际长途电话网。

1. 本地电话网

本地电话网是指在一个同一号码长度的编号区内，由端局、汇接局、局间中继站、长话中继线、用户线和电话机组成的电话网。

2. 国内长途电话网

国内长途电话网是指全国各城市之间用户进行长途通话的电话网，网中各城市都设置一个或多个长途电话局，各长途电话局间由各级长途线路连接。

3. 国际长途电话网

国际长途电话网是指将世界各国的电话网相互连接起来，进行国际通话的电话网。为此，每个国家都需设一个或几个国际电话局进行国际去话和来话的连接。一个国际长途电话网实际上是由发话国的国内网部分、发话国的国际电话局、国际电路、受话国的国际电话局和受话国的国内网等几部分组成。

2.2.4　我国电话网的分级结构

目前我国电话网分为 3 级。其中，DC1～DC2 为长途交换中心，C5 为本地网端局，如图 2-3 所示。

图 2-3 中，DC1 为省交换中心，负责汇接所在省的省际长途来去话和所在本地网的长途终端话务。DC1 一般设在省会城市，若话务量高，可以在同一城市设置两个或两个以上 DC1。DC2 为

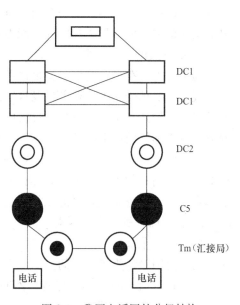

图 2-3　我国电话网的分级结构

一般长途交换中心，通常设在地（市）本地网的中心城市，用于汇接本地网的长途终端话务，长途话务量较大的省会城市也可设置 DC2，在有高话务量要求时，同一城市还可设置两个以上的 DC2。

2.2.5　我国电话交换网的编号制度

电话号码是用户电话机的代号，采用多位阿拉伯数字表示。一方面为了拨号方便，要求电话号码短而有规律；另一方面，要求每一部电话机都有一个不同的号码；应既能适应电话机的迅速增加，又要求电话号码不能太短以保证大容量。从网络的角度来看，编号代表网络的组织系统和容量。

1. 电话网中号码组成

（1）用户号码组成

本地网电话号码：局号（1～4 位）+用户号（4 位）。

国内长途电话号码（含字冠在内总位数不超过 12 位）：长途字冠（"0"）+长途区号（2～3 位）+本地网号段（5～8 位）。长途区号分配原则：大城市位数少，小城市位数多。

国际长途电话号码（含字冠在内总位数不超过 16 位）：长途字冠（"00"）+国家号码（1～3 位）+长途区号（2～3 位）+本地网号段（5～8 位）。

（2）特种业务号码：均为 3 位等位制编号，且第一位定为"1"。例如：114、119、110 等。

2. 长途区号分配

长途区号采用不等位制，可为 2～3 位。

2 位区号："10"，2X（X=1～9），用于直辖市和极大城市，比如 10 为北京。

3 位区号："$3X_1X$～$9X_1X$"（X=0～9，X_1 为奇数）。

2.2.6　话务及呼叫处理能力

通信网是由交换设备和传输设备构成的，其功能是将各种电信业务（包括电话业务、数据业务、图像业务等）在各个终端之间交换和传输。迄今为止，电信业务中的主要成分仍然是电话业务，因而以电路交换为特征的电话交换机仍是通信网中主要的交换设备。在电话交换机中，话务量和呼叫处理能力是衡量交换机性能的两项十分重要的指标。

1. 话务量的基本概念

通信网中，在设计电话局交换设备（交换网络）及局间中继线设备数量时，主要根据这些设备所要承受的电话业务量及规定的服务质量指标。为此，在实际应用中引入了电话业务量，简称话务量。话务量是反映电话用户在电话通信使用上的数量要求。在满足一定服务质量指标的前提下，话务量越大，则需要的通信设备就越多；反之，话务量越小，需要的通信设备也就越少。话务量取定是否正确，亦即是否合乎实际情况，这直接关系到投资的大小及用户的服务质量的好坏。通过对话务量的研究，可使得在配置交换机时做到既能满足一定的服务质量，又能使投资成本趋于经济合理。

2. 影响话务量大小的因素

（1）时间范围

时间范围又称为考察时间。由于话务量是反映用户在电话通信使用上的数量要求，所以话务量在数值上的大小，与所考察时间的长短成正比。考察时间越长则话务量也就越大；反之，话务量也就越小。

（2）呼叫强度

呼叫强度是指单位时间内平均发生的呼叫次数。一般单位时间通常定义为 1 小时。单位时间内发生的呼叫次数越多，则话务量就越大。其中，话务量最繁忙的一个小时，称为"忙时话务量"。

（3）占用时长

占用时长亦称为每次呼叫占用的时间。在相同的考察时间和呼叫强度条件下，每次呼叫所占用的时间越长，则话务量应越大。

实际上，时间范围、呼叫强度以及占用时长这三个因素综合作用的结果，在电话局内表现为设备的繁忙程度。

3. 话务量的计算

由于话务量既和用户呼叫次数有关，又和每次呼叫的占用时间有关，因此，话务量的基本公式是：

$$A = c \cdot t \tag{2-1}$$

式中　A——话务量；

c——单位时间内（一般为一小时）平均发生的呼叫次数；

t——每次呼叫的平均占用时间。

话务量的单位为"爱尔兰"（Erlang）或"小时呼"。例如，某交换系统 1 小时内总共发生 250 次呼叫，平均呼叫占用时间为 3 分钟，则在这一小时内该系统所承受的话务量为：

$$A = c \cdot t = 250 \times 3/60 = 12.5 \text{Erl}$$

4. 话务统计基本概念

话务统计数据：通过在呼叫的各个阶段设置大量的计数器，最后经过汇总、计算、综合得出系统的各种统计数据。话务统计的方法包括：

（1）对中继群的话务统计，最重要的有三个指标：

1）呼叫接通率，呼叫接通率＝成功的呼叫次数/呼叫总次数。

2）网络接通率，网络接通率＝到达被叫终端或用户端的占用次数/总占用次数。

3）每线话务量，在双向中继中，每线话务量＝（发话话务量＋入话话务量)/中继线数量。

（2）对去话目的码进行话务统计

对按目的码进行话务统计主要包括：目的码、试呼次数、占用次数、成功呼叫次数、应答次数、话务量等。

2.3　IP　电　话

IP 电话是一种利用 Internet 技术进行语音通信的业务。从网络组织来看，目前比较流行的方式有两种：一种是利用 Internet 进行的语音通信，我们称之为网络电话，具有投资少、价格低等优势，但存在无服务等级和全程通话质量不能保证等缺陷；另一种是利用 IP 技术，电信运营商之间通过专线点对点连接进行的语音通信，称之为经济电话，因其是专门用于电话通信的，所以有一定的服务等级，全程通话质量也有一定保证。两者比较，前者多为计算机公司和数据网络服务公司所采纳；而后者相对于前者来讲投资较大，价格较高，多为电信运营商所采纳。

IP 电话与传统电话具有明显区别。传统电话使用公众电话网作为语音传输的媒介；而 IP 电话则是将语音信号在公众电话网和 Internet 之间进行转换，对语音信号进行压缩封装，转换成 IP 包，同时，IP 技术允许多个用户共用同一带宽资源，改变了传统电话由单个用户独占一个信道的方式，节省了用户使用单独信道的费用。由于技术和市场的推动，将语音转化成 IP 包的技术已变得更为实用、经济，IP 电话的核心元件数字信号处理器的价格在下降，从而使电话费用大大降低，这一点在国际电话通信费用上尤为明显，这也是 IP 电话迅速发展的重要原因。

2.3.1 IP 电话的基本结构

IP 电话的基本结构由网关（GW，gateway）和关守（GK，gatekeeper）两部分构成，如图 2-4 所示。网关的主要功能是信令处理、H.323 协议处理、语音编解码和路由协议处理等，对外分别提供与 PSTN 网连接的中继接口以及与 IP 网络连接的接口。关守的主要功能是用户认证、地址解析、带宽管理、路由管理、安全管理和区域管理。一个典型的呼叫过程是：呼叫由 PSTN 语音交换机发起后通过中继接口接入网关，网关获得用户呼叫的被叫号码后，向关守发出查询信息查找被叫关守的 IP 地址，并根据网络资源情况来判断是否应该建立连接。如果可以建立连接，则将被叫关守的 IP 地址通知给主叫网关，主叫网关在得到被叫关守的 IP 地址后通过 IP 网络与对方网关建立起呼叫连接，被叫侧网关向 PSTN 网络发起呼叫并由交换机向被叫用户振铃，被叫摘机即被叫侧网关和交换机之间的话音通道被连通，网关之间则开始利用 H.245 协议进行交换来确定通话使用的编解码，此后主被叫方即可开始通话。

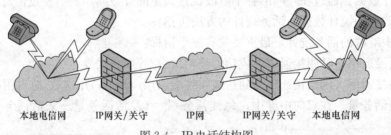

本地电信网　　IP网关/关守　　IP网　　IP网关/关守　　本地电信网

图 2-4　IP 电话结构图

2.3.2 IP 电话的优点

IP 电话利用语音数据集成与语音分组技术相结合的经济优势，迎来一个新的网络环境，这个新环境提供了低成本、高灵活性、高生产率及效率的增强应用等优点。

分组网络的高效率和在统计学上随数据分组多路复用语音数据流的能力，允许最大限度在数据网络基础设施上获得投资的回报。而把语音数据流放到数据网络上也减少了语音专用线路的数目，这些专用线路的价格往往很高。局域网（LAN）、城域网（MAN）和广域网（WAN）环境中千兆以太网、密集波分多路复用等新技术的实现，以更低的价位为数据网络提供更多的带宽。同样，与标准的时分复用（TDM）连接相比，这些技术提供了更好的性价比。

IP 电话以其低廉的长途电话费用受到人们的欢迎，得到了快速发展，作为给用户提供的一种选择，IP 电话业务将得到迅猛发展。

2.4　软　交　换

当今时代的网络是一个开放的分层次的结构。这种网络拓扑结构是一个开放端点的拓扑结构，可以使用基于包的承载传送，能同样好地传送话音和数据业务。网络的承载部分与控制部分分离，允许它们分别演进，有效打破了单块集成交换的结构，并在各单元之间使用开放的接口。这种做法可以保证用户在每一个层面上选购自己理想的设备，而不受太多的限制。同样基于分层结构的软交换技术，可以使基于不同承载网（如以太网）的终端都能够进行通信。但是新一代的网络，不可能在瞬间取代原有的电路交换的话音网，原有的电话网还将在很长时间内存在。因此，需要有技术既能构建新的分组网络，同时也能用来实现传统电话网和新网络的融合。作为一种基于分组网技术的解决方案，软交换可以很好地解决这一问题。

软交换的概念是从 IP 电话的基础上逐步发展起来的。早期的 IP 电话网关都是集成型网关，缺点是设备复杂、扩展性差，不利于组建大规模电信级的 IP 电话网络。为了克服这种缺陷，国际互联网工程任务组（IETF）在 RFC2719 中提出了一个网关分解模型，将网关的模型分解为信令网关（SG）、媒体网关（MG）、媒体网关控制器（MGC）3 个功能实体，如图 2-5 所示。

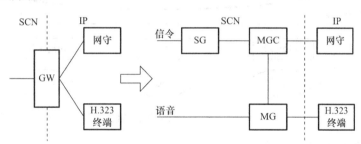

图 2-5　网关功能分解模型

这三个功能实体的作用分别为：

（1）媒体网关（MG）：负责电路交换网和分组网络之间媒体格式的转换。

（2）信令网关（SG）：负责信令转换，即将电路交换网络的信令消息转换成分组网络中的传送格式。

（3）媒体网关控制器（MGC）：负责根据收到的信令控制媒体网关的连接建立与释放、媒体网关内部的资源等。

媒体网关控制器是一个软件实体，所起的作用与电路交换机的呼叫处理软件的功能相当，主要是进行信令分析和处理、完成呼叫控制的功能。后来，IETF 在相关文档中又提出了呼叫代理（Call Agent）、呼叫服务器的概念，含义与媒体网关控制器基本相同。人们把呼叫代理的功能进行了扩展，除了呼叫控制以外还可以提供计费、认证、路由选择、资源管理、资源分配、协议处理等功能。人们把具有这些功能的软件实体称为软交换。实际上软交换的概念有狭义与广义之分。狭义上的软交换是指用于完成呼叫控制与资源管理等功能的软件实体，也称为软交换机或软交换设备，位于下一代网络（NGN，Next Generation Network）的控制层面，是 NGN 的核心控制设备。采用软交换技术也是 NGN 的显著特征之一。而广义的软交换，是指以软交换设备为控制核心的 NGN，也称为软交换网络，它包括了软交换网络的各个层面。

在《软交换设备总体技术要求 YD/T 1434—2006》规范中，对于软交换设备的定义是：它是电路交换网络向分组网演进的核心设备，也是下一代电信网络的重要设备之一。它独立于底层承载协议，主要完成呼叫控制、媒体网关接入控制、资源分配、协议处理、路由、认证、计费等主要功能，并可以向用户提供现有电路交换机所能提供的业务及多样化的第三方业务。

2.4.1 软交换网络的体系结构

软交换网络是一个分层的、全开放的体系结构，它包括 4 个相互独立的层面，分别是接入层、传送层、控制层、业务层，如图 2-6 所示。

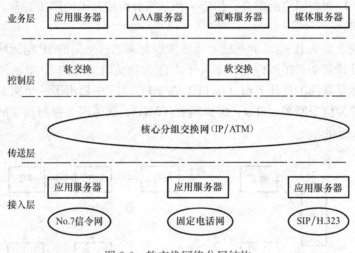

图 2-6 软交换网络分层结构

各层的主要功能分别为：

（1）接入层：为各类终端提供访问软交换网络资源的入口，这些终端需要通过网关或智能接入设备接入到软交换网络。

（2）传送层（也称为承载层）：透明传递业务信息，是采用以 IP 技术为核心的分组交换网络。

（3）控制层：主要功能是呼叫控制，即控制接入层设备，并向业务层设备提供业务能力或特殊资源。控制层的核心设备是软交换机，软交换机与业务层设备、接入层设备之间采用标准的接口或协议。

（4）业务层：主要功能是创建、执行、管理软交换网络的增值业务，其主要设备是应用服务器，还包括其他一些功能服务器，如鉴权服务器、策略服务器等。

2.4.2 软交换网络中的主要设备

1. 媒体网关设备，位于接入层，其主要功能是媒体网关将一种网络中的媒体转换成另一种网络所要求的媒体格式。它提供多种接入方式，如模拟用户接入、ISDN 接入、中继接入、VDSL 接入、以太网接入、移动接入等。媒体网关的主要功能包括：语音处理功能、多呼叫处理与控制功能、资源控制与汇报功能、维护管理功能、服务质量（QoS）管理功能、统计信息收集与汇报功能。

2. 信令网关设备，位于接入层，其功能是实现各种信令与 IP 网络的互通，包括用户信令和局间信令的互通。

3. 媒体服务器主要负责提供各种共享媒体资源，以及对多媒体通信时的各种音频、视频以及数据媒体进行集中处理。

4. 应用服务器是软交换网络的重要功能组件，负责各种增值业务的逻辑产生及管理，网络运营商可以在应用服务器上提供开放的 API 接口，第三方业务开发商可通过此接口调用通信网络资源，开发新的应用。

5. 智能终端，顾名思义就是终端具有一定的智能性，如 SIP 终端、MGCP 终端、H.248 终端。引入智能终端的目的是为了开发新的业务和应用。正是有了相对智能的终端，才有可能实现用户个性化的需要。虽然智能终端具有强大的业务支持能力，但是由于每个终端都需要拥有一个公用 IP 地址才能实现通信，而 IP 地址又非常缺乏，因此有必要解决大规模应用时地址的匮乏问题。

2.4.3 软交换网络接口

软交换网络一个很重要的特点就是开放性，这主要体现在软交换网络的各个元素之间采用开放的协议进行通信。由于软交换网络的网元众多，自然协议也很多，主要通过媒体网关控制器（MGC）对整个网络加以控制，包括监视各种资源并控制所有连接、负责用户认证和网络安全；作为信令消息控制源点和终点，发起和终止所有的信令控制，并且在需要时进行对应的信令转换，以实现不同网络间的互通等。

通过软交换提供的开放接口，电信运营商在增添新服务方面非常方便，并可以利用第三方的软件开发者不断为网络增添新的服务。针对一些软交换领域的厂商，采用这一技术将成倍地缩短新业务的推出时间。IP 电话实现的速度和业务的丰富程度应该远远超过传统电话网。从现在的情况看，有两种方法可以实现 IP 电话的增值业务或者说是智能网的业务。一种是依照智能网的体系结构，利用协议软件实现 PSTN 网和 IP 电话网智能业务的互通。另一种就像今天的 Internet 一样，通过开放的接口不断地增加新的应用服务器来增添应用。当然在标准化方面也要做很多的工作，国内已经开始制定 IP 电话补充业务的相关标准了。

2.5 用户电话交换系统接入 PSTN 的方式

用户电话交换系统应由用户电话交换机、话务台、终端及辅助设备组成。其中，用户电话交换机可分为用户电话交换机（PBX）、ISDN 用户电话交换机（ISPBX）、IP 用户电话交换机（IP PBX）、软交换用户电话交换机等。PBX 和 ISPBX 应分别符合现行行业标准《邮电部电话交换设备总技术规范书》YDN 065 和《N-ISDN 第二类网络终端（NT2）型设备 ISDN 用户交换机技术规范》YD/T 928 的有关规定。终端可分为 PSTN 终端、ISDN 终端、IP 终端等。用户电话交换机应根据用户使用业务功能需要，提供与终端、专网内其他通信系统、公网等连接的通信业务接口。

2.5.1 局点设置

局点设置可分为单局点或多局点。单局点设置时，应设置用户电话交换机。由多局点组成的专网可分为中心局点和远端局点。中心局点应设置用户电话交换机，远端局点可设置用户电话交换机、远端模块或接入设备。

2.5.2 网络结构

用户电话交换系统应与公网连接。用户电话交换系统在公网中的位置处于本地电话网的末端，属于专网和公网间的接口局，如图2-7所示。用户电话交换系统与公网连接应满足：

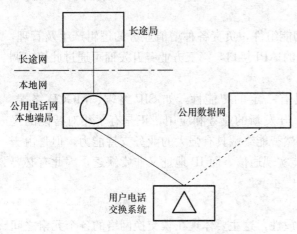

图2-7 用户电话交换系统与公网的关系

1. 用户电话交换系统接入公用电话网的方式应符合下列规定：

（1）以端局方式接入公用电话网端局，用户电话交换系统通过中继电路连接到公用电话网端局的中继接口。用户电话交换系统的用户号码将占用本地电话网的万号组，其信号方式、编号计划等必须符合本地电话网的相关技术规定。

（2）以支局方式接入公用电话网端局，用户电话交换系统通过中继电路连接到公用电话网最近一个端局的中继接口。用户电话交换系统的用户号码将占用所接入端局的千群号，其信号方式、编号计划等必须符合公用电话网的相关技术规定。

（3）以用户交换机方式接入公用电话网端局，用户电话交换系统通过中继电路连接到公用电话网端局的用户电路端口。用户电话交换系统的中继线引示号码占用所接入端局的用户号码。

2. 用户电话交换机为IP PBX或软交换用户电话交换机时，用户电话交换系统可接入公用数据网，并应符合下列规定：

（1）用户电话交换系统经路由器和会话边界控制器连接公用数据网，路由器应具备防火墙、网络地址转换（NAT）功能。防火墙功能也可采用独立的设备实现。

（2）连接公用数据网的路由器、会话边界控制器、防火墙设备均应配置固定的公网IP地址，并可共用公网IP地址。

用户电话交换系统组成专网，专网接入公用电话网应符合现行行业标准《固定电话交换设备安装工程设计规范》YD 5076的有关规定。专网组网方式应符合下列规定：

1. 汇接组网方式，结构如图2-8所示，应符合下列规定：

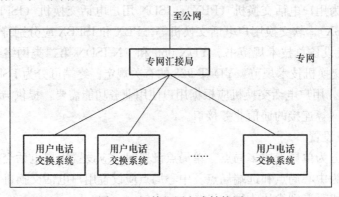

图2-8 汇接组网方式结构图

（1）专网中用户电话交换系统相互之间距离较远或相互联系较少时，宜选择一个或两个用户电话交换系统作为专网汇接局，其余用户电话交换系统可采用端局、远端模块方式接入汇接局。

（2）专网汇接局可为具有汇接功能的端局，也可为不接用户仅具有汇接功能的交换局。

（3）专网中各用户交换系统与汇接局之间宜采用同级局间连接方式。

（4）专网汇接局与公网应设置中继电路。除汇接局外，当用户电话交换系统与公网话务量较大时，也可就近与公网设置中继电路。

2. 网状组网方式，结构如图 2-9 所示，应符合下列规定：

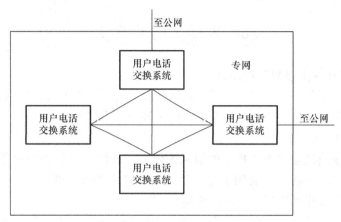

图 2-9　网状组网方式结构图

（1）专网中用户电话交换系统相互之间通信业务联系较密切时，宜采用网状组网方式，并指定某一个或两个用户电话交换系统兼有汇接功能。

（2）各用户电话交换系统之间应设置中继电路，点与点相连。

（3）各用户电话交换系统之间宜采用同级局间连接方式。

（4）具有汇接功能的用户电话交换系统与公网应设置中继电路。除汇接局外，当用户电话交换系统与公网话务量较大时，也可就近与公网设置中继电路。同时，该局也可作为专网的第二汇接局。

3. 混合组网方式，结构如图 2-10 所示，应符合下列规定：

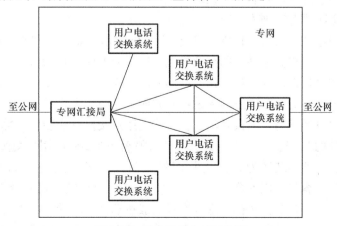

图 2-10　混合组网方式结构图

（1）宜选择一个或两个用户电话交换系统作为专网汇接局，各用户电话交换系统应与汇接局连接，通信业务联系较密切的用户电话交换系统之间宜设置中继电路。

（2）用户电话交换系统与专网汇接局间、用户电话交换系统间宜采用同级局间连接方式。

（3）专网汇接局与公网应设置中继电路。

（4）除汇接局外，当用户电话交换系统与公网话务量较大时，也可就近与公网设置中继电路。同时，该局也可作为专网的第二汇接局。

专网中各局的设局位置可为本地或异地，各局间传输电路可租用或自建。

2.6　电话交换系统设计

2.6.1　程控电话交换机系统设计

建筑物内电话通信系统，目前广泛使用暗敷设方式。一经安装后比较固定，因此其设计方案需要充分研究、周密考虑，应与房屋建筑设计同步进行。

1. 确定电话用户的数量

电话用户数量应以建设单位提供的要求为依据，并结合智能建筑内部包括生活管理、办公服务、公共设施等功能方面的实际需要，以及建筑物的类别、使用性质、应用对象、用户近期初装容量及远期容量综合考虑确定。

当建设单位缺乏具体用户数量而今后又有可能发展时，应根据智能建筑中用户最终应用对象的性质以及远期发展的状态来确定。一般可按初装电话机容量的 $130\% \sim 160\%$ 考虑。

例如，对于综合商贸中心，商场办公室可参照一般办公室进行设计，而商场部分一般在柜台的收银台设电话终端信息点，用于电话或收银点 POS 机数据通信，设计时可在商场的驻角处设置备用点。医院办公室可参照一般的办公室进行设计；医疗区一般在值班室或科室主任处设电话信息点。同时，根据用户需要和当地经济发展情况，在监护病房处应适当考虑设置若干电话信息点。新闻、金融机构办公室，可参照一般办公室进行设计；职能部门、人员集中的部门，宜根据面积平均设置电话点。住宅、公寓、一般客房，通常每一户设置一个电话信息点，安装外线或内线。

2. 确定程控用户数字交换机容量

如果采用用户电话交换机（PBX），这台交换机被称为总机，与它连接的电话机被称为分机。如果电话直接连到电话局的交换机上，这样的电话被称为直拨电话。一台交换机可以接入电话机的数量以门为单位计量，如 200 门交换机、800 门交换机。

确定交换机容量时应从两个方面考虑：一方面是考虑实装内线分机的限额，另一方面是考虑中继线的数量及其与传输设备的配合。确定用户交换机实装内线分机限额的原则是取交换机容量门数的 80% 为实装内线分机的最高限额（如 100 门用户交换机时装最高限额为 80 门内线分机），即实装率为 80%。由于数字用户交换机采用全分散控制方式全模块化结构，所以扩容比较容易，因而在设计容量时，用户交换机的长远容量不必设计的过大。在实际设计过程中，用户交换机的中继线数量一般按总计容量的 15% 左右考虑。

对于商用大楼，包括商贸中心、酒店以及综合性大楼建筑，交换机的初装容量和终装容量计算如下：

$$初装容量＝1.3×(目前所需电话对数＋(3～5)年内的近期增容数) \quad (2-2)$$

当缺乏近期资料时，可参考同类性质的工程或企事业单位的实际需要情况，以及国家有关部门制定的电话普及率的规划指标确定，即

$$终装容量＝1.2×(目前所需电话对数＋(10～20)年后的远期发展总增容数) \quad (2-3)$$

程控数字用户电话交换机的远期容量，应根据智能建筑业主的发展规划及城市远期电话普及率指标确定。当缺乏上述资料时，可按近期的150％～200％确定。

3. 中继电路与链路计算

(1) 用户线确定

用户电话交换系统近期用户线容量宜按实际工位、人员数量或开放业务的信息点数量确定，远期可按信息点总数量或预测的人员数量确定。

(2) 业务基础数据确定

业务基础数据应对历史数据调查、统计、计算和分析后确定，当历史数据无法获取时，业务基础数据可参照表2-1、表2-2（引自《用户电话交换系统工程设计规范》GB/T 50622—2010）。

业务基础数据　　　　　　　　　　　　　　　　　表 2-1

每线话务量		取值
PSTN 终端/ IP 终端双向话务量	大话务量（Erl）	0.2
	中话务量（Erl）	0.16
	小话务量（Erl）	0.12
ISDN 终端双向话务量（Erl）		0.3
调度终端话务量（Erl）		0.2
中继线话务量（Erl/条）		0.7

话务流向、流量分配比例　　　　　　　　　　　　表 2-2

话务流向、流量分配比例		取值
本局话务量比例		60％
出局话务量比例（40％）	至公网话务量比例	40％
	至专网其他局话务量比例	60％

(3) 中继电路与信令链路计算

用户电话交换机与公用电话网之间的中继电路类型与数量，应按中继方式、用户规模和取定的业务基础数据等进行设置与计算，并符合下列规定：

1) 用户电话交换机配置的中继线数量，应按出局话务量和中继线话务量计算取整后得出。中继线（64kbit/s）数量按下式计算：

$$中继线(条)＝用户线×单机话务量×出局话务量比例/中继线话务量 \quad (2-4)$$

2) 用户电话交换机与公用电话网端局间中继线数量，应按至公网话务比例对出局话务量进行分配后，按式（2-4）计算得出。

3) 当用户电话交换机容量为2000门及以下时，与公用电话网端局间中继线数量宜按表2-3的规定确定（引自《用户电话交换系统工程设计规范》GB/T 50622—2010）。

2000 门及以下用户电话交换机与公用电话网端局间中继线和中继电路数量　　　表 2-3

序号	用户线（门）	中继线（64kbit/s）条	中继电路（2048kbit/s）条
1	100 以下	15	1
2	300	45	2
3	500	75	3
4	1000	150	5
5	1500	225	8
6	2000	300	10

4）专网内存在多个用户电话交换系统及其他通信系统时，专网汇接局对公用电话网的汇接话务量应包括用户电话交换系统、调度系统、会议电话系统和呼叫中心等与公用电话网之间发生呼叫的话务量。与公用电话网端局间中继线数量，应以转接的总话务量按式（2-4）进行计算。

（4）专网内各通信系统与公用电话网端局间采用数字中继连接时，中继电路和信令链路数量确定应符合下列规定：

1）中继电路数量应按下式计算：

$$中继电路(条)＝中继线(条)/30 \tag{2-5}$$

2）与公用电话网端局间信令链路应采用随路信令，由中继电路 T16 时隙（64kbit/s）或 D 通道疏通，信令链路数量取定应符合下列规定：与公用电话网端局间设置一条 64kbit/s 信令链路，即可满足 2000 条话路同时通信。考虑信令链路的备份，也可设置 2 条 64kbit/s 信令链路，并设置在不同中继电路中。

（5）专网内中继线数量和信令链路数量应符合下列规定：

用户电话交换机之间的中继线数量，应按至专网其他局话务量比例对出局话务量进行分配后，按式（2-4）计算得出。

2.6.2　机房设计要求

1. 电话机房站址的选择

电话机房站址的选择，除应尊重业主的意见外，还须遵循如下原则：

（1）为了进出线方便和避免受潮，总机室一般宜选二楼或一楼。

（2）总机最好放在分机用户负荷中心位置，以节省用户线路的投资。

（3）总机位置宜选择建筑物的朝阳面，并使电话站的有关机房相邻，以节省布线电缆及馈送线，并便于维护管理。

（4）电话机房要求环境比较清洁，最好远离人流嘈杂和多尘的场所，不要设在厕所、浴室、卫生间、开水房、变配电所、空调通风机房、水泵房等易于积水和有电磁或噪声振动等场所的楼上、楼下或隔壁。

2. 机房面积

参照数据中心设计规范规定，对程控电话机房面积进行相应的设置，见表 2-4。

程控电话机房面积　　　表 2-4

程控交换机门线数	电话机房预期面积（m²）	电话机房最小宽度（m）
500～800	60～80	5.5
1000	70～90	6.5
1600	80～100	7.0

程控交换机门线数	电话机房预期面积（m²）	电话机房最小宽度（m）
2000	90～110	8.0
2500	100～120	8.0
3000	110～130	8.8
4000	130～150	10.5

3. 程控电话机房各房间分布要求

（1）200门及以下容量的程控交换机房，可分为交换机室、转接台及维修间。

（2）400～800门容量的程控交换机房应设有配线架室、交换机室、转接台室、蓄电池室、维修间、库房，如有条件应设值班室。

4. 程控交换机房的电源配置要求

（1）程控交换机房的电源为一级负荷，其交流电源的负荷等级与建筑工程中最高等级的用电负荷相同。

（2）程控交换机主机电耗可参考下列指标确定：

1）1000门以下每门按2.5W计算。

2）1000门以上时大于1000门的数量每门按2W计算。

3）其他附加设备电负荷另行计算。

（3）程控交换机房供电方式选择可参考下列原则：

1）400门以下程控交换机采用双路交流低压电源和备用蓄电池组。

2）400门以上程控交换机采用双路交流低压电源和两组蓄电池组。

3）当不采用尾电池调压方式供电时，蓄电池的电池数量可按表2-5选择。

蓄电池的电池数量　　　　　　　　　　　　　　　　　　表2-5

电压种类（V）	电压变动范围（V）	蓄电池数量（个）	
		浮充制	直供方式
24	21.6～26.4	12/24	13/26
48	32.4～52.8	24/48	26/52
60	56.0～66.0	30/60	32/64
	58.0～64.0	32/64	32/64

5. 程控交换机房的防雷及接地保护

（1）雷电灾害的分类和预防原则

目前，在防雷系统设计上，执行的是《建筑物防雷设计规范》GB 50057。

（2）防雷主要的应对措施

完善的接地系统是防雷体系中最基本的，也是最有效的措施。

1）按照"接地"的作用不同，我们可以将"地"分成"工作地"、"保护地"和"防雷地"等形式。

2）如果通信系统的"工作地"、"保护地"和"防雷地"是分别安装，互不连接，自成系统，称作"分设接地系统"。如果三者合并设在一起，形成一个统一接地系统，称为"合设接地系统"。合设接地系统消除了不同接地点可能存在的电位差，在发生雷击时，可

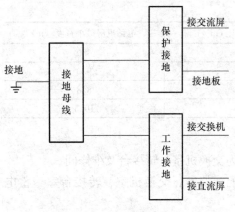

图 2-11　分散接地示意图

以较好地抑制不同接地点之间发生的放电现象。

3）程控交换机的接地及其所在整栋建筑的接地很重要。按国家防雷标准规定，重要的电信建筑物接地电阻应在 1Ω 以下。若接地不符合要求，当交换机受到强电力干扰或雷击时，可能会造成严重的伤机事故。

4）在实际布线过程中，采用类似"分散接地"的布线方式，即工作地线和保护地线都从地线排上引出，两种地线不直接就近相连，如图 2-11 所示。其优点是当雷电流流过接地网时，雷电流只纵向流动，即使存在接触不良的接点，也不会造成横向干扰。

5）交换机的接地处理：用一根 135mm^2 的多股铜芯导线，单独连接到接地线线排上。具体措施是：不直接与交换机的正极就近相连，也不将机柜与带正极的缆、线随机连接；机柜与高架地板及底座的接触部分都进行绝缘处理，相当于采用了"悬浮接地"方式，以防止相近面层的静电及建筑物的杂散电流串入机柜，对通信造成干扰。

6）总配线架的接地：单独从母线排上引入两根 50mm^2 的多股铜芯导线，其中一根接到配线架底座上，另一根接到配线架上端的接地铜排上。双线分别接地的优点是：一方面可以提高保安设备和告警信号电路的可靠性，另一方面当通信线路上受到雷击和高压电流而通过保安器入地后，可迅速降低配线架上的电位。

7）合理的布线：程控交换机的布线是一项专业性很强的工作，其布线方案，在设计阶段就应该考虑到雷电安全问题。布线工作包括程控交换机的中继线、内线、电力供电线、室内接地线等。其中，

① 交换机的传输网络在室外采用架空和埋地两种方法。其中对架空线缆应把电话线或电缆在入室前埋地，埋地长度按 $l \geq 2\sqrt{\rho}$（m）来计算，但不宜小于 15m。式中 ρ 为埋地电缆处的土壤电阻率（$\Omega \cdot \text{m}$）。埋地一般是采用金属铠装电缆直接埋地，或非金属屏蔽电缆穿金属管直接埋地。从避雷角度来讲，在有条件的情况下入室电缆应选择埋地方式。

② 程控交换机的传输网络在室内应沿专用的信号电缆槽布线，避免沿大楼结构柱或紧贴外墙敷设；强弱电电缆不宜同槽敷设，以减小干扰。

8）确定分流限压的措施，包括

① 进入室内的程控电话和专用数据线路应安装线路避雷器，要求在选用避雷器件时，启动电压应为保护线路信号电压峰值的 1.5 倍，雷电流通量大于等于 0.2kA，特性阻抗为 600Ω，工作频率 $0 \sim 5\text{MHz}$。

② 对室外有接收装置并有信号线与室内设备相连接的，应在天线接收装置引入线路与设备之间串入相应型号的避雷器。

③ 以上线路以及设备上安装的信号避雷器应就近做好接地，接地电阻应小于 4Ω（个别对接地有特殊要求的要小于 1Ω）。而且其接地线不能接在避雷针、避雷带上，应接在专用避雷器接地线上并与地网直接连接。在电源线、信号线上加装浪涌保护器，雷电电磁脉

冲侵袭时，及时把雷电流分流入地从而起到保护作用。选用防雷器件时，要注意其响应时间大小。

其他有效的措施包括：

1）确定通信机房等电位连接：即所有进出机房的金属装置、外来导电物、电力线路、通信线路及其他电缆均应与总汇流排做好等电位金属连接。机房应敷设等电位均压网，并应和大楼的接地系统相连接。

2）交换机的屏蔽原则：交换机的屏蔽（包括空间和线路屏蔽）除了信号线和电源线外，交换机房也应作屏蔽处理，具体作法是把金属门、窗、天花龙骨和防静电专用地板接地。各点电位分布均匀，内部工作人员和设备会得到较好的屏蔽保护。

2.6.3 IP电话系统设计

1. IP电话网的构成

一个完整的IP电话网，由硬件和软件组成。IP电话网的硬件即构成IP电话网的设备，包括用户终端设备（如普通双音频电话、传真机、多媒体终端等）、网关节点设备、关守节点设备、支持系统设备（如关守、网关、计费系统等）和传输设备（如PCM数字传输设备、卫星、光纤等）。IP电话网的软件即构成IP电话网的软件系统，包括各个设备的配套软件功能单元，以及整个IP电话网的一整套规定、标准和整个IP电话网的管理规程、管理软件。

2. IP电话网的规划

（1）IP电话网规划的特征

IP电话网的规划是一项复杂的系统工程。IP电话网具有一般电信网的普遍特征，又有其本身的特殊性。IP电话技术是一种全新的技术，有关该领域的运营经验还相对较少，需要不断在实际运行中总结。

（2）随机服务系统及其在IP电话网中的应用

IP电话网是一个随机服务系统，因此有必要利用随机服务系统的一般原理对IP电话网进行规划、设计，以确保整个网络的正常运转。具体地说，包括排队规则的确定、话务量的规划、溢流通路的计算和规划以及系统规划等。

（3）IP电话网的业务类型和选择

IP电话网的业务类型按照不同的角度可以有以下几种划分：

1）按终端类型划分IP电话业务可分为PC到PC、PC到电话、电话到PC及电话到电话四种类型。

2）按业务区域划分IP电话可分为国内IP电话业务和国际IP电话业务两种类型。

3）按主叫类别划分，IP电话业务可分为主叫IP电话业务和记账卡IP电话业务两种类型。

主叫IP电话用户使用主叫IP电话号码标识自己的身份，记账卡IP电话用户使用记账卡和密码标识自己的身份。IP电话的运营商除了和市内电话网进行连接以外，也有可能按照业务发展的实际需要和其他电信网进行中继连接。

（4）承载网规划

IP电话要作为一项公众服务业务来开展，首先要求承载网络的通信质量必须稳定可靠。通过IP电话网的业务发展预测，合理决策建网规划和发展策略。

（5）IP 电话网的流量预测

对通过 IP 电话网进行通话的信息流量进行预测和估算。

（6）IP 电话网网关节点规划（设置）

由于 IP 电话本身的特点，用户呼叫没有 IP 电话网关的城市的用户，需要经由离目的地城市最近的网关转接，因而带来业务运营成本的上升。而如果在通话量相对较低的城市架设网关，投资无法迅速回收且线路的利用率太低。因此，需要合理规划全网的网关节点。

（7）IP 电话网用户容量规划

任何电话网的用户容量都是有限的，盲目扩大用户规模不利于整个网络的良性发展。合理的用户容量规划可以使服务提供商在保证全网稳定高效运营的基础上迅速扩展用户数量，带来更好的经济效益。

3. IP 电话带宽计算

（1）IP 电话带宽应按编码速率、采样周期、疏通的话务量等计算，并符合下列规定：

1）用户电话交换系统应支持 G.711、G.723.1 和 G.729 等多种 IP 电话编解码方式。

2）IP 电话带宽计算公式：

IP 电话带宽(kbit/s)＝需要疏通的话务量×(分组报文开销/采样周期＋编码速率)/传输电路利用率
$$\hspace{10cm}(2\text{-}6)$$

注：应用场景不同需要疏通的话务量、计算方法不同；传输电路利用率通常在 50%～80%。

（2）专网与公用数据网之间 IP 电话带宽应按式（2-6）计算，并应符合下列规定：

1）专网与公用数据网间需要疏通的话务量应按下式计算：

需要疏通的话务量(Erl)＝从公用数据网接入的 IP 终端数×IP 终端每线话务量 （2-7）

2）当经公用数据网接入用户电话交换机的 IP 终端数不易确定时，专网与公用数据网间的带宽可按表 2-6 的规定确定。

专网与公用数据网间带宽   表 2-6

IP 终端（门）	G.711.1 编码速率 所需带宽（Mbit/s）	G.723.1 编码速率 所需带宽（Mbit/s）	G.729 编码速率 所需带宽（Mbit/s）
50	4	1	1
100	6	2	2
200	10	3	4
300	16	6	6
400	20	6	8
500	26	8	10

（3）当专网内用户电话交换系统之间采用 IP 传输时，IP 电话带宽按式（2-6）计算。

1）需要疏通的话务量计算公式：

需疏通的话务量(Erl)＝用户线×单机话务量×出局话务量比例×

至专网其他局话务量比例 （2-8）

2）用户线可接入 PSTN 终端、ISDN 终端、IP 终端。单机话务量和话务流向比例按工程实际数据取定，当实际数据无法获取时，可按表 2-1 和表 2-2 的规定取定。

注：G.711 是国际电信联盟 ITU-T 制定出来的一套语音压缩标准，代表了对数 PCM 抽样标准，主要用于电话。它主要用脉冲编码调制对音频采样，采样率为 8k 每秒；利用一个 64kbps 未压缩通道传输语音信号，压缩率为 1：2，即把 16 位数据压缩成 8 位。

G.723.1 是一个数据通信标准，以 8kHz 的速率采样，每秒可以对 5.3 或 6.3 千位的数据进行压缩的 16 位脉冲编码调制方式，编码在 30ms 的帧中完成。超前时间是 7.5ms，所以总延迟时间是 37.5ms。压缩率达到 12：1。

G.729 是电话带宽的语音信号编码的标准，对输入语音性质的模拟信号用 8kHz 采样，16 比特线性 PCM 量化。G.729A 是 ITU 最新推出的语音编码标准 G.729 的简化版本。

IP 电话网是在现有电话网和现有 IP 网络基础上组建的一种新型电话业务网，由于网的网络承载能力及最终的 IP 电话用户数量与现有 IP 网的网络承载能力密切相关，因此决定其网络规模的一个重要依据就是 IP 网的网络承载能力。另外，建设 IP 电话网的目的也直接影响着网络的规模。IP 电话网初期建网的规模一般不宜过大，但网络的设计与规划应按远期进行。

2.7 电话交换系统设计实例

2.7.1 某酒店程控电话交换系统设计实例

1. 项目概况及需求

作为一家现代化的酒店，对通信系统的需求已不仅仅局限于能够打电话，而是希望能够拥有一套具有完善的酒店管理系统接口、客房服务中心、视频会议和宽带接入的综合应用通信平台，而且要求该系统具有强大的语音交换能力、无阻塞、维护方便且费用低、功能应用丰富等特点以及在开放性、扩展性和技术上具有领先性的现代化通信交换平台，拥有高层次、高效率、高安全性的办公通信环境。

2. 设备选型

根据以上系统需求分析，采用 OXE 综合业务数字交换平台，容量从 16 线直至150，000 线，具有 99.999% 的可靠性、内置的移动通信、超高档次的宾馆管理软件、统一信箱，具有 QoS 的 IP 电话（VoIP）、通过 Internet 服务的呼叫中心和内置的语音数据网络通信管理。

3. 方案说明

模拟用户配置 1062 门，满足客房、普通办公及高级行政办公人员、客房管理员以及一些公共区域的通信需要；中继线侧，配置 4 条 ISDN PRI 30B＋D 的数字中继链路，提供 120 路双向通信链路。

系统通信处理器采用双备份的形式，正常工作情况下，只有一个处理器在工作，处于主处理器状态，另外一个处于备份状态，实时从主通信服务器处备份系统的数据，当主处理器出现故障的时候，备份处理器能够马上接替工作，期间正在进行中的通话不会中断。

使用 OXE 的时候，有许多新的系统功能有利于酒店工作人员办公管理日常通信，如：宾馆管理链路、计费、语音信箱，恶意呼叫追踪等功能。OXE 具有语音提示功能。语音提示功能适用于 OXE 系统内的所有电话，包括模拟电话及数字电话。系统拓扑图如图 2-12所示。

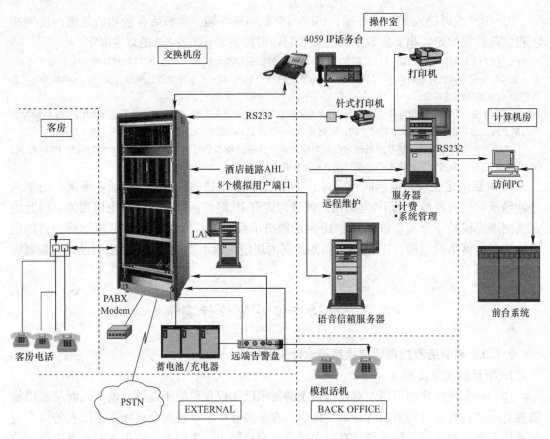

图 2-12 OXE 系统拓扑图

4. 系统配置表及所用机架选型（见表 2-7、2-8）。

OXE 系统设备配置表 表 2-7

系统	公共系统双备份
语音用户	模拟用户：1062
中继线	4 条 ISDN PRI 30B＋D 数字中继：提供 120 路双向同时通话链路
话务台	3 台 4059 IP 话务台，配置 3 台 4019 数字话机
酒店应用	连接酒店物业管理（PMS）系统、酒店管理软件、语音信箱、计费功能、内置语音指导功能、多国语言功能、恶意呼叫追踪功能
配件	电源整流器组件，配线架，电脑打印机等

OXE 系统所用机架选型 表 2-8

机架型号	宽	高	深	重量
M3	516mm	1500mm	516mm	110kg

本 章 小 结

本章介绍了电话交换技术的发展以及用户交换系统的核心设备电话交换机的组成及工

作原理，使学生了解我国现存的电话交换网结构以及号码编号制度。掌握话务量的计算和话务统计的方法，以达到有效利用网络资源、优化网络话务流向的目的。通过本章节的学习，学生能够根据用户电话交换系统工程设计规范确定用户电话交换机与公用电话网端局间中继线数量以及中继电路和信令链路数量的计算方法。同时，针对 IP 电话具有高效的和在统计学上多路复用语音数据流的能力，本章节按编码速率、采样周期、疏通的话务量等方面来统计专网内、专网与公用电话网之间的用户 IP 电话交换系统所需的带宽。通过本章的学习，希望学生能够了解软交换分层、全开放的体系结构特点，以及软交换网络所包含 4 个相互独立的层面及其主要的相关设备。同时，根据用户电话交换机使用业务功能需要，提供了与终端、专网内其他通信系统、公网等连接的通信业务接口，对局点以及用户电话系统与公网连接采用的不同组网方式进行设置。最后通过基于酒店程控电话交换系统设计实例对电话交换系统的设计进行了详细的叙述，为今后进行电话交换系统组网设计提供了有价值的参考。

思考题与习题

1. 程控交换机由几个部分构成？各部分的功能是什么？

2. 程控交换机基本工作流程由哪几部分组成？

3. 某处理机忙时用于呼叫处理的时间平均开销为 0.95，固有开销为 0.25，处理一个呼叫的平均开销需时 30ms，试求其 BHCA。

4. 如何确定用户电话机与公用电话网之间的中继电路的数量？

5. 本地网内各通信系统与公用电话网端局间采用数字中继连接时，中继电路数量如何确定？

6. 什么是 IP 电话？它与传统电话有什么区别？

7. 如何利用编码速率、采样周期、疏通的话务量等参数来计算 IP 电话的带宽？

8. 简述软交换的组成和各部分的主要功能。

9. 设某商贸中心共 5 层，办公区及网络中心设置在三楼，每一层设置 40～50 间商铺，每户商铺均配备电话及收银点 POS 机，每层设置一间值班室，如何设计程控用户交换机系统？计算程控用户交换机的容量。

10. 某集团公司的网络现状是拥有两个互相独立的网络，一个为数据网络，一个为语音网络。两者都必须向电信部门租用线路，而且使用时还需要交纳两笔很大的通信费用；另外在维护上也很不便，造成了人力、物力、财力上的浪费。为了能够使上面的两种网络合二为一，请为该集团公司提供合适的免费 IP 电话解决方案。

第 3 章　计算机网络系统

计算机网络就其规模和用户数量，已是仅次于电话网络的全球第二大网络系统。计算机网络与人们的生活、工作、学习和娱乐密切相关，以至于现今社会一旦没有了计算机网络，后果不可想象。由于计算机网络承载的业务是以数字方式传递各种形式的信息，如文字、图形、图像、音视频等，因此在有些工程设计标准和规范中又被称作信息网络系统。

3.1　系 统 概 述

计算机网络是通信技术与计算机技术相结合一项综合技术，它将各自独立运行的计算机系统通过通信线路连接起来，实现包括硬件资源、软件资源和信息资源等各种资源的共享。

3.1.1　计算机网络的分类

根据网络覆盖的范围，一般把计算机网络分为局域网（Local Area Network，LAN）、城域网（Metropolitan Area Network，MAN）和广域网（Wide Area Network，WAN）。

1. 局域网 LAN

局域网的覆盖范围通常是在半径几米到几千米。其特征是数据传输速率高，系统安装维护简便，网络产权归属个人或某一个机构，非运营性质，可以任意增删用户，一般也不提供服务质量（Quality of Service，QoS）保障。网络的传输介质主要采用双绞线、光纤和同轴电缆。建筑物中的计算机网络就规模而言属于局域网范畴，企业网和校园网一般也属于局域网。

2. 城域网 MAN

顾名思义，城域网就是指可以覆盖一个城市范围的计算机网络，通常网络的半径可以达到几十千米。城域网一般由专门的网络运营商管理和维护，可以承载多种业务的接入和分配，可以互联各种 LAN，通信协议复杂，网络可靠性要求高，具有 QoS 机制和较高的网络安全要求。MAN 一般采用光纤或微波传输技术。

3. 广域网 WAN

更大范围的计算机网络统称为广域网，由不同的网络或电信运营商共同管理和维护。除采用光纤和微波外，还大量使用通信卫星提供传输服务。

提到广域网，必然会联想到因特网（Internet），两者是什么关系呢？

因特网是一个特殊的网络，它的覆盖范围遍及全球。它的特殊之处在于在该网络中运行了一套专有的网络协议并有完整的网络地址分配与管理体制。

3.1.2　计算机网络的拓扑结构与信道类型

拓扑结构是一个数学术语，研究的是"点"和"线"的关系。在计算机网络中，通常把计算机主机和某些网络设备抽象成"点"，而把传输介质抽象成"线"，用来分析和研究计算机网络。计算机网络的拓扑结构一般可分为总线型、星型、环型、树型、网状型和不规则等几种形式。不同的拓扑结构使得计算机之间通信的信道有两种不同的类型，即点—点信道和广播信道。点—点信道类型又被称作存储—转发信道。

1. 总线形拓扑

总线形拓扑如图 3-1（a）所示，所有的计算机通过一根总线连接起来。在这种拓扑中，任何一台计算机发送的信号，可以被网络中的所有计算机接收。因此总线形拓扑的网络信道是广播信道。总线形拓扑只在局域网中采用，早期的以太网采用同轴电缆作为传输介质，其拓扑结构采用的就是总线形拓扑，如图 3-1（b）所示。总线形拓扑的网络具有结构简单、传输距离较大、线缆用量少的特点。其不足之处在于接入新的点不够方便，连接器用量多造成传输的可靠性低，往往一个点出故障影响整个网络的通信。

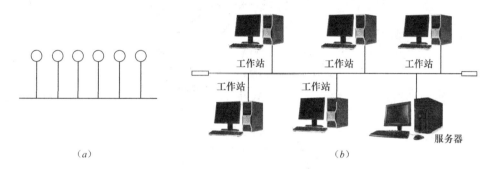

图 3-1 总线拓扑结构网络
（a）拓扑结构；（b）同轴电缆以太网拓扑

2. 星形拓扑

星形拓扑如图 3-2（a）所示。在该拓扑中，有一个中心结点，其他结点之间的通信需经过中心结点的转发，因此星形拓扑网络一般是点—点通信信道。星形拓扑既可以应用在局域网中，也可以应用在广域网中。目前广泛使用的快速以太网和高速以太网以及 VSAT（Very Small Aperture Terminal）卫星网均为星形拓扑，如图 3-2（b）和（c）所示。在快速以太网和高速以太网中，中心结点就是网络交换机。星形拓扑结构的网络具有便于集中管理和增减网络结点（计算机）的特点，而且除中心结点之外的其他结点出现故障时不会影响整个网络。但是星形拓扑网络对中心结点的可靠性和传输处理能力要求高。

早期的双绞线以太网（见图 3-3）从形式看似乎也是星形拓扑，但是从工作原理上讲，它是总线形拓扑，属于广播信道，只是将总线缩短到一个集线器（Hub）里了。因此这种网络从形式上讲是星形拓扑结构，而实际上仍然是总线形拓扑结构。

3. 环形拓扑

环形拓扑中，各结点依次相连，组成一个闭合的环。环形结构有几种不同的形式，见图 3-4。

图（a）是一个典型的环形（Loop）拓扑结构，通信信道采用点—点传输形式，结构本身具有链路容错功能。目前城域网 MAN 和蜂窝移动通信网中的基站多采用这种拓扑结构。

图（b）是交叉环拓扑结构，两个环在一个结点上有交叉，该结点既是左环上的一个点，又是右环上的一个点。蓝牙网络采用了这种拓扑结构。

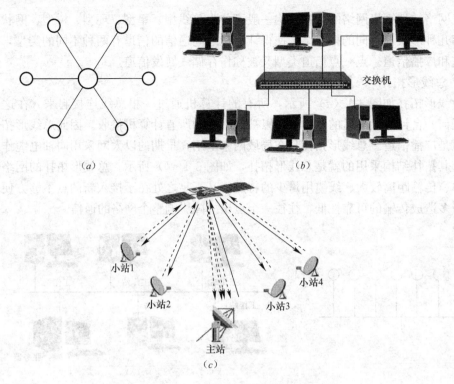

图 3-2 星形拓扑结构网络

(a) 拓扑结构；(b) 高速以太网；(c) VSAT 卫星通信网

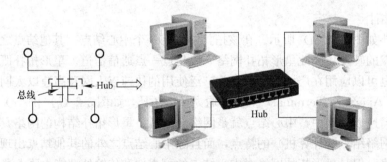

图 3-3 采用 Hub 组成的以太网

图 (c) 是环形 (Ring) 的另一种形式，它是采用广播信道形式实现通信的，传送的信息在环上单向绕环运行，环上的每一个结点 (计算机) 都可以接收到环上的信息。但在同一时刻，环上只能有一台计算机发送信息。在早期的某些 LAN，如 IBM Token Ring 曾采用这种拓扑结构。与上面提到的用 Hub 组成的以太网相似，在 Token Ring 网络中需采用一个称为 MAU (Multistation Access Unit) 的设备，计算机连接到该设备实现联网，如图 3-5 所示。因此类似 Token Ring 的网络，形式上是星形拓扑，实际上是环形拓扑。

图 (d) 是一种双环拓扑结构，两个环采用一主一备工作，正常情况下其工作状态与图 (c) 所示拓扑相同，一旦主环出现故障，可以启动备用环，因而具有自愈功能。因此双环网络又被称为自愈环网。第一个 100Mbps 光纤局域网 FDDI (Fiber Distributed Data Interface) 采用的就是这种拓扑结构。

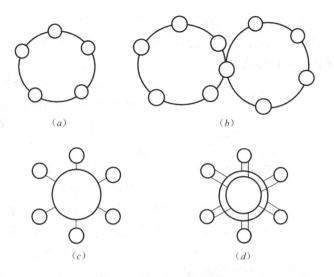

图 3-4　环形拓扑结构网络

（a）点对点环形拓扑；（b）交叉环拓扑；（c）广播式信道环形拓扑；（d）双环拓扑

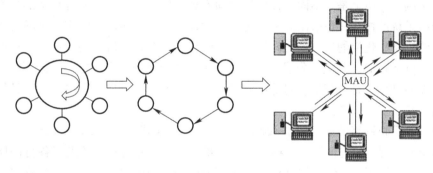

图 3-5　Token Ring 网络

4. 树形拓扑

树形拓扑结构如图 3-6 所示，是一棵倒置的树，根在上，枝在下。树形拓扑可以看作

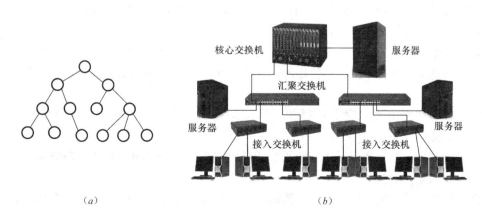

图 3-6　树形拓扑结构网络

（a）拓扑结构；（b）三级交换机组成的局域网

是多层星形拓扑的集成或扩充。在树形拓扑中，传输信道是点—点形式的，并且是在相邻的两层之间进行信息传输，同层次之间没有直接的信息交换。树形拓扑是较大规模的局域网和广域网经常采用的拓扑形式。

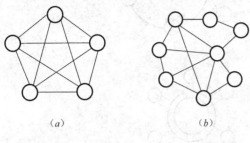

(*a*)　　　　　　　　(*b*)

图 3-7　网状拓扑与不规则拓扑结构网络

(*a*) 网状拓扑；(*b*) 不规则拓扑

5. 网状形拓扑与不规则拓扑

网状形拓扑与不规则拓扑结构如图 3-7 所示。在网状形拓扑中，网络中的任何一个节点都与其他节点有直接相连的链路，采用点—点信道传输方式，网络中任何一段链路出现故障不会影响任何一个节点的信息传输。因此，网状形拓扑的可靠性和鲁棒性很高，但代价是线路长、电路多，建设费用高。通常在校园网或企业网的核心层和广域网中的骨干节点采用网状形拓扑。不规则拓扑是网状拓扑的简化形式，任何一个网络节点均有两个以上的链路与其他节点相连。这种拓扑主要是在广域网中采用。

3.1.3　计算机网络体系结构

计算机网络实质上是让不同的计算机之间实现通信。这是一个非常复杂的事情，为此计算机网络系统的构建往往采用分层结构进行设计。众所周知，不同实体之间的通信需要有通信规约。层次化后的对应层之间便有相应的规约。在计算机网络专业中，这些规约被称为协议（protocol）。其次，分层后各层之间应有功能划分，层与层之间需要有接口。计算机网络体系结构就是指分层、对等层间协议及上下层间的接口。简单地讲，计算机网络体系结构就是层和协议的集合。

最早的计算机网络体系结构是 IBM 在 20 世纪 70 年代提出的 SNA（System Network Architecture），现在仍在使用。一些国际知名的 IT 大公司也相继推出了各自的网络体系结构。1983 年国际标准化组织 ISO（International Standards Organization）提出了一个网络参考模型，称为开放系统互连（Open System Interconnection-Reference Model，OSI-RM）。该体系结构是一个 7 层结构模型，如图 3-8 所示。

物理层的功能就是信道上比特流的传输，为传输的比特流建立规则。物理层信息传输单位为比特（bit）。物理层涉及通信接口的机械、电气和时序特性，与传输介质，如双绞线、同轴电缆、光纤和无线电频段密切相关。

数据链路层的功能是在两个直接相连的线路（链路）上实现数据无差错传输，为达到此目的，信息是以帧为单位进行传输的。在该层还要处理流量控制和共享信道的访问控制事宜。

网络层的功能主要是路由选择和网络拥塞控制，信息的传输和处理单位称为分组（Packet）或包。

传输层主要功能是实现网络中的两个计算机主机用户进程间无差错、高效地传输，提供可靠的端到端通信服务。

会话层功能是为网络中需要进行数据发送和接收的计算机主机用户建立会话联系并管理会话。

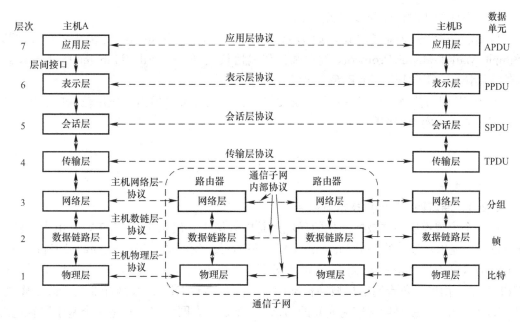

图 3-8　OSI-RM 模型体系结构

表示层的功能是完成被传输的信息的抽象表示和解释，包括格式变换、数据编码、加密/解密和压缩/解压缩等。

应用层负责处理计算机主机用户的各种网络应用业务，如电子邮件、Web 浏览、文件传输、网络聊天和电子商务等。

OSI-RM 体系结构非常完整和系统，可以用来分析任何一个计算机网络系统，也是学习和理解计算机网络的最好模型。但是结构过于复杂，在实际的计算机网络中罕有应用。

目前应用最为普遍的是 TCP/IP 体系结构，又称 Internet 体系结构。TCP/IP 网络体系结构如图 3-9 所示，是一个 4 层结构。

TCP/IP 结构的最下面一层称为主机至网络层，或网络接入层。但实际上这一层未被定义，没有规定任何协议，只是要求能够提供给其上层网络互联层一个访问接口，以便在其上传递 IP 分组。

互联网层是该体系结构中极为关键的部分，定义

| 应用层
Application Layer |
| 传输层
Transport Layer |
| 互联网层
Internet Layer |
| 网络接入层
Host to Network Layer |

图 3-9　TCP/IP 网络体系结构

了分组的格式和协议，即 IP 协议。它的功能是使主机可以把分组发往任何网络，并使分组能够独立地经由不同的网络到达目的地。

传输层的功能与 OSI-RM 中的传输层功能相同。在这一层有 3 个端—端传输协议，即 TCP（Transport Control Protocol，传输控制协议）、UDP（User Datagram Protocol，用户数据报协议）和 SCTP（Stream Control Transport Protocol，流控制传输协议）。TCP 是一个可靠的、面向连接的协议，提供无差错传输服务，并具有流量控制机制；UDP 是一个不可靠的、无连接协议，提供准实时传输业务；SCTP 是 2000 年新定义的，是一个面向连接的协议，对 TCP 的缺陷进行了一些完善，具有适当的拥塞控制、防止泛滥和伪

装攻击、更优的实时性能和多归属性支持。

应用层包括各种高层协议，如 DNS（Domain Name System，域名系统）、SMTP（Simple Mail Transfer Protocol，简单邮件传输协议）、FTP（File Transfer Protocol，文件传输协议）、TELNET（远程登录协议）等。

TCP/IP 网络体系结构尽管不是标准化机构提出的标准，但由于应用范围广、用户众多，因而成为事实上的国际标准。

3.2 局域网与广域网

3.2.1 局域网（LAN）技术与标准

第一个大规模应用并被标准化的局域网是以太网。它诞生于 1976 年，是由当时就职于 Xerox（施乐）公司的 Bob Metcalfe 和 David Boggs 发明的，然后由 Digital Equipment Company（DEC）、Intel 和 Xerox 三家共同推出了以太网标准（DIX 版）。该标准后来被 IEEE 接纳，由专门负责制定局域网标准的 802 委员会对 DIX 以太网标准做了微小修改，以 802.3 命名。这就是后来广为人知的 IEEE 802.3 以太网协议。它是一个基于同轴电缆的总线网络，采用了 CSMA/CD（载波监听多路访问/碰撞检测）协议，传输速率可达 10Mb/s。

随后 IEEE 802 委员会相继推出了 802.4 和 802.5 局域网标准，分别是由 General Motor（通用汽车公司）和 IBM（国际商业机器公司）推荐的。前者称为令牌总线网，也采用同轴电缆作为传输介质，是一个树形网，网络的传输速率可达 2Mbps，传输速率虽没有以太网高，但结构灵活，覆盖范围更大，并且有优先级机制，很适合实时业务的应用。后者叫做令牌环网，是一个环形网，传输介质可以是双绞线或光纤，传输速率为 4Mbps，采用双环结构，具有很高的可靠性。两者的共同之处是都采用令牌的方法解决共享传输信道的问题，其突出的特点是可以设置优先级、在网络传输荷载很大时仍可保持高的传输效率。

上述三种网络在市场上曾呈鼎足之势，各自都有其忠诚的用户群和应用领域。令牌总线网的传统用户是制造业，令牌环网的主要市场是金融领域，而以太网主要是在行政办公领域。这种三足鼎立的局面在网络提速后被打破。以太网在 1995 年完成了升级，传输速率提高 10 倍，达到 100Mbps。新的网络被称作快速以太网（fast Ethernet），对应的标准是 IEEE 802.3u。升级后的网络与原先的 10Mbps 以太网完全兼容，联网规则几乎一样，并且联网的硬件设备价格没有太大变化。快速以太网的传输介质限定只采用双绞线和光纤，摒弃了连接不可靠的同轴电缆。其他两种网络也于 20 世纪 90 年代完成提速，令牌总线网传输速率由 2Mbps 提高到 20Mbps，令牌环网则从 4Mbps 提高到 16Mbps。由于以太网管理简便、使用灵活、价格低廉、升级简单、兼容性高，获得了用户的认可，市场占有率快速提升，占据了大部分 LAN 市场的份额，逐步将令牌环网和令牌总线网淘汰。

1. 以太网技术与 IEEE802.3 标准

最初的以太网采用同轴电缆作为传输介质，总线拓扑结构，共享形式的通信信道。为解决共享信道的争用问题，采用了 CSMA/CD（Carrier Sense Multiple Access/Collision Detection，载波监听多路访问/碰撞检测）技术。

以太网有多种形式，其特性见表 3-1。它支持 4 种传输介质，分别是 50Ω 粗同轴电缆、50Ω 细同轴电缆、双绞线和多模光纤，对应的系统分别被称为 10Base 5、10Base 2、10Base-T 和 10Base-F，其中"10"代表传输速率为 10Mbps，"Base"表示传输信号为基带信号，数字"5"和"2"代表传输的距离（不加中继设备的情况下）最大为 500m 和 200m（实为 185m），"T"表示双绞线，"F"表示光纤。采用三类双绞线连网，从 Hub 到计算机的最大距离为 100m，采用多模光纤可以支持 2000m。一个网络中允许串接最多 4 个中继器。因此，用铜缆连网的最大距离为 2500m。

以太网特性　　　　　　　　　　　　　　　　　表 3-1

特性	10Base 5	10Base 2	10Base-T	10Base-F
传输速率（Mb/s）	10	10	10	10
最大网段长度（m）	500	185	100	2000
拓扑形式	总线	总线	星	星
传输介质	粗同轴电缆	细同轴电缆	三类双绞线	多模光纤（62.5/125）
特性阻抗（Ω）	50	50	100	—
连接器	DB-15	BNC	RJ45	ST 或 SC
结点数/网段	<30	<100	—	—
结点间最小间距（m）	0.5	2.5	—	—
最大网段数	5	5	5	5

2. 快速以太网与 IEEE802.3u 标准

以太网的升级版称为快速以太网，采用与以太网完全相同的体系结构、帧格式和 CSMA/CD 协议，但是传输速率提高 10 倍，达到 100Mbps，并且与以太网完全兼容。快速以太网的标准被命名为 IEEE802.3u，于 1995 年正式推出。

快速以太网摒弃了连接极不可靠的同轴电缆，只采用双绞线和光纤，包括单模光纤和两种多模光纤。与以太网相仿，快速以太网被冠以 100Base-xx，其主要特性列于表 3-2。

IEEE802.3u 快速以太网主要特性　　　　　　　表 3-2

标准名称	IEEE802.3u			
子类	100Base-TX*	100Base-T4	100Base-T2	100Base-FX*
传输速率（Mb/s）	100（双向）	100	100	100（双向）
编码	4B/5B	8B/6T	PAM5×5	4B/5B
时钟频率（MHz）	125	25	25	125
传输介质	五类双绞线（两对）	三类双绞线（4 对）	三类双绞线（2 对）	多模光纤（62.5/125）（50/125）单模光纤
传输距离（m）	100	100	100	多模光纤 2000m　单模光纤 10km

*　X 表示全双工传输。

快速以太网在组网方面仍然采用集线器（Hub）。由于传输速率的提高和为了兼容以太网，快速以太网在传输距离方面付出了很大的代价。尽管 Hub 到计算机的最长连网距离保持 100m，但是网络扩展时，使用中继设备的数量下降一半，只允许两个，网络的最大直径为 205m。

3. 千兆以太网

为了兼容以太网和快速以太网，千兆以太网采用了与以太网和快速以太网完全相同的帧格式、帧长度、介质访问控制方法（CSMA/CD）和体系结构，网络传输速率达到 10^9 bps，因此被称为千兆以太网或吉比特以太网。由于传输速率提高了 10 倍，为保证一定的传输距离，千兆以太网不再使用集线器 Hub 进行组网，而是采用网络交换机。

有关千兆以太网的主要特性见表 3-3。

千兆以太网主要特性　　　　　　　　　　表 3-3

标准名称	IEEE802.3z			IEEE802.3ab	TIA/EIA-854
MAC 子层协议	IEEE802.3 MAC CSMA/CD				
物理层子类	1000Base-SX*	1000Base-LX*	1000Base-CX*	1000Base-T	1000Base-TX*
编码	8B/10B	8B/10B	8B/10B	4D-PAM5	8B/10B
传输介质	多模光纤	多模/单模光纤	TW 屏蔽双绞线	Cat 5 UTP（4 对）	Cat 6 UTP（4 对）
光源/波长	LED/850nm	LD/1310nm	—	—	—
传输距离	275m（62.5/125）550m（50/125）	550m（多模光纤）5000m（单模光纤）	25m	100m	100m
连接器	SC	SC	9 针 D 型	RJ45	RJ45
应用领域	建筑物内网络主干	建筑群网络主干	主交换机-服务器通信	建筑物内网络主干或服务器接入	建筑物内网络主干或服务器接入

* X 表示全双工传输。

4. 万兆以太网

在当今的信息社会，人们对带宽的需求是无止境的。千兆以太网尚未普及，更高速率的标准已陆续推出。万兆以太网又称 10G 以太网，传输速率比千兆以太网提高 10 倍。目前万兆以太网有三个标准，分别是 IEEE802.3ae、IEEE802.3ak 和 IEEE802.3an，基本特性见表 3-4 和表 3-5。

万兆以太网主要特性（光纤）　　　　　　　　　表 3-4

标准名称	IEEE802.3ae			
物理层子类	10GBase-SR	10GBase-LR	10GBase-ER	10GBase-W
编码	64B/66B			
传输介质	多模光纤（OM3）	单模光纤		
光源/波长	LED/850nm	LD/1310nm	LD/1550nm	LD/1310nm/1550nm
传输距离	300m	10km	40km	10km/40km
应用领域	LAN	LAN	LAN	WAN

万兆以太网主要特性（铜缆）　　　　　　表 3-5

标准名称	IEEE802.3ak	IEEE802.3an
物理层子类	10GBase-CX4	10GBase-T
编码	64B/66B	
传输介质	屏蔽双绞线	Cat 6A/Cat 6
传输距离	15m	100m/55m
应用领域	数据中心	LAN

当前 10G 以太网主要应用于数据中心和企业网、校园网的核心层，连接服务器存储阵列与核心交换机以及核心交换机之间的连接。

5. 虚拟局域网 VLAN

虚拟局域网（Virtual Local Area Network，VLAN）是一项基于交换机系统的网络配置技术，它可以把连接在一台交换机上的多台计算机划分为多个不同的逻辑网络，彼此之间不能直接访问。

VLAN 技术的提出基于以下需求。

（1）安全性。一个部门或工作组内部的信息不想被别人共享，而该部门或工作组与其他的部门或工作组连接在同一个网络设备上，无法分离。

（2）负载均衡。网络中有些计算机的访问量很大，负载重，而有些又非常小。连接在同一个网络上会影响上网的工作效率。

（3）广播风暴。当一个网络中由于故障产生大量的广播帧，形成广播风暴，会使整个网络陷于瘫痪。网络规模越大，发生广播风暴的概率越高，影响越大。

IEEE802 委员会在 1996 年 3 月发布了一个有关虚拟局域网 VLAN 的标准，这就是 IEEE802.1Q。在该标准中，对 VLAN 定义为：VLAN 是由一些局域网网段构成的、与物理位置无关的逻辑组，这些网段具有某些共同的需求。每一个 VLAN 的帧都有一个明确的标识符，指明发送这个帧的工作站是属于哪一个 VLAN。

利用 VLAN 技术，既可以在一台网络交换机上划分为多个逻辑网段，也可以跨交换机划分 VLAN。图 3-10 为一个 VLAN 划分的实例。在同一个 VLAN 内，计算机可以像传统 LAN 一样直接交换信息。不同 VLAN 内的计算机则需要通过路由器或具有路由功能的三层交换机才能相互通信，即使它们可能连接在同一台网络交换机上。

实现 VLAN 必须采用支持 VLAN 功能的交换机，换言之，交换机必须支持 IEEE802.1Q 协议。该协议将 802.3 协议中的帧格式做了变动，增加了 4 个字节有关 VALN 的域，其中 VLAN 标识域有 12 位，理论上可以划分 4096 个 VLAN，但只有高端的交换机可以实现，一般交换机能够配置 200 个左右的 VLAN。

VLAN 协议只对交换机提出要求，并不涉及联网的计算机（确切地说是网卡）。因此，802.1Q 对以太网帧格式的改变并不影响计算机对以太网的接入。

VLAN 的划分有静态划分和动态划分两种方式。静态划分是按交换机的端口划分不同的 VLAN，与接入的计算机无关。动态划分则是按计算机的 MAC 地址划分 VLAN，与交换机哪个端口连接无关。动态划分还可以根据不同的网络层协议或地址划分 VLAN。

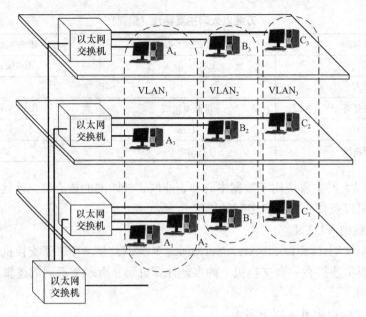

图 3-10 虚拟局域网 VLAN

3.2.2 无线局域网 (WLAN) 技术与标准

各种移动数据终端设备的不断出现和快速普及，催生了无线局域网 WLAN 的快速发展。早期的移动数据终端设备主要是笔记本电脑和个人数字助理 PDA (Portable Digital Assistant)，又称掌上电脑。如今，智能手机都具备了访问 WLAN 的功能，使得 WLAN 拥有庞大的用户群。

WLAN 要占用无线频谱资源，但与一般的移动通信系统不同，它占用的是非管制频段。国际电信联盟 ITU 协调各国家的无线电管理部门预留了一些频段，用于开展工业、科学和医学方面的应用，称为 ISM 频段，属于非管制频段。在 ISM 频段，允许任何人随意使用，但是对设备的发射功率有限制，通常是小于 1W，使得发射台覆盖很小的范围，避免相互干扰。ISM 频段的具体位置各国有所不同，一般分为 3 段。在我国，ISM 的频段为 902～928MHz (U 频段)、2.4～2.5GHz (S 频段) 和 5.725～5.875GHz (C 频段)。WLAN 目前的工作频段是 2.4GHz 和 5GHz。

WLAN 的标准目前主要有 IEEE802 委员会推出的 IEEE802.11 系列标准、HomeRF 工作组开发的 HomeRF 标准和欧洲电信标准协会 ETSI (European Telecommunications Standards Institute) 制定的 HiperLAN 标准，其中 IEEE802.11 系列标准应用最为广泛，获得众多厂商的支持，产品在 WLAN 市场上居主导地位。本教材介绍基于 IEEE802.11 的 WLAN 所采用的技术。

IEEE802.11 系列标准主要包括以下标准：

(1) IEEE802.11

(2) IEEE802.11a

(3) IEEE802.11b

(4) IEEE802.11g

(5) IEEE802.11n

（6）IEEE802.11ac

IEEE802.11 的体系结构如图 3-11 所示。

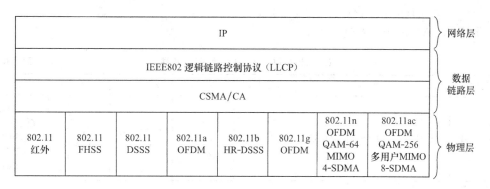

图 3-11　IEEE802.11 协议栈

IEEE802.11 是 IEEE 在 1997 年正式发布的第一个 WLAN 标准。它在物理层上支持三种传输技术，红外、跳频扩频（Frequency Hopping Spread Spectrum，FHSS）和直序列扩频（Direct Sequence Spread Spectrum，DSSS）。红外传输使用漫射传输方式，工作波长为 $0.85\mu m$ 或 $0.95\mu m$，传输速率 1Mbps 或 2Mbps。FHSS 工作频段 2.4GHz，使用了 79 个子信道，每个子信道带宽 1MHz，在每个信道上的最大滞留时间为 400ms，最大传输速率 1Mbps。DSSS 也工作在 2.4GHz 频段，使用巴克序列（Barker Sequence）扩频码，最大传输速率 2Mbps。

1999 年，IEEE 先后推出了 802.11b 和 802.11a 两个升级标准。802.11b 的物理层工作频率仍在 2.4GHz，但引入了高速直序列扩频（High Rate Direct Sequence Spread Spectrum，HR-DSSS）技术，可以采用 Walsh/Hadamard 编码，支持的传输速率有 1、2、5.5 和 11Mbps，可与 802.11 兼容。802.11a 工作在 5GHz 频段，使用了与之前的标准完全不同的正交频分多路复用（Orthogonal Frequency Division Multiplexing，OFDM）技术，最高传输速率可达 54Mbps。但这使得该标准既不兼容 802.11b，也不兼容 802.11。

为提高与其他标准的兼容性，2003 年 7 月推出了 IEEE802.11g 标准。802.11g 工作在 2.4GHz 频段，物理层采用了两种调制方法。一种是与 802.11b 兼容的补码键控调制（Complementary Code Keying，CCK）结合 DSSS 扩频，使最高传输速率提高到 24Mbps。另一种是 802.11a 使用的 OFDM，最高速率达到 54Mbps。因此，802.11g 实现了既与 802.11b 兼容，可实现平滑升级，又能够将传输速率提高到与 802.11a 相同的水平。802.11g 支持的强制速率为 1Mbps、2Mbps、5.5Mbps、6Mbps、11Mbps、12Mbps 和 24Mbps，可选速率为 9Mbps、18Mbps、36Mbps、48Mbps 和 54Mbps。

2009 年 802.11n 正式推出，它可同时工作在 2.4GHz 和 5GHz 两个频段，意味着它既可以兼容 802.11a，又可以兼容 802.11b。802.11n 主要是结合物理层和 MAC 层的优化来充分提高 WLAN 的吞吐率。802.11n 主要的物理层技术涉及了 MIMO（Multiple-Input Multiple-Output，多进多出）、MIMO-OFDM、QAM-64、Short GI（Guard Interval，保护间隔）等技术。

更新的 WLAN 标准 802.11ac 已在 2013 年 12 月获得批准。在这个标准中，工作频段只有 5GHz，接入带宽达到 80MHz 和 160MHz，采用多用户 MIMO（空分多址 SDMA）、

QAM-256、波束成型（Beam forming）等技术。不仅是在传输速率方面较以前的版本有大幅度的提高，而且在网络安全方面也有改进。在兼容性方面，802.11ac 的物理层与 802.11n 和 802.11a 保持兼容。

上述 WLAN 的主要特性见表 3-6。

IEEE802.11 系列 WLAN 主要特性 表 3-6

标准	802.11			802.11b	802.11a	802.11g	802.11n	802.11ac
网络层编码	红外	FHSS	DSSS	HR-DSSS	OFDM	HR-DSSS CCK	OFDM QAM-64 MIMO 4-SDMA	OFDM QAM-256 多用户 MIMO 8-SDMA
工作频段（Hz）		2.4G	2.4G	2.4G	5G	2.4G/5G	2.4G/5G	5G
最高传输速率（bps）	1 或 2M	1M	2M	11M	54M	24M/54M	600M	7G

3.2.3 广域网（WAN）技术与标准

覆盖范围超过局域网的所有网络都可以看作为广域网。大多数广域网属于公共网络，一般由电信运营商或有线电视运营商承建、运营和管理。一些大的企事业单位或政府部门也有自己覆盖一个地区甚至全国的专用网络。广域网的结构和采用的技术与局域网有很大不同。在网络结构方面，广域网分为核心网和接入网两个层次，如图 3-12 所示。

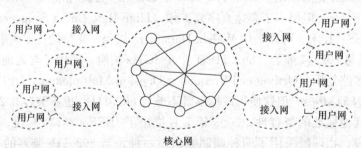

图 3-12 广域网结构

核心网多采用网状拓扑结构，由网络结点，如结点交换机、多协议路由器、业务服务器等组成。核心网属于传送网，因此又称主干网。它的主要功能是保质、保量、高效地传送大量的信息流。

接入网主要完成将用户或用户网络接入到核心网的任务，有关接入网的内容将在第 5 章介绍。

早期的计算机广域网大多借助于公共电话网（PSTN）实现。第一代专门的数据通信网是基于 X.25 协议的数据通信网。该协议是 ITU 于 1974 年提出的，并在 20 世纪 80 年代做了多次修订。X.25 网络是第一个使用分组交换技术的网络，网内分组的交换和传输采用"虚电路"方式，提供的是面向连接的服务。我国的第一个公用数据网主干网 CHINAPAC 建成于 1993 年，基于 X.25 协议，网络结构如图 3-13 所示。它由 8 个一级交换中心和 23 个二级交换中心组成。

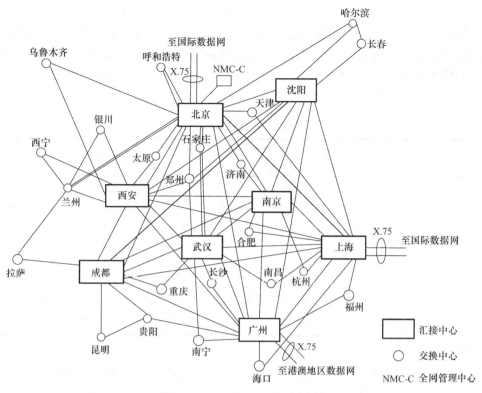

图 3-13 CHINAPAC 网络结构

第二代的数据通信网称为帧中继网（Frame Relay），在 20 世纪 80 年代后期发展起来。它采用了与 X.25 类似的交换和传输方式，但是优化了协议，以数据链路层的帧为基础实现了多条逻辑链路的统计复用和转换，故称"帧中继"。帧中继协议是对 X.25 协议的简化，处理效率很高，网络的吞吐量大，通信时延小，用户的接入速率最高可达 34Mbps。

第三代的数据通信网广泛采用的是 ATM（Asynchronous Transfer Mode，异步传输模式）技术，也是当时宽带综合业务数据网（Broadband Integrated Services Digital Network，BISDN）采用的网络技术。ATM 技术的研究开始于 20 世纪 80 年代，到 20 世纪 90 年代中期趋于成熟。ITU 制定的基于 ATM 的组网和传输标准基本齐全，成为一种被大多数电信运营商采用的宽带主干网络技术。ATM 既支持突发数据传输，也支持数据的按需传输，因此称为异步传输。ATM 采用固定长度的协议数据单元，称为信元（cell），长度 53 字节，传输速率最高可达 622Mbps；采用面向连接的方式（虚电路）发送信元，可使用光纤信道传输，误码率低，信道容量大。ATM 的主要优点概括为延迟偏差小，有QoS（Quality of Service，服务质量）机制，支持语音、视频和数据等多媒体业务。它的主要缺点是系统的建设成本高；因采用面向连接的体系结构，与 Internet 融合存在先天性的困难；与以太网互联时，以太网的帧与 ATM 的信元转换过于复杂。

电信网络过去承载的主要业务是电话通信业务，即语音业务。对语音业务实现的信道复用方式主要是 TDM（Time Division Multiples，时分复用），其核心网采用的传输介质以光纤为主。在早期的 TDM 传输体系中，国际上出现了北美、日本和欧洲三种不同的复用传输标准，这给电信网络的全球互联互通造成了不便。1985 年贝尔实验室制定了一个兼容上述三种复用体制的高速光纤传输标准，称为 SONET（Synchronous Optical NET-work，同步光网络）。次年，ITU 的前身 CCITT 以 SONET 为基础，制定了一套与 SO-NET 兼容的新标准，称为 SDH（Synchronous Digital Hierarchy，同步数字序列）。目前，在北美仍然采用 SONET 标准，而在世界其他地方，包括我国，则采用 SDH 标准。两个标准的速率和复用话路数量对比见表 3-7。

SDH 与 SONET 对比 表 3-7

SONET	SDH	数据传输速率（Mbps）		话路数*
		总速率	用户数据	
OC-1		51.84	49.536	
OC-3	STM-1	155.52（155M）	148.608	1920
OC-9		466.56	445.824	
OC-12	STM-4	622.08（622M）	594.432	7680
OC-18		933.12	891.648	
OC-24		1244.16	1188.864	
OC-36		1866.24	1783.296	
OC-48	STM-16	2488.32（2.5G）	2377.728	30720
OC-192	STM-64	9953.28（10G）	9510.912	122880
OC-768	STM-256	39813.12（40G）	38043.648	491520

* 以 E3（三次群）为例。

SDH 的基本速率为 155.52Mbps，称为 STM-1（同步传输模块）。4 个 STM-1 同步复接组成 1 个 STM-4，速率 4 倍于 STM-1。同样，4 个 STM-4 复接组成 1 个 STM-16，4 个 STM-16 组成 1 个 STM-64，4 个 STM-64 组成 1 个 STM-256，速率达到约 40Gbps。该速率目前是 1 个波长传输的最高标准速率，可以采用 WDM（波分复用）技术，在一根光纤中传输多个波长，以进一步提高光纤信道的传输速率。

SDH/SONET 是物理层的传输标准，可以在它之上传输前面提到的 ATM、以太网、IP 等。正是因为核心网有 10Gbps 这一传输速率标准，所以 10G 以太网在广域网中可以获得应用。

3.3 网络互连设备

为了扩大计算机联网的范围，把分散在各地的不同网络连接起来，或是让更多的计算机接入网络，需要采用网络互连设备。由于计算机联网涉及不同的传输介质、不同的网络拓扑结构、不同的通信协议以及不同的联网要求，因此实现网络的互连需要使用多种网络设备。以下主要介绍在智能建筑中应用较多的局域网互连设备。

3.3.1 中继器、光纤收发器

如果接入网络的网络终端设备距离比较远，首选的设备称为中继器（Repeater）。中继器是一种工作在物理层的互连设备，其作用就是一个放大器。它把接收的信号经过整形、放大后输出。中继器的输入和输出端通常连接相同的传输介质，也可以连接不同传输介质，图 3-14 为几种典型的中继器。

使用中继器互连的网络一定是同一个网络。同一个网络的含义是，属于同一个网段，采用同一种物理层传输协议，网络传输速率相同。

图 3-14 网络中继器

(*a*) 细同轴电缆中继器；(*b*) 双绞线中继器；(*c*) 无线 LAN 中继器；(*d*) 光纤中继器

中继器在网络中的使用受组网规则的限制，包括传输距离和接入的数量。它可以延长网络的覆盖范围，但不能隔离网络中的广播风暴，并且扩大了分组碰撞冲突域，接入的计算机越多，或者网络覆盖的范围越大，发生分组碰撞的概率也就越大，网络的工作效率越低。

在早期的以太网中，曾使用一种称为集线器（Hub）的连网设备。它具有中继器的功能。简单的 Hub 只有双绞线接口（RJ45），复杂的 Hub 除了双绞线接口外，还有粗同轴电缆接口（AUI）、细同轴电缆接口（BNC）或光纤接口（ST 或 SC），可以将双绞线以太网、同轴电缆以太网和光纤以太网进行互连，传输速率可达 10Mbps 或 100Mbps。因此可以把 Hub 称为多端口中继器。

光纤收发器是一种特殊形式的中继器。它带有两种传输介质的接口，一端是铜缆接口，通常是连接双绞线的 RJ45 连接器，另一端是光纤接口。光纤收发器具有光—电和电—光转换功能。当连网的距离超出铜缆传输的最大长度后，使用光纤收发器，采用光纤作为传输介质，可以将传输距离延长。通信光纤有单模和多模两类，光纤收发器也分单模光纤收发器和多模光纤收发器。单模光纤收发器支持的传输距离超过 20km，甚至可达 100km。多模光纤收发器支持的距离一般在 2～5km。

3.3.2 交换机（网桥）

如果想要达到既要接入的计算机数量多，网络的覆盖范围大，还要保持较高的网络传输效率的目的，那么连网时就需要网桥（Bridge）了。网桥可以把一个大网划分成几个小网，每个小网中计算机的数量不要太多。网桥可以根据各计算机发送的帧地址在不同的小网之间进行转发，从而缩小了冲突域，减少了发生传输碰撞的概率。网桥既可以连接同质网，如星形网，也可以连接异质网，如总线网、环形网和树形网。

网桥有内桥和外桥之分。内桥可以是一台普通的 PC 机，在 PC 机内插入多块网卡，分别接入不同的网络，运行网桥软件，形成一个网桥。在图 3-15 中，一台 PC 机插入了三块不同的网卡，分别连接了一个星形网、一个环形网和一个总线网。

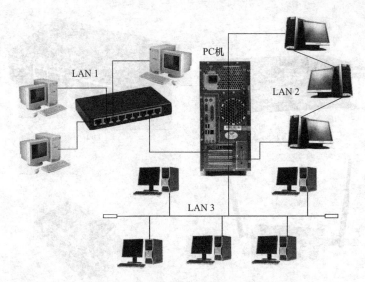

图 3-15   使用网络内桥互连不同的网络

外桥是一种专门的连网设备。它有多个网络端口，可以连接不同拓扑结构、不同传输介质和不同传输速率的网络。目前网络中最常使用的交换机实质上就是一种网桥设备。由于以太网目前在市场上占有绝对统治地位，能够互连其他网络的网桥几乎已经没有存在的必要了，单一的以太网，不论其速率高低、传输介质是双绞线还是光缆、传输方式是否全双工，由于帧格式相同，使用以太网交换机便可以简单、方便地实现网络互连。一个典型的以太网交换机如图 3-16 所示。交换机一般有若干通用接口，通常是以 8 为模数，如图中的②所指。这些端口用来连接网络终端设备，如 PC 机、打印机等，现阶段以支持10M/100Mbps 自适应的居多，也可用来连接另一台交换机。图中的①是端口工作状态指示灯，指示灯与端口一一对应。图中的⑤是高速网络接口，用于连接上一级交换机，可以支持双绞线和光纤（单模/多模），传输速率可以是 1Gbps，甚至 10Gbps；③是对应的端口状态指示灯。图中的④是一个串口，通常标识 Console，用来连接 PC 机，对交换机做配置，如 VLAN 的划分、链路汇聚、远程网络管理等。

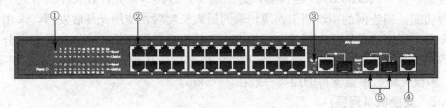

图 3-16   典型以太网交换机

交换机根据数据帧中的 MAC 地址对帧进行转发，因此可以对交换机的端口做网段划分，利用一台交换机划分多个网段，实现 VLAN 和链路汇聚功能。

3.3.3 路由器

路由器，顾名思义，是具有路由选择功能的连网设备。提到"路由"一词，必然涉及广域网（WAN），换言之，路由器是连接广域网的必选设备。如果说交换机是 LAN 的核心设备，则 WAN 的核心就是路由器。就物理位置而言，它也是 LAN 的边界设备。因此，路由器有两类网络接口，一类是 WAN 接口，另一类是 LAN 接口。图 3-17 所示为一个在

SOHO（Small office and home office）常用的小型路由器。它有一个 WAN 接口，一般是 ADSL 接口，4 个以太网接口，还有 AP（Access point，接入点）WLAN 功能。这样的一台路由器，通过 WAN 接口可以把一个 LAN 和一个 WLAN 与公共网络互连起来。如果 WAN 采用 ADSL 技术，接入带宽最高可以达到 8Mbps。

　　如要将一个企业网或校园网与公共网络互连，则需要较大的接入带宽，而且基于可靠性的考虑，往往需要采用冗余路由，因此需要高性能的路由器。大型路由器多采用机架插板形式，如图 3-18 所示，根据不同的网络，可以灵活配置。目前配置 10G 以太网是大型路由器的应用趋势。

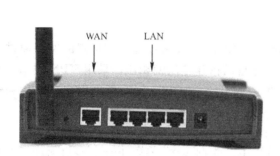

图 3-17　小型路由器　　　　　图 3-18　企业级路由器

　　交换机和路由器虽然都对网络中发送的数据进行转发，但是两者有很大的不同。交换机转发的是帧（frame），判定的依据是 MAC 地址，而路由器转发的是分组（packet，或称包），判定的依据是网络地址，如 IP 地址。因为网络地址包含在分组中，而分组是帧的净荷，因此转发分组时，对帧和分组都要解析。这样就需要路由器的 CPU 有更高的处理速度。通常路由器的转发处理延时要高于交换机。

　　近年来，随着微电子技术和信息处理技术的不断发展，一些设备制造商已开始将交换机和路由器集成在一台设备中，称为三层交换机，即具有路由功能的网络交换机。这样做的结果是可以大大降低设备的造价和运维成本，节省机柜和机房空间。

3.4　网　络　安　全

　　随着计算机网络的日益普及，基于计算机网络的应用范围越来越广泛，其中很多应用涉及政府、团体和个人的私密，网络的安全极为重要。当前计算机网络的安全问题也非常突出，因此对计算机网络安全方面的设计是十分必要的。

　　1. 防火墙

　　防火墙是网络安全策略中的重要一项，对网络安全起着举足轻重的作用。防火墙设置在内部网络和外部网络之间，起一个屏障作用，阻挡外部网络对内部网络的入侵，限制内部网络对外部网络的访问，如图 3-19 所示。

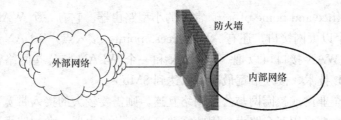

图 3-19 防火墙在网络中的位置

防火墙的基本原理就是过滤经过防火墙的各类数据，对符合条件的数据或访问请求放行，不符合条件的数据或访问请求则阻止。防火墙的访问控制策略由防火墙管理者设定。

防火墙可以划分为三类，即数据包过滤防火墙、状态过滤防火墙和应用网关防火墙。防火墙可以由软件或硬件实现。大多数硬件防火墙具有路由器的功能，或者说把防火墙和路由器集成在一起了。

2. 虚拟专用网 VPN

虚拟专用网（Virtual Private Network，VPN）是将分布在不同地点的网络通过公共网络连接起来，形成逻辑上的专用网络。与自己搭建专用网相比，采用 VPN 技术，利用已有的公网设施和 Internet，配备简单的 VPN 设备，可以大大降低专网建设费用和建设周期。

为了保障信息传递的安全性，VPN 具备身份鉴别、访问控制、数据保密和完整等功能，以防止信息的泄露、篡改和复制。事实上，实现 VPN 的解决方案有很多种，在此仅介绍基于 IP 的 VPN 实现方法，即 IP VPN 技术。

目前 IP VPN 的应用模式主要有两种：一是不同地点的 LAN 通过 VPN 互连，如企业总部与其地区分部之间的连网、上级政府与下级政府之间的连网、一个大学的多个校区之间的连网等，如图 3-20 所示。一个机构所有的 LAN 通过路由器接入公共网络，在各路由器之间建立隧道，提供 VPN 服务。数据在各 LAN 内部是明文传送，而在公共网络中则是密文传送，加密等过程是在路由器中完成的。路由器之间通过身份认证后，便建立了 VPN 通道，LAN 中的主机感觉不到 VPN 的存在。二是远程主机与 LAN 通过 VPN 连网，

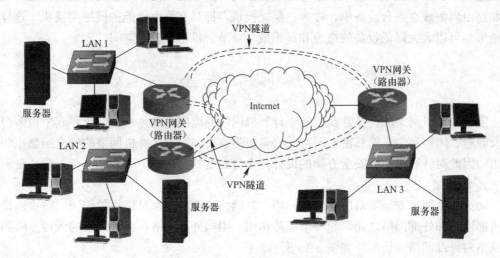

图 3-20 LAN-LAN 通过 Internet 建立 VPN

如出差的公司业务员与公司本部连网、出外勤的公务员与机关连网、放假在家的学生访问学校的图书馆等，如图 3-21 所示。远端的 PC 机运行 VPN 客户端软件，接入 Internet 后，通过单位本部的 VPN 网关进行身份认证，通过认证后就可以访问单位的各种资源或与其他主机进行通信，而 LAN 中的各主机无需安装任何附加的软件，也不需要做任何改动，与没有 VPN 网关时是完全相同的。

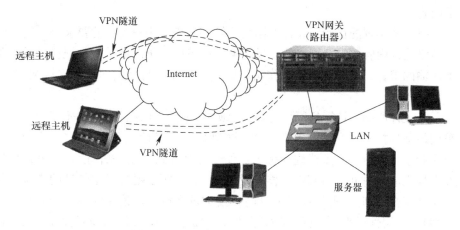

图 3-21　远程主机通过 VPN 连接 LAN

用于构建 VPN 的通信协议主要有以下 4 个：

1）L2F 协议（Layer 2 Forwarding，第 2 层转发协议）。它是最早使用的 VPN 协议，应用于拨号方式接入 Internet。

2）PPTP 协议（Point to Point Tunneling Protocol，点对点隧道协议）。它是一个将 PPP 协议与 TCP/IP 协议相结合的产物，应用在较早期的 VPN 中。

3）L2TP 协议（Layer 2 Tunneling Protocol，第 2 层隧道协议）。它是 L2F 和 PPTP 两者的融合，工作效率比其前身有较大提高。

4）IPSec 协议。在前面已对该协议做了介绍。它是一个工作在第三层的隧道建立协议，因此具有更好的安全性、可扩展性及可靠性。

3.5　工　程　设　计

3.5.1　工程设计内容与设计深度

计算机网络的工程设计目前尚未有国家设计规范或标准可遵循。网络的工程设计一般可分为需求分析、总体设计、初步设计和深化设计四个阶段。

1. 需求分析

需求分析是所有工程设计的第一个阶段。在该阶段，工程设计人员要充分了解用户对网络系统的具体需求、用户的基础信息和规划设想等。为了能够在较短的时间内全面了解用户的情况，最好在进行用户需求调查之前拟定一份用户信息调查表。

用户需求的调查主要有以下几方面的内容：

（1）用户对网络的功能需求；

（2）用户对网络的性能需求；

（3）用户部门的划分、地理位置分布和信息处理流程；

（4）用户的工程预算；

（5）用户的业务发展规划。

2. 总体方案

在完成用户需求调查、分析的基础上，提出计算机网络系统的总体方案。总体方案应包括以下内容：

（1）网络方案实现的目标。设计的网络系统必须满足用户提出的要求。

（2）网络建设内容。包括网络的规模、覆盖的范围、子网的数量、服务器的种类和数量、主干传输的带宽、网络终端（工作站）的接入带宽、与公共网络的连接和接入带宽、网络安全措施等。

（3）系统设计原则。计算机网络的设计原则一般包括实用性原则（不盲目超前，不一定非得采用最新的技术或产品，不推崇"一步到位"的设计理念）、开放性原则（采用的设备、产品和系统应符合国家或国际标准，便于互联互通和统一管理）；可靠性原则（尽可能选择平均无故障时间（MTBF）长的设备）、安全性原则（根据信息的类别，能够实施不同的网络安全措施）、先进性原则（网络技术发展迅速，选择的网络产品和技术一定要有前瞻性）、易用性原则（选择尽量安装方便、操作简单、维护省心的产品和系统）、可扩展性和兼容性原则（兼顾网络的长远应用）。上述设计原则有些是相互冲突的，应针对具体的设计对象将这些原则进行权衡和不同的侧重。

（4）工程造价。提出网络系统的投资预算，一般包括设备（软硬件）造价、施工费和有关的管理费用及各种税费。

（5）工程计划进度。

在条件许可的情况下，可以向用户推荐多套设计方案，每套方案有各自的特点和不同的报价，以供用户做出选择。

3. 初步设计

工程设计人员根据用户的需求信息和提出的总体的系统方案，依据相关的技术规范和标准，进行计算机网络系统的初步设计。在工程项目的招投标阶段，提供的设计方案一般为初步设计。

计算机网络的初步设计是对网络总体方案的进一步细化。初步设计的工作内容主要有以下几点：

（1）确定网络的拓扑结构。根据用户部门的物理分布状态，确定网络的覆盖范围和拓扑结构。

（2）确定采用的网络技术和设备配置。

在有线网方面，当今以太网技术一统天下，几乎是网络技术的唯一选择。但是在设计时需要确定传输速率（带宽）和传输介质，特别是当网络结构比较复杂，选择层次化的网络设计时，需要对各层的连接方式和传输带宽进行设计，包括光缆和铜缆的选择、线缆类别和传输速率、传输距离的确定等。

在无线网方面，目前也只有符合 IEEE802.11 系列标准的技术可选。

在与公共网络的接入方面，有多种技术可供选择，比较常用的有 xDSL、SDH 和以太网。接入方式的选择既要根据用户的业务需要，还要视当地的 ISP 网络能够提供的服务条件。

对于规模较大的网络，如企业网和校园网，通常采用分层网络结构。网络分为 3 层，自上而下分别是核心层、汇聚层和接入层，如图 3-22 所示。

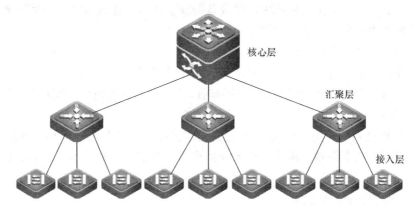

图 3-22 分层网络结构

核心层构成网络的一级主干，传输带宽最宽，现阶段至少是千兆比特/秒量级；接入的站点较少，主要是核心交换机互连和访问量非常大或数据流量非常大的服务器等。对核心层网络交换机的配置要求是高速网络端口，一般采用光纤接口形式，以便与下一层网络设备相连，少量的铜缆接口与服务器等主机相连。对于具有路由功能的核心交换机，还需根据与当地 ISP 商定的结果配置 WAN 接口。

汇聚层构成网络的二级主干，它介于核心层和接入层之间。在规模较小的网络系统中经常不设置该层。在校园网中，各教学楼或学生宿舍楼连接到核心交换机或主干网的交换机便是汇聚层交换机，汇聚层交换机构成了网络的汇聚层。汇聚层与核心层的连接多为光纤链路，与接入层的连接多采用双绞线传输链路。

接入层负责用户终端设备的接入。因此，接入层交换机的特点是端口密度大，各端口的速率通常不会太高，现阶段仍然以 100Mbps 居多，其上连汇聚层交换机的端口速率一般要比普通端口高一个数量级。为满足用户设备的接入，在用户设备较多的场合，会将若干接入交换机级联起来使用。

为了达到网络系统运行的高可靠性，可采用冗余技术。冗余技术有多种形式，最常用的有链路冗余和设备冗余。链路冗余是指汇聚层或接入层的交换机有两条以上的链路与上一级交换机相连接，并且最好是两条链路分别连接两台不同的交换机。设备冗余是指配置的设备数量大于规定承载的载荷，即我们经常提到的 1+1 备份或 $n+1$ 备份，如核心层的交换机通常采用 1+1 备份，两台同时工作，各承担 50％的负荷，一旦其中 1 台设备出现故障，可将负荷瞬间转到另一台设备上。网络设备的电源对系统的可靠性影响很大，为此对于关键的网络设备，其电源模块常采用 $n+1$ 备份。

在一些机关办公建筑中，用户经常提出要建立多重网络，如办公内网、外网、业务专网等，并且要求这些网络物理隔离。为这类建筑设计网络时，应满足用户要求，每个物理网络都应采用分层结构，即独立的核心层、汇聚层和接入层。

（3）统计各种网络设备的数量，列出设备配置清单和报价。

4. 深化设计

深化设计是在初步设计的基础上对系统进行更详尽的设计，可直接用于工程施工。在工程建设过程中，一般是在完成工程招投标后进行系统的深化设计。

在深化设计阶段，需确定各机房内设备占用的机柜或机箱的数量和安放位置。在设计图纸上，要标识出每个机柜或机箱内网络设备的安装位置和连接方式；对室内外各种网络缆线的敷设方式和配管、线槽的规格做出明确的标注。

此外，深化设计还应包括以下内容：

（1）对设备连接链路的配置，如双链路、冗余链路等。

（2）VLAN 的划分。可基于网络设备的端口或终端设备的地址（或布线系统的插座编号）划分虚拟网。

（3）IP 地址规划。对全网的 IP 地址进行合理分配，包括公网地址和专网地址。

（4）无线网的频率规划。根据所选无线网设备的性能，合理配置 AP 和分配信道，避免同频干扰。

3.5.2　网络端站设备选型要点

网络的端站是指接入网络的设备，既包括服务器、PC 机及各种连网的数据终端设备（Data Terminal Equipment，DTE），也包括网络交换机、路由器、中继器、负载均衡器、防火墙等数据传输设备（Data Communication Equipment，DCE）。

1. DTE 设备选型

DTE 设备过去一般仅指各种网络服务器和需要接入网络的 PC 机。随着数字化和网络化技术的不断发展，越来越多的非传统 DTE 设备不断出现，如网络摄像机、门禁控制器、银行 POS 机以及智能手机等，这类设备都具有接入 LAN 或 WLAN 的功能，是新兴的 DTE 设备。

接入 LAN 的 DTE 设备，进行设备选型时主要应考虑网络接口卡，即网卡的配置。为 DTE 配置的网卡应能够支持本网络设计的传输速率，如 10/100Mbps 自适应、100Mbps、1000Mbps 等。此外，网卡的接口形式应与布线系统提供的线缆与接口相匹配。如果接口不匹配，则需要配置适配器，势必增加系统造价，并增添管理维护工作量。

对于承担内桥作用的 PC 机和服务器，一块网卡对应一个网络。应根据连接的具体网络，为内桥选择相应的网卡。

随着光纤到桌面（Fiber to the Desk，FTTD）应用的日益增多，目前许多服务器和网络工作站已采用光纤接口形式的网卡。光纤的接口不像双绞线接口，有多种形式，早期以 ST 和 SC 居多，现在有 LC、MT-RJ、MU 等类型。网卡选型时最好与网络布线系统提供的接入端口类型一致，否则需要配置不同接口形式的光纤跳线。除此之外，还需特别注意，计算机网络使用的光纤有单模和多模之分，多模光纤又分为 5 级，即 OM1～OM5，不同类型的光纤物理尺寸不同，因此网卡支持的光纤类型应与布线系统布放的光纤类型相一致。

为 DTE 配置的 WLAN 网卡应与本网络 WLAN 设计要求的技术相符合，早期的 WLAN 网卡仅支持 IEEE 802.3a/b/g，现阶段 WLAN 网卡还应支持 IEEE 802.3n 和 IEEE 802.3ac，即支持 2.4GHz 和 5.8GHz 两个频段，支持 MIMO 等新功能和应用。

2. DCE 设备选型

（1）核心交换机

如果采用了分层结构，在核心层选用的交换机将提供网络的传输主干线。因此，核心层交换机具有最高的传输带宽。在大型网络系统的设计方案中，往往采用各交换机生产厂家的高端系列设备。这些高端设备一般采用插板结构，不仅主板的数据处理能力和交换功能强、并发带宽极宽，而且支持热插拔，电源模块容量大，能够实现冗余配置。此外这类交换机一般都具有路由器功能，即将交换机与路由器集成在一起。

选择核心交换机时需考虑设备的插槽数量，一定要有足够的扩充空间。网络初期配置的插板不必预留过多端口，够用即可，只要有空槽道，今后网络扩展时再增加插板就可以满足网络扩充的需要。

核心交换机下连汇聚层交换机或接入层交换机的链路通常是光纤链路。因此，选择核心交换机的网络端口的接口形式一定要慎重，应考虑建筑物综合布线系统或信息机房布线系统采用的光纤类型和配线架的接口形式。光端口的工作波长一定与光纤类型相匹配，接口形式最好与配线架相一致，并且与 DTE 设备相同，这样可以减少备品备件的数量和运行维护工作量。

（2）汇聚交换机

汇聚交换机在大型网络系统中起承上启下的作用，往往一台交换机上连多台核心交换机，以便提高网络的连通可靠性。因此，汇聚交换机一般要求具有路由选择功能。同时还要求汇聚交换机具有较强的 VLAN 配置能力。如果汇聚交换机与核心交换机的链路采用光纤链路，那么汇聚交换机的上连端口配置必须与核心交换机端口相一致，端口的数量应有一定的富余量。汇聚交换机下连接入交换机一般采用双绞线链路，选型时配置的端口数量一定要满足下连的接入交换机数量并略有富余。

（3）接入交换机

接入层交换机直接面对 DTE 设备，应具有较高的端口密度，以便减少占用空间，减少机柜和机箱的尺寸。如果某一区域接入网络的 DTE 设备很多，有两种解决方案。一是将多台接入交换机分别与汇聚交换机相连，这需要汇聚交换机配置更多的下连端口，并且布线系统提供充足的链路。二是将若干接入交换机进行级联，这要求接入交换机具有背板级联功能。

现在越来越多的移动 DTE 设备通过 WLAN 接入到 LAN 上，因此接入交换机要挂接 AP（Access Point）设备。另外，数字式网络视频监控摄像机在安防系统中应用也越来越普遍。网络摄像机也需要连接接入交换机。AP 和摄像机都是有源设备，目前的发展趋势是采用 POE（Power over Ethernet）方式解决这类设备的供电，以便简化电气设计和施工，节省工程造价，这样就要求接入交换机具有 POE 功能。因此接入交换机选型时不仅要考虑接入的设备数量，还要充分考虑交换机的电源容量。

如果用户的网络需求提出多网物理隔离，网络选型时应根据每个网络的规模配置交换机，包括核心交换机、汇聚交换机和接入交换机。

3.5.3 工程设计案例

【案例 1】 某综合体计算机网络系统设计

1. 工程概况与基本需求

某建筑综合体由一栋办公楼、一栋酒店和一个会展中心组成，主机房位于办公楼二层。每栋建筑内需建设办公和业务内部计算机网络一套，同时建设可供客户和办公人员访问 Internet 的外部计算机网络一套。内网与外网要求物理隔离，以保证内网的信息安全。为提高办公效率和良好的服务质量，要求网络终端设备的接入带宽足够宽。网络系统的建设要求较高的实用性、可靠性和性价比。

2. 网络系统设计

根据项目布局和用户的需求，提出本工程网络系统方案如图 3-23 所示。本系统分内网和外网，均采用分层结构，其中外网由核心层、汇聚层和接入层组成，三栋建筑共用一个出口访问 Internet。三栋建筑的内网无业务关联，可以单独建立。

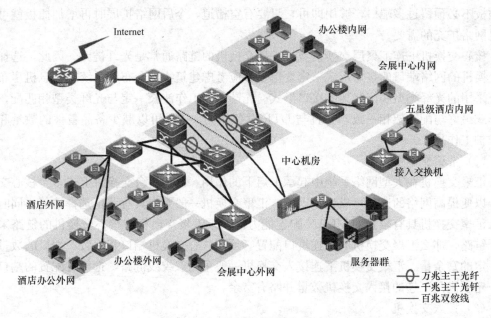

图 3-23 某综合体网络系统配置图

（1）外网配置

本外部网络的核心层设置核心交换机，采用 1＋1 配置，以保证系统的可靠性；核心交换机之间通过双万兆光纤链路连接。核心交换机安装在中心机房内。

核心交换机通过下连一台汇聚交换机并经过防火墙设备与接入公网的路由器相连。上述设备安装在中心机房内。

汇聚层由三台汇聚交换机构成，分别对应办公楼、酒店和会展中心。每台汇聚交换机分别与两个核心交换机采用千兆光纤链路连接。办公楼汇聚交换机安装在中心机房内，酒店汇聚交换机安装在酒店楼主机房内，会展中心汇聚交换机安装在会展中心主机房内。

办公楼和酒店的各层分别设置一台接入交换机。接入交换机上连端口采用千兆光纤链路与汇聚交换机连接；连接终端设备的接入端口采用 10M/100Mbps 自适应。接入交换机安装楼层配线间内。

（2）内网配置

办公楼内网的核心层设置核心交换机，采用 1＋1 配置，以保证系统的可靠性；核心交换机之间通过双万兆光纤链路连接。核心交换机安装在中心机房内。

办公楼内各业务服务器集中放置在中心机房内，由一台汇聚交换机汇接，通过一个防火墙隔离后与两台核心交换机连接，接入带宽为 1000Mbps，采用光纤链路。

办公楼内网汇聚层采用一台汇聚交换机，分别采用千兆光纤链路与两台内网核心交换机和分布在各楼层的接入交换机相连。

办公楼的各层分别设置一台接入交换机。接入交换机上连端口采用千兆光纤链路与汇聚交换机连接；连接终端设备的接入端口采用 10M/100Mbps 自适应。

酒店和会展中心由于接入的计算机相对较少，数据交换和传输负荷较轻，因此这两栋建筑中的内网仅由汇聚层和接入层组成，不需设置核心层。酒店和会展中心的汇聚层各有一台汇聚交换机，安装在本建筑的主机房内，通过千兆光纤链路与分布在各楼层和展厅的接入交换机相连。

在酒店的各层和会展中心的各展厅，分别设置一台接入交换机。接入交换机上连端口采用千兆光纤链路与汇聚交换机连接；连接终端设备的接入端口采用 10M/100Mbps 自适应。接入交换机安装楼层配线间和展厅配线间内。

【案例 2】　校园计算机网络系统设计

1. 工程概况与基本需求

校园计算机网络应覆盖校园内所有建筑物，并在办公楼、实验楼、图书馆、餐厅等公共场所建立无线局域网，为教学、科研、管理等提供全方位的网络服务。校园网的设计还应满足以下基本要求：

（1）主干网具有 10Gbps 以上的传输带宽，普通网络终端的带宽不低于 100Mbps。

（2）采取必要的安全措施，防止外来的网络攻击和入侵。

（3）与教育网（CERNET）和电信 ISP 网络的接口和路由有冗余。

（4）为教职工和学生提供从校内、外安全便捷访问校内资源的服务。

2. 网络系统设计

根据校园内建筑物多、人员密集、数据流量大的特点，校园网采用三级网络结构，如图 3-24 所示。

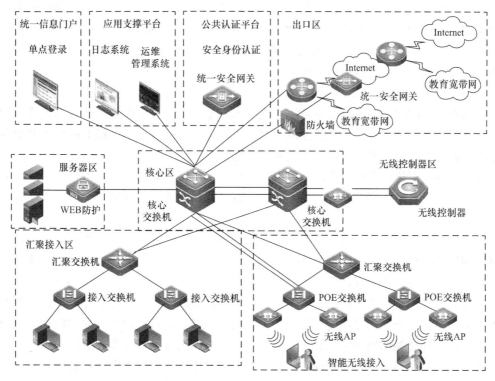

图 3-24　某学校计算机网络系统配置图

网络的核心层由两台核心级网络交换机构成，采用双 10Gbps 链路连接。核心交换机通过 10Gbps 或 1Gbps 链路分别与各汇聚层交换机连接，通过 1Gbps 链路与路由器和无线网络控制器连接。核心交换机安装在校信息网络中心机房内。

在校园内的各办公楼、教学楼、实验楼、宿舍楼以及图书馆、餐厅等分别配置一台汇聚级交换机。汇聚交换机通过 1Gbps 链路与接入交换机连接。

在各办公楼、教学楼、实验楼、宿舍楼以及图书馆等建筑物，每层配置一台接入级交换机，各接入端口的带宽为 100Mbps。在办公楼、实验楼、图书馆、餐厅分别配置具有 POE 功能的接入交换机，用于下连 AP，提供 WLAN 服务。

在学校的信息网络中心机房内，安装两台路由器，每台路由器配置两个 WAN 端口，通过防火墙或安全网关分别与中国科研和中国联通或中国电信相连。

配置有多台 PC 机，与核心交换机相连，安装相关组件，实现负责单点登录、身份认证、网络日志管理、系统运维等服务。

本 章 小 结

计算机网络根据覆盖范围的大小分为局域网（LAN）、城域网（MAN）和广域网（WAN），建筑物内和建筑群或住宅小区的所有计算机网络都归属于 LAN。应掌握计算机网络的基本分类。

计算机网络有不同的拓扑结构。不同的拓扑结构使得信息传输的信道有所不同，有广播式信道和点—点信道。其中广播式信道在 LAN 中应用居多。应掌握不同信道的传输特点。

计算机网络采用分层设计法。分层结构引出了体系结构的提出。计算机网络体系结构是分层和协议的集合。有两种计算机网络体系结构被经常提及，一是 ISO 提出的 OSI/RM，另一个是 TCP/IP。体系结构是计算机网络的基本概念，应掌握体系结构的内容和 OSI/RM 及 TCP/IP 两种网络的分层结构。

目前应用最为普遍的 LAN 是各种高速以太网。以太网采用广播式信道，存在信道共享和信道竞争的问题。高速以太网采用交换技术和复杂编码技术提高了传输的速率，并保证了不同速率下的兼容性。每种高速以太网均有其工业标准。应掌握以太网信道共享的工作原理，熟悉快速以太网和高速以太网的工业标准。

交换技术的引进，使得以太网交换机均有虚拟局域网（VLAN）的功能。VLAN 技术的采用，使得计算机组网更加灵活、方便，并且降低系统造价。应掌握交换式以太网的特点和工作原理。

无线局域网（WLAN）获得了快速发展，特别是 Wi—Fi 网络，其传输速率已可与有线网络相匹敌，应用呈强劲上升势头。应掌握 WLAN 的基本构成；熟悉无线环境下网络的传输特性和基本工作原理；熟悉 WLAN 的工作频段和传播特性。

将计算机联网，需要各种网络设备，可用于不同的联网目的。中继器可以用来延长网络的距离或范围。交换机可以用来互连多个相同的网络，并且可以扩展联网的用户。路由器则可以让不同类型的网络互联起来。应掌握各类互连设备的功能和应用场合。

计算机网络面临严重的安全问题。防火墙和 VPN 是有效的安全防护技术。应熟悉防火墙和 VPN 的工作原理。

网络工程设计面临网络技术选型、网络结构设置、网络设备配置和工程造价等事宜。网络工程的设计分为需求分析、总体方案、初步设计和深化设计四个阶段。提出了各阶段的设计要点，并介绍了两个网络设计案例。应掌握分层设计的概念和基本方法。

思考题与习题

1. 计算机网络的拓扑结构有哪几种形式？各有何特点？

2. 建筑物内的计算机网络一般采用哪些传输介质？建筑群中的计算机网络一般采用哪些传输介质？它们有何不同？

3. 列出计算机网络的互联设备，说明其特点和应用场合。

4. 对于共享式的以太网，试解释为何联网的计算机越多上网速度越慢。解决这个问题的方案有哪些？

5. 后期的以太网不再使用同轴电缆作为传输介质，原因是什么？

6. 提高网络传输速率的代价是什么？

7. 以太网为何能长盛不衰，试说明原因。

8. 试比较工作在 2.4GHz 和 5GHz 的无线网各有何特点和不足。

9. 现在 WLAN 技术发展很快，网络传输速率已与有线网络相近。WLAN 会最终取代有线 LAN 吗？

10. 大型网络一般分为几层？各层的名称叫什么？各层的功能有哪些？设备选型时需主要考虑哪些因素？

11. 把 192.168.2.1/24 地址段分成 4 个子网，第一个子网有 122 台主机，第二个子网有 50 台主机，第三个子网有 24 台主机，第四个子网有 25 台主机，请为各子网划分网段。

12. 某校园网为园区各栋建筑的 IP 地址分配方案如下表。试问这些地址段是公有地址还是私有地址？每个子网最多可以容纳多少主机？写出各子网的地址范围。

建筑名称	子网地址
办公楼	172.21.0.0/20
教学楼	172.21.0.0/24
宿舍楼	172.21.0.0/18
图书馆	172.21.0.0/26

13. 上题中，若办公楼有 6 层，每层要求设为一个 VLAN，每个 VLAN 可以容纳不低于 200 台主机。试为该办公楼划分 IP 地址。网络设备选型时应考虑网络设备具备何功能。

14. 设光在光纤中的传播速率为真空中光速的 2/3。如果有两台主机相距 20km，采用光纤连接，试问传输速率为多少时，光速导致的往返延迟等于长度为 1KB 的数据分组的发送延迟？

15. 某网络采用 4B/5B 编码技术，使用一对双绞线作为传输介质，为使数据传输速率达到 100Mbps，时钟频率应不低于多少？

16. 结合本校实际情况，开展必要的调研，然后提出校园网或院、系计算机网络的设计方案。

第4章 综合布线

4.1 概 述

综合布线系统是当代智能建筑和智能住宅小区中一个必不可少、极为重要的系统，归属于信息设施系统的范畴。它为建筑物和建筑群中的信息传输提供一个安全、可靠、高速、灵活、经济的通信平台。它是"三网融合"和"信息高速公路"实现"最后一公里"宽带接入的基础。

与过去建筑物中传统的布线系统相比，综合布线系统的特点和优势是非常突出的，具体表现在以下几方面：

1. 通用性。综合布线系统是一个模块化的物理传输平台，可以支持几乎所有的数据、语音和图像的传输应用，如各种电话程控交换系统、各种计算机网络系统或大型计算机系统、安防系统、楼宇控制系统等。

2. 开放性。综合布线系统采用开放式体系结构，符合各种国际上现行的标准，对所有电信和网络设备制造商的产品开放，支持相应的协议和通信规约，不因用户的应用系统更换或升级而改变整个布线系统。

3. 可靠性。综合布线系统的设计理念和所使用材料的品质以及严格的综合布线系统工程验收标准，确保了布线系统连接的可靠性。

4. 灵活性。综合布线系统对所支持的应用系统可以快速调整和变更，也允许新的应用系统加入。

5. 可扩充性。一个设计完善的综合布线系统，可以为用户提供很大的扩充性和冗余性，使得各应用系统在扩展或增加新的应用系统时，不需要重新布线，即可满足用户的需要。

6. 先进性。综合布线系统的先进性体现在三个方面。首先，正是它的问世和应用，使得建筑电气设计人员可以在用户的各种通信和数据传输系统未确定的情况下提出一个具体的建筑物布线方案。这在以前是不可能做到的。其次，由于综合布线系统本身的结构特点，使得系统具有很大的冗余度。利用系统的冗余，可以支持应用系统的变更和扩容。其三，综合布线系统所使用材料的品质特点，不仅支持当前的各种应用系统，而且对各应用系统以后的升级仍然保证支持。

7. 经济性。综合布线系统经过统一的规划和设计，可以支持各种不同的通信业务，相比较传统的布线系统，可以大大降低一次性的工程投资。不仅如此，由于其支持对各应用系统的扩充和升级，还可大幅度地减少日后的系统运行维护费用。

4.1.1 综合布线系统的概念与结构

关于综合布线系统的定义，在我国最早出自原邮电部于 1997 年 9 月颁发的《大楼通信综合布线系统第一部分：总规范》YD/T 926.1—1997。在该标准中对综合布线系统的定义是：通信电缆、光缆、各种软电缆及有关连接硬件构成的通用布线系统，它能支持多种应用系统。即使用户尚未确定具体的应用系统，也可进行布线系统的设计和安装。综合布线系统中不包括应用的各种设备。

该定义包含了三层含义。第一层含义说明了综合布线系统的属性，即它是一个布线系统，包括各种线缆和连接件；第二层含义说明了有别于传统布线的关键点，即可以随建筑工程同步实施；第三层含义是对属性的进一步界定，即不包括各种端接设备。

综合布线系统又称为结构化布线系统。它采用模块化结构，将整个系统分为既相互独立，又有机结合的 6 个模块，通常称之为 6 个子系统。这 6 个子系统分别是工作区子系统、水平（布线）子系统、管理子系统、垂直（主干）子系统、设备间子系统和建筑群子系统。综合布线系统的整体结构和子系统之间的位置关系如图 4-1 所示。

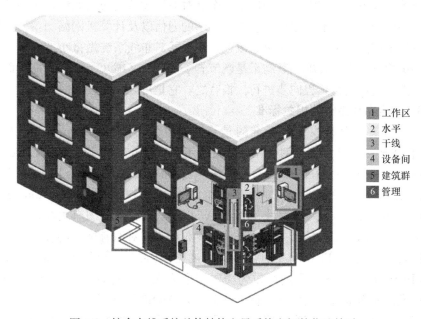

图 4-1　综合布线系统总体结构和子系统之间的位置关系

在此需要说明一点，按照现行的《综合布线系统工程设计规范》GB 50311—2016，将综合布线系统分为 3 个部分，分别是配线子系统、干线子系统和建筑群子系统，其中配线子系统包括了上述的工作区、水平和管理子系统。从工程设计的角度讲，6 个子系统的划分更适合介绍布线系统的设计和实现，因此本书按 6 个子系统的结构划分方式介绍综合布线系统的设计。

4.1.2　综合布线系统的产生与发展历程

综合布线系统诞生于 20 世纪 80 年代中期，是由当时隶属于美国电话电报公司（AT&T）的贝尔实验室（Bell Laboratory）首先提出的。它的提出有其特殊的时代背景。

20 世纪 70 年代开始，信息产业（IT）开始高速发展，特别是计算机硬件领域进入了一个"IT 战国"时期，涌现出国际商业机器公司（IBM）、数字设备公司（DEC）、惠普公司（HP）、王安公司（Wang）等十余家大型的计算机主机制造商，还出现了以太网（Ethernet）、令牌环网（Token ring）、令牌总线网（Token bus）和主机—终端以及调制解调器（Modem）拨号等网络通信体系。各制造商和网络系统都占据相当的市场份额。新技术、新设备不断推陈出新，使得系统更新换代频繁，不仅带来了系统兼容性的问题，而且使用的传输电缆规格也各不相同。往往计算机系统或网络系统一旦更换，配套的传输电缆也得更换，造成很大的浪费。

经常性的系统更新不仅使用户深受其害，也给建筑的电气设计人员带来极大的困难。一栋建筑在工程完工前，由于不知道用户入住以后采用何种计算机和网络系统，根本无法为其设计布线系统。那时通常的做法是，等用户搬进办公室并确定了系统后，再根据具体的系统要求布放明线。最终造成的结果是，各种电缆在建筑物内杂乱无章地挂满墙壁。

在这样的情况下，贝尔实验室推出了一个针对商用建筑的布线系统，用一套布线系统能够支持多种应用，包括电话通信、主机与终端的通信以及计算机网络通信。如果用户的计算机主机系统或网络系统进行了更新改造，仅需要对布线系统做微小的变更和很小的再投资，不必更换全部布线设施。其结果是既节省了费用，又缩短了工程周期，而这样的布线系统可以随土建和装修工程同步进行。换言之，它是可以预先设计的。

4.1.3 综合布线系统的相关标准

最早颁发有关综合布线系统标准的是美国的电信行业协会/电子行业协会（TIA/EIA）。该组织于1991年专门针对商用建筑发布了《Commercial Building Telecommunications Cabling Standard》TIA/EIA-568。1995年发布了修订版 TIA/EIA-568A。随后在2001年又推出 TIA/EIA-568-B。2009年该组织推出《Generic Telecommunications Cabling for Customer Premises》，编号 TIA/EIA-568-C。它是该组织有关综合布线系统的最新标准。上述4个标准不是替代关系，新标准发布后，是对原有标准的补充，原来的标准仍有效。需要说明的是 TIA/EIA 的很多标准被美国国家标准学会（American National Standards Institute，ANSI）采纳而成为美国国家标准，上述的568系列标准即是如此。因此，在标准的前面也冠上美国国家标准学会，如 ANSI/TIA/EIA-568-C。

国际标准化组织（ISO）联合国际电工委员会（IEC）和国际电联（ITU）于1995年共同颁布了《Information Technology—Generic Cabling for Customer Premises》2010ISO/IEC 11801）。目前该标准的最新版是 ISO/IEC 11801—2010。

在我国，首先是中国工程建设标准化协会（CECS）于1995年发布了一个名为《建筑与建筑群综合布线系统工程设计规范》CECS 72：95 的行业标准。

有关综合布线系统的国家标准是在2000年2月正式发布的，同时发布的两个推荐性的国家标准分别是《建筑与建筑群综合布线系统工程设计规范》GB/T 50311—2000 和《建筑与建筑群综合布线系统工程验收规范》GB/T 50312—2000。这两个标准分别在2007年和2016年被修订。新标准分别称为《综合布线系统工程设计规范》GB 50311—2016 和《综合布线系统工程验收规范》GB/T 50312—2016，本书的设计原则将遵循《综合布线系统工程设计规范》GB 50311—2016、《Commercial Building Telecommunications Cabling Standard》TIA/EIA 568/A/B 和《Generic Telecommunications Cabling for Customer Premises》TIA/EIA 568C。

综合布线系统的工程建设不仅有工程设计和工程验收方面的标准，还涉及其他的标准，其中比较重要的有以下标准：

1. 防火标准

综合布线系统的工程设计涉及的防火标准主要有：

（1）《建筑设计防火规范》GB 50016

（2）《建筑内部装修设计防火规范》GB 50222

2. 机房及防雷接地标准

综合布线系统的工程设计涉及的防雷和接地标准主要有：

（1）《电子信息系统机房设计规范》（《数据中心设计规范》）GB 50174

（2）《建筑物电子信息系统防雷技术规范》GB 50343

3. 智能建筑与智能小区标准

综合布线系统作为智能建筑和智能小区的一个子系统，其设计必然与智能建筑和智能小区的其他子系统有关联。与智能建筑和小区设计相关的标准有《智能建筑设计标准》GB/T 50314、《建筑及居住区数字化技术应用》GB/T 20299.1～4。

4. 信息安全标准

如果建筑工程的业主或用户对信息安全有特殊的要求，则综合布线系统的设计还要遵循以下标准：

（1）《信息系统通用安全技术要求》GB/T 20271

（2）《网络基础安全技术要求》GB/T 20270

（3）《电磁环境控制限值》GB 8702

5. 计算机网络标准

综合布线系统与计算机网络应用密切相关，因此需要掌握以下计算机网络相关技术和标准：

（1）IEEE 802.3 10Base-T

（2）IEEE 802.3u 100Base-X

（3）IEEE 802.3z 1000Base-X

（4）IEEE 802.3ab 1000Base-T

（5）IEEE 802.3ae 10G Base-X

（6）IEEE 802.11a/b/g/n/ac

4.2　系　统　部　件

综合布线系统中使用的部件可以分成两大类。第一类是传输介质，即用来传输信号的各种线缆，包括铜质电缆和光缆。铜缆采用的是对绞方式，因此又被称作双绞线或对绞线。第二类是连接部件，用于端接各种传输线缆。本节主要介绍这两类部件以及各种端接硬件。

4.2.1　传输介质

在综合布线系统中使用的传输介质，按传输特性分类如图 4-2 所示。

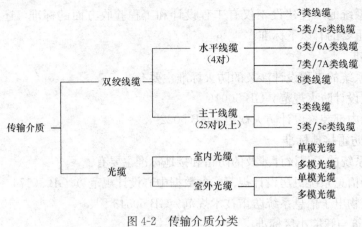

图 4-2　传输介质分类

1. 双绞线

双绞线是综合布线系统中应用最多的材料。双绞线，顾名思义是成对绕绞的导线。电缆中的芯线两两相绞，多对这样对绞的线由塑料护套包裹组成电缆。

双绞线电缆的一般结构如图 4-3 所示，线对分隔架只在 6 类（Cat 6）以上的线缆中存在。

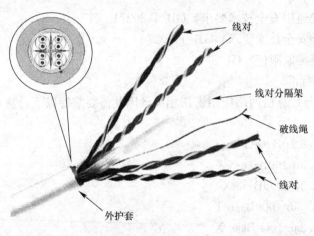

图 4-3　双绞线结构

线对之间按照一定的规律，通过不同的颜色区分开来，称之为色码标识。对于 4 对电缆（水平线），色码规则是蓝、橙、绿、棕，即第一对线是白蓝和蓝，然后依次是白橙和橙、白绿和绿，最后是白棕和棕。

对于大对数电缆，色码标识略复杂，以 25 对电缆为例：这类电缆每 5 对为一组，每组中线对的顺序依次是蓝、橙、绿、棕、灰。第一组的 5 根彩色线（蓝、橙、绿、棕、灰，下同）分别与 5 根白色线组对，第二组的 5 根彩色线分别与 5 根红色线组对，第三组的 5 根彩色线分别与 5 根黑色线组对，第四组的 5 根彩色线分别与 5 根黄色线组对，最后一组的 5 根彩色线分别与 5 根紫色线组对。25 对以上的大对数电缆的色码标识是将 25 对线为一簇，用不同颜色的色带捆绕。每簇内的色码标识同一般的 25 对电缆，而捆绕的色带颜色，仍然遵循蓝、橙、绿、棕、灰的顺序。

在国内外标准中，根据传输带宽的高低，将双绞线划分为不同的类别或等级。表 4-1 列出了国标和 TIA/EIA 对双绞线类型的划分情况。

双绞线等级对比　　　　　　　　　　表 4-1

国标等级	美标等级	传输带宽（Hz）	说明
A	Cat 1	100K	不推荐使用
B	Cat 2	1M	不推荐使用
C	Cat 3	16M	语音级电缆
	Cat 4	20M	
D	Cat 5	100M	
	Cat 5+*	155M	
E	Cat 6	250M	
E_A	Cat 6 A**	500M	
F	Cat 7	600M	屏蔽电缆
F_A	Cat 7 A	1G	屏蔽电缆
	Cat 8***	2G	屏蔽电缆

*　　参见 ANSI/TIA/EIA-568-A-5。

**　　参见 ANSI/TIA/EIA-568-B.2-10。

***　　参见 ANSI/TIA/EIA-568-C.2-1。

除了可根据传输带宽对电缆进行分类外，还可以根据其他特性对线缆进行分类。比如，根据传输特性阻抗，线缆有 100Ω 和 150Ω 两种；根据线缆（包括光缆）防火等级，分为普通（非阻燃）、阻燃、低烟无卤和难燃线缆；根据双绞线的防辐射特性，分为非屏蔽双绞线（UTP）和屏蔽双绞线（STP）。STP 有多种屏蔽结构形式，如金属箔屏蔽（FTP）、金属网屏蔽（ScTP）、单层屏蔽、双层屏蔽等。STP 的一般命名方法如图 4-4 所示。几种典型的 STP 如图 4-5 所示。

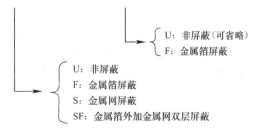

电缆整体屏蔽形式与结构　/　线对屏蔽形式与结构TP

U：非屏蔽（可省略）
F：金属箔屏蔽

U：非屏蔽
F：金属箔屏蔽
S：金属网屏蔽
SF：金属箔外加金属网双层屏蔽

图 4-4　双绞线命名方法

除此之外，双绞线电缆还有线对数量的不同。在综合布线系统中常用线缆的线对数及其应用场合见表 4-2。4 对双绞线主要用在水平（配线）子系统中，目前新建筑和在建建筑中普遍采用六类（Cat 6）4 对 UTP。三类（Cat 3）4 对 UTP 现已很少采用，五类（Cat 5）或增强五类（Cat 5e）应用越来越少。25 对以上的双绞线俗称大对数电缆，绝大多数是三类电缆，主要用作垂直主干系统中的语音传输业务。受线对串扰的限制，六类以上的电缆没有大对数，五类和超五类电缆也只做到 25 对为止。

图 4-5　屏蔽线缆结构

(*a*)、(*b*) 单层屏蔽电缆；(*c*)~(*e*) 双层屏蔽电缆

常用线缆及应用场合　　　　　　　　　　　　　　　　表 4-2

线对 \ 类别	Cat 3	Cat 5/5e	Cat 6/6A	Cat 7/7A	Cat 8	应用场合
4 对	√	√	√	√	√	水平系统，少数干线系统的数据主干
25 对	√	√	×	×	×	干线系统语音主干，少数干线系统数据主干
50 对	√	×	×	×	×	干线系统语音主干
75 对	√	×	×	×	×	干线系统语音主干
100 对	√	×	×	×	×	干线系统语音主干
200 对	√	×	×	×	×	干线系统语音主干
300 对	√	×	×	×	×	干线系统语音主干
900 对	√	×	×	×	×	干线系统语音主干

　　对防火有特殊要求的建筑，可以设计采用外护套由低烟无卤材料、难燃或阻燃材料制作的线缆。

　　对于正规生产商制造的电缆，在线缆的外护套上该线缆的主要特性都有标识，如线缆类别（Category 或 Cat）、线规（AWG 6 类线一般为 23，5 类线一般为 24）、防火等级（CMX、CM、CMR、CMP 等）、线对数量、长度（英尺或米）以及产品型号和商标等。

　　2. 光缆

　　光缆是由多根光纤经过各种成缆工艺制作而成。在通信和计算机网络系统中采用的光纤有两大类，多模光纤和单模光纤。由于传输设备造价方面的原因，过去计算机网络系统的主干链路多采用多模光纤（MMF）。MMF 特征参数一般是 50/125 和 62.5/125，即纤芯直径为 50 或 62.5μm，包层直径 125μm，包括涂敷层在内的光纤直径约 250μm。ISO/IEC 11801 标准中把 MMF 分为 5 个等级，即 OM1、OM2、OM3、OM4 和 OM5，一般特性指标见表 4-3，其中 OM5 是最新命名的多模光纤，工作波长在 850~950nm，不仅可与 OM4 和 OM3 完全互用，而且支持 SWDM（短波长波分复用）技术，带宽是 OM4 的 4 倍，仅用两芯光纤，即可支持 40Gb/s 和 100Gb/s，可将平行光纤数量减少至少四倍，大大减少了平行光纤数量。

多模光纤等级及其特性　　　　　　　　　　　　　表 4-3

等级	特征参数（μm）	全注入带宽（MHz·km）		有效模式带宽（MHz·km）	1Gbps 传输距离（m）		10Gbps 传输距离（m）	
		@850nm	@1300nm	@850nm	@850nm	@1300nm	@850nm	@1300nm
OM1	62.5/125	200	500	220	275	550	33	300
OM1	50/125	500	500	510	500	1000	66	450
OM2	50/125	700	500	850	750	550	150	300
OM3	50/125	1500	500	2000	1000	550	300	300
OM4	50/125	3500	500	4700	1000	550	550	550
OM5	50/125	3500	500	4700	1000	550	550	550

随着网络数据传输速率的不断提高和光纤接入技术的普遍应用，单模光纤（SMF）越来越多地应用到综合布线系统中。典型 SMF 的特征参数为模场直径 $8\sim10\mu m$，包层直径与 MMF 相同。ISO/IEC 11801 中规定了两种 SMF，分别是 OS1 和 OS2。OS1 是普通的单模光纤，有 1300nm 和 1550nm 两个低损耗通信窗口，衰减小于 1dB/km。OS2 是新型单模光纤，从制造工艺上把它称为单模零水峰光纤或单模低水峰光纤，即降低或消除了两个窗口间的吸收峰，使得光纤通信带宽更宽，衰减小于 0.4dB/km。

在综合布线系统中应用的光缆也分为两大类，即室内光缆和室外光缆。室内光缆的成缆形式主要采用紧缓冲（tight buffered）方式，如图 4-6 所示。光纤由柔软的芳纶丝围在周边，护套采用 PVC。这种成缆方式的光缆纤芯的数量不多，一般不超过 12 芯。

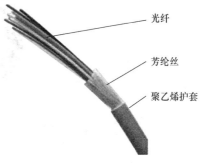

光纤
芳纶丝
聚乙烯护套

室外型光缆多采用松套中心束管（loose central tube）和层绞式松套管等成缆方式，并配有铠装或中心加强筋等防护材料。图 4-7 中示出了主要的光缆结构形式。

图 4-6　室内光缆结构

3. 其他线缆

在综合布线系统中，还有一类线缆（包括双绞线和光缆）用于连接应用设备或者是在配线架端口之间的跳接。我们通常把前者称作绳线或软连线（cords），把后者称作跳线。这类线缆的特点是线缆的两端一般都安装了连接器，通常是由制造商提供，而且长度固定。这类线缆的选择要根据具体的应用和所选择的配线架类型而定。这里的应用是指连接的设备，如数据终端、电话、网络交换机等的接口。图 4-8 所示的是几种常见的绳线和跳线。

在进行系统设计时，需要根据建筑的用途和特点以及用户的应用业务需要，对综合布线系统中采用的电缆在线对/纤芯数量、传输带宽、电磁干扰、防火等级和系统造价等方面合理选型。

4.2.2　连接部件

综合布线系统中有三个子系统涉及连接部件。在工作区子系统中，涉及的连接部件称作信息插座（outlets）。在管理和设备子系统中涉及的连接部件称作配线架（patch panels）。

与铜质传输线缆相同，连接部件也根据支持的带宽进行类别划分。但是连接部件没有一类和二类，最低是三类。光缆连接部件除了与光纤对应，有多模和单模之分外，更主要的是接口形式的不同。以下分别对各种连接部件做详细介绍。

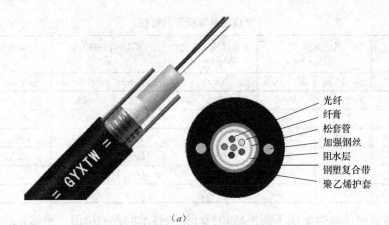

光纤
纤膏
松套管
加强钢丝
阻水层
钢塑复合带
聚乙烯护套

(a)

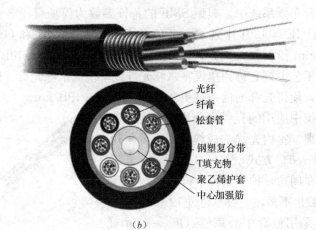

光纤
纤膏
松套管

钢塑复合带
T填充物
聚乙烯护套
中心加强筋

(b)

图 4-7　室外光缆结构

(a) 铠装带钢丝加强筋的中心束管光缆；(b) 层绞式松套管光缆

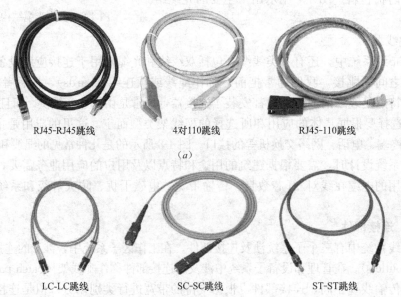

RJ45-RJ45跳线　　　4对110跳线　　　RJ45-110跳线

(a)

LC-LC跳线　　　SC-SC跳线　　　ST-ST跳线

图 4-8　综合布线系统中的绳线和跳线（一）

(a) 铜缆跳线（绳线）

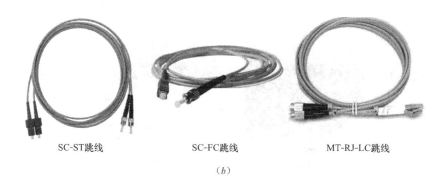

SC-ST跳线　　　　　　SC-FC跳线　　　　　　MT-RJ-LC跳线

(b)

图 4-8　综合布线系统中的绳线和跳线（二）

(b) 光纤跳线

1. 信息插座

信息插座用来插接各种终端设备，如个人计算机（PC）、终端机、电话机、网络型摄像机、网络型传感器/变送器、网络集中器（集线器、交换机、路由器、无线网的 AP）等。

信息插座通常由两部分组成：插座面板和插座模块。考虑到不同的安装要求，插座面板有嵌入式安装（预埋式）和表面安装（明装）两种形式。每种形式的面板又有单孔（一个信息插座）、双孔、多孔之分。图 4-9 中所示的是部分常用的信息插座面板的类型。

嵌入安装双孔插座　　　　　　嵌入安装多孔插座

表面安装双孔插座　　　　　　表面安装多孔插座

图 4-9　常用插座面板类型

信息插座模块根据传输介质的不同，分为双绞线插座、光纤插座和多媒体插座。

（1）双绞线插座模块

综合布线系统中的双绞线插座模块是一个具有 8 个金属触针的连接器，符合 IEC（60）603-7 标准，称作 RJ-45 插座，其形式如图 4-10（a）所示。图 4-10（b）为普通 RJ-45 插头，常用于连接计算机网络设备。

一个 RJ-45 插座端接一根 4 对双绞线。线缆与插座的端接线序有多种形式。但是在综合布线系统中只允许两种形式，分别由 EIA/TIA568A 和 EIA/TIA568B 规定，简称 T568A 和 T568B，接线方式见图 4-11。

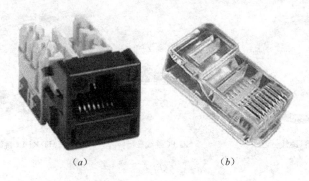

图 4-10　RJ-45 连接器

(a) 插座；(b) 插头

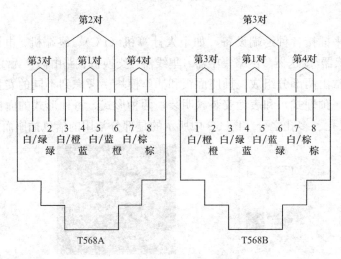

图 4-11　EIA/TIA568A 和 EIA/TIA568B 线序图

（2）光纤插座模块

光纤插座模块又称耦合器。耦合器不仅与光纤的类型有关（MMF 或 SMF），而且外部形式差异很大。对于光纤模块，一直以来主要是 ST、SC 和 FC 接口形式。但近年来，随着光纤网络的日趋普及，各制造商推出了许多新型接口，如 LC、MT-RJ、VF45 等。新型模块的尺寸越来越小，使得配线架的安装密度越来越高。图 4-12（a）所示的是几种常用的光纤耦合器接口。图 4-12（b）是与耦合器相对应的光纤连接器。

2. 配线架

配线架是综合布线系统中的一个极为关键的部件。综合布线系统的通用性和灵活性很大程度上是依靠配线架完成和实现的。在综合布线系统中，与配线架有关的子系统有管理子系统和设备子系统。与插座模块相同，配线架也分铜缆配线架和光纤配线架两大类。

（1）铜缆配线架

在综合布线系统中铜缆配线架又分 110 型配线架和 RJ45 接口配线架。110 系列单个配线架模块的容量有 50 对、100 对、200 对和 300 对之分。就安装方式而言，110 配线架有带支架（壁装、分线箱或机架安装）和无支架（19in 机柜内安装）之分，如图 4-13 所示。端接模块用于将线缆可靠地固定在配线架上，并完成跳接功能。

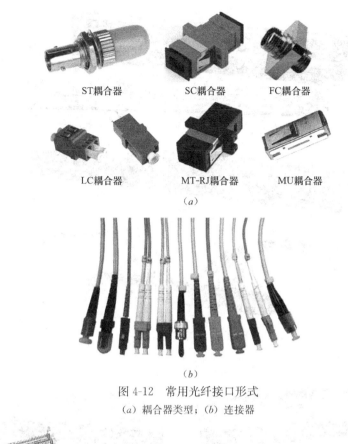

ST耦合器　　　　SC耦合器　　　　FC耦合器

LC耦合器　　　MT-RJ耦合器　　　MU耦合器

（a）

（b）

图 4-12　常用光纤接口形式

（a）耦合器类型；（b）连接器

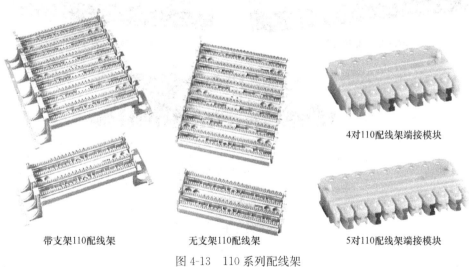

4对110配线架端接模块

带支架110配线架　　　无支架110配线架　　　5对110配线架端接模块

图 4-13　110 系列配线架

RJ45 接口的配线架主要是在机柜内使用，配线架的宽度是标准的，以便安装在 19in 标准机柜中。配线架的高度一般是 1U 或 2U，端口数量分别是 12 口、24 口或 48 口，如图 4-14 所示。

（2）光纤配线架

光纤配线架一般置于机柜内，因此配线架的宽度为 19in。光纤配线架通常带有一个托盘，用于盘放光纤。配线架的面板上可安装光纤耦合器。图 4-15 示出了几种典型的光纤配线架。

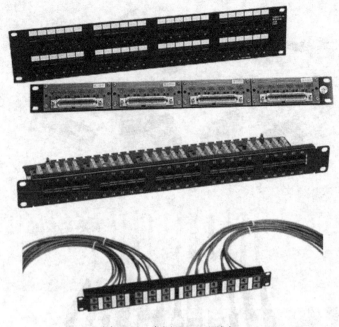

图 4-14　常用 RJ45 配线架

24口ST接口光纤配线架

24口SC接口光纤配线架

24口LC接口光纤配线架

图 4-15　典型光纤配线架

4.3　系　统　设　计

如前所述，综合布线系统采用模块化结构。尽管把它划分为 6 个子系统，但并非所有的工程都必须包括 6 个子系统。可以根据具体的建筑结构和用户需要，对各子系统作取舍，灵活设计布线系统。但是一套综合布线系统再简单，一些子系统还是必不可少，比如工作区子系统、水平子系统和管理/设备子系统。本节将依次介绍各子系统的设计方法和步骤。

4.3.1　系统总体设计

1. 系统拓扑结构

综合布线系统是一个星—树拓扑，如图 4-16 所示。在建筑的各楼层，通常以本楼层的管理子系统（floor distributor，FD）为中心，各工作区的信息插座（telecommunication out-let，TO）通过水平系统与 FD 直接相连。TO 与 FD 呈星形分布。每栋建筑有一个设备间子系统（building distributor，BD）。该建筑各楼层的 FD 通过垂直（主干）子系统与 BD 直接相连。因此，FD 与 BD 也是星形分布。对于建筑群而言，存在一个建筑群总管理/设备子系统（campus distributor，CD），与园区内各 BD 同样是呈星形分布。这样，贯穿整个建筑群的综合布线系统便是一个三级树形拓扑。CD 是树的根，BD 是主枝，FD 是分枝，TO 是叶。

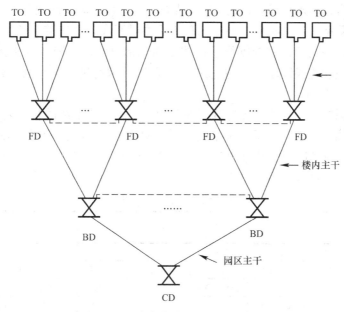

图 4-16　综合布线系统拓扑结构图

有几种特例需要说明：

（1）FD 和 FD 之间以及 BD 和 BD 之间也是可以直接相连的，在图 4-15 中用虚线表示。甚至 TO 可以越过 FD 直接与 BD 相连，FD 越过 BD 直接与 CD 相连，一切视具体应用和用户的业务需要而定。

（2）对于面积较大或信息插座密集的楼层，可以在一个楼层中设置多个 FD。考虑到计算机网络对传输距离的要求（数据终端设备 DTE 到数据传输设备 DCE 不超过 100m），对于大型建筑，特别是会展中心、体育场馆、机场/车站等，一个 FD 管理的范围难以覆盖整个楼层，可以采用多个 FD 共同管理一层的 TO。而对于大型的写字楼、政府办公楼等建筑，信息插座的密度较大，如果仅用一个 FD 管理，一方面 FD 需要占用较大的空间，另一方面增大了管理的难度。这时，把一个 FD 分割为两个或多个 FD 是一种解决办法。

（3）与第二种特例相反，各楼层面积不大，信息插座数量也不多，可以两层或三层共享一个 FD。在不违反设计标准和技术规范的前提下，这样做既可以节省建设费用，还可以降低用户日后的设备费用和运维费用。

2. 传输距离和等级

不同的应用系统（如计算机网络、电信接入网、电话程控交换机系统等）传输线缆的类别和传输距离都有一定的要求。对于同一类别的线缆，应用系统对传输等级要求越高，则传输的距离越短。高类别线缆可以支持低速率业务应用，并且可以延长传输的距离。在综合布线系统中，对线缆的最大长度要求按照其重要程度介绍如下。

（1）水平电缆长度

水平电缆是指连接信息插座和楼层配线架（FD）的4对UTP或STP电缆。水平电缆最大长度应小于等于90m。这在所有的布线标准中都有明确规定。

对水平电缆长度的限制主要来自于计算机网络规范。

（2）信道长度

一个信道通常包括水平线缆、设备线缆和跳线。计算机局域网规范规定，采用双绞线作为传输介质，网络交换机到信息终端的最大无中继距离，即信道的长度为100m。在综合布线系统中，网络交换机到数据终端的线缆由三部分组成，即连接交换机的设备电缆（跳线）、水平电缆和连接终端设备的连接线（绳线）。因此规定水平电缆最长90m，设备连接电缆之和最长10m。

如果干线子系统使用双绞线支持数据业务应用，则干线电缆的长度要求见表4-4，与水平电缆基本相同。如果干线子系统采用光缆，对于OM1光缆（62.5/125μm），信道长度应不大于275m；OM2以上光缆（50/125μm），信道长度应不大于550m，单模光缆的信道长度应不大于2000m。

干线子系统信道长度计算（单位：m）   表 4-4

等级 \ 类别	A	B	C	D	E	E$_A$	F	F$_A$
5	2000	250-FX*	170-FX	105-FX	—	—	—	—
6	2000	260-FX	185-FX	111-FX	102-FX	—	—	—
6$_A$	2000	260-FX	189-FX	114-FX	105-FX	102-FX	—	—
7	2000	260-FX	190-FX	115-FX	106-FX	104-FX	102-FX	—
7$_A$	2000	260-FX	192-FX	117-FX	108-FX	102-FX	102-FX	102-FX

*F为设备缆线和跳线的总长度，X为设备缆线的插入损耗（dB/m）与主干缆线的插入损耗（dB/m）之比。

3. 混合布线

综合布线系统允许将不同等级的线缆和连接部件混合使用，E级（Cat 6）可以向下兼容D级和C级。混合布线的性价比低，因此不推荐使用这种设计方案。为保证布线的性能，系统设计时建议使用相同等级的线缆和连接部件。混合布线的性能见表4-5。

连接部件向下兼容性   表 4-5

系统特性		连接部件（插座、配线架）类型			
		Cat 3	Cat 5	Cat 6	Cat 6A
绳线类型	Cat 3	Cat 3	Cat 3	Cat 3	Cat 3
	Cat 5	Cat 3	Cat 5	Cat 5	Cat 5
	Cat 6	Cat 3	Cat 5	Cat 6	Cat 6
	Cat 6A	Cat 3	Cat 3	Cat 5	Cat 6	Cat 6A

4. 设计前的准备

在开始设计综合布线系统之前，需要做好以下准备工作：

（1）了解设计对象的使用性质。不同用途的建筑，对综合布线系统的要求不同，尤其注意建筑物各楼层的用途。

（2）了解用户的需求。需要全面掌握用户的各项应用业务的使用情况，以便确定布线系统的类型和规模。

（3）了解设计对象的概貌。特别注意了解建筑的层高，各应用业务机房的位置、布局和面积，弱电竖井的数量、位置和面积，各楼层的布局和面积等信息。

（4）如有条件，到现场审核建筑平面图，检查图纸与现场是否相符。

4.3.2 工作区子系统设计

工作区子系统由终端设备、信息插座 TO 和设备连接线（绳线）组成，如果应用业务的通信接口不是 RJ45，则还需要相应的适配器。工作区子系统的组成详见图 4-17。工作区子系统的具体设计方法和步骤详细介绍如下。

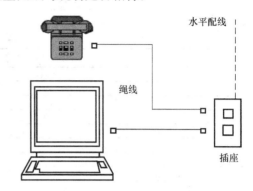

图 4-17 工作区子系统

1. 划定工作区

通常，工程的建设方会提出建筑物各楼层和房间的用途。根据用户的需求，参照相关设计标准，可以确定工作区的划分。我国有关智能建筑的相关标准将民用建筑分为 8 类。按照不同的建筑类型，推荐的工作区参考面积列于表 4-6。

智能建筑分类　　　　　　　　　　　　　　　　　　　表 4-6

建筑类型		工作区面积（m²）
办公建筑	商务办公建筑	4～10
	行政办公建筑	5～15
	金融办公建筑	4～8
商业建筑	商场	15～50
	宾馆	房间
文化建筑	图书馆	4～15
	博物馆	15～30
	会展中心	15～40
	档案馆	5～15
媒体建筑	影剧院	40～80
	广播电视业务建筑	5～15
体育建筑	体育场	5～40
	体育馆	5～20
	游泳馆	5～30
医院建筑	综合性医院	5～15
学校建筑	高等院校	20～100
	高中和高职院校	20～80
	初中和小学	20～60
	幼儿园和托儿所	20～40
交通建筑	空港航站楼	20～50
	铁路客运站	20～50
	城市轨道交通站	20～50
	社会停车场（库）	40～100
住宅建筑	住宅	8～20
	别墅	8～20
通用工业建筑		40～100

2. 确定每个工作区内信息插座的数量，建立信息点表

完成工作区的划分后，接下来需要确定各工作区的信息插座数量。对于一般的建筑，通常一个工作区配置一个双孔信息插座（按两个信息点计算）。但是如果是办公建筑，需要适当增加各工作区的插座数量，一般每个工作区 3 到 4 个插座为宜。

确定信息插座的数量后便可以建立信息点表。信息点表非常重要，体现了用户的需求和设计人员的基本设计理念，是指导综合布线系统设计的基本依据。表 4-7 给出了信息点表的基本形式。

信息点表样本 表 4-7

某综合楼信息点表			
楼层	语音	数据（铜缆）	数据（光纤）
－2	10	5	0
－1	10	8	0
1	30	30	0
2	100	100	5
3	120	140	10
4～20	80×17	100×17	20×17
21	5	5	0
合计	1635	1988	355

3. 确定信息插座的类型

信息插座类型的选择取决于应用业务。常见应用业务对插座的要求见表 4-8。语音通信业务、基于电信网络的数据业务和 10Mb/s 的局域网可以选择 C 级或三类插座，100Mb/s 局域网一般选择 D 级或五类插座，1000Mb/s 以上的局域网应选择 E 级或六类插座甚至光纤插座。如果要求屏蔽布线，则应选择具有屏蔽性能的插座。除此之外，还要根据建筑内部装修的要求选择合适的模块颜色，以便与内部装饰的协调一致。

信息插座类型与应用业务 表 4-8

应用业务		插座类型
语音	电话	C 级/Cat 3
接入网	传真	C 级/Cat 3
	Modem 异步通信	C 级/Cat 3
	ADSL	C 级/Cat 3
局域网	ARCNet	C 级/Cat 3
	Token Ring-4	C 级/Cat 3
	10 Base-T	C 级/Cat 3
	10 Base-F	MMF：ST、SC
	Token Ring-16	Cat 4
	ARCNet-20	D 级/Cat 5
	100Base-T4	C 级/Cat 3
	100VG-AnyLAN	C 级/Cat 3
	100Base-TX	D 级/Cat 5
	100Base-FX	MMF：ST、SC
	1000 Base-SX	MMF
	1000 Base-LX	SMF/MMF
	1000 Base-CX	STP*
	1000 Base-T	D 级/Cat 5
	1000Base-TX	E 级/Cat 6
	10G Base-F	SMF

* 1000 Base-CX 是 IEEE802.3z 确定的三个千兆以太网标准之一，采用屏蔽双绞线作为传输介质，传输距离仅25m，应用受到限制，未获得广泛采用。

应用业务		插座类型
安防	视频监控	D 级/Cat 5
	其他	C 级/Cat 3
楼宇自控	现场总线	C 级/Cat 3

对于铜缆信息插座，尽管可以选用不同的等级用于支持不同的业务，但是因为用户未来实际使用的终端系统的类型和数量的不确定性，现在比较流行的做法是一套布线系统的插座的等级是相同的，一般是根据所有应用业务中对类别要求最高的插座类别作为选择对象，以保证插座性能的通用性。

当用户有光纤到桌面（FTTD）应用要求时，需要确定光纤插座模块。

4. 确定信息插座安装方式

根据插座模块的数量选配合适的面板。常用面板一般有单孔、双孔、四孔。面板的选择除出孔数量之外还与安装方式有关。信息插座安装方式有两大类，暗装（嵌入式）和明装（表面式）。所谓嵌入式安装是指插座的底盒嵌在墙壁内、家具内或地板下，仅面板露在外面。新建建筑通常选用嵌入式插座。采用隔屏的办公家具，插座一般安装在踢脚板上，往往也采用嵌入式插座。

明装插座的底盒是裸露的，可以安装在墙面和家具的表面。明装插座主要用在既有建筑的布线系统改造和临时性布线场合。需要说明的是，明装插座的底盒、面板和模块都属于综合布线系统的材料，在综合布线系统设计范围之内，由综合布线材料制造商统一提供。暗装插座的底盒一般不属于综合布线系统材料，不在设计范围之内。

通常制造商提供多种面板颜色供选择。应根据建筑内部装修风格，选择尽可能协调一致的面板颜色。

5. 选择适配器（可选）

早期的工作区子系统设计，选择适配器是一项非常重要的工作。不同的应用系统使用不同的传输介质和物理接口形式，需要为每个系统选配合适的网络接口转换器，即适配器。随着网络标准化的普及，各类以太网的广泛应用，以及 PC 机/服务器工作模式淘汰主机/终端模式，现在网络的物理连接接口日趋一致，基本都采用 RJ45。因此，工作区子系统的设计可以不考虑适配器。但是有些应用系统可能仍然采用非 RJ45 接口的情况，比如RS232、BNC 等。这时，需要为其选配适配器。图 4-18 所示为几种 UTP/同轴电缆（75Ω）转换适配器。图 4-19 所示分别为一分二适配器、UTP/RS232 适配器和 UTP/双芯同轴电缆适配器。

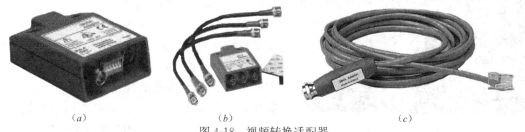

(a)　　　　　　　　　(b)　　　　　　　　　(c)

图 4-18　视频转换适配器

(a) RJ45/射频同轴电缆适配器；(b) RJ45/RGB 基带同轴电缆适配器；(c) RJ45/基带同轴电缆适配器

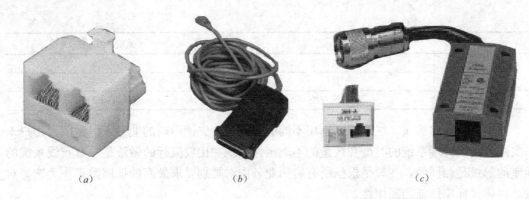

(a) (b) (c)

图 4-19 典型适配器

(a) 一分二 RJ45 适配器；(b) RJ45/RS232 适配器；(c) RJ45/双芯同轴电缆适配器

6. 统计工作区子系统材料

工作区子系统设计的最后一个步骤是统计出所用材料并列出材料清单。材料清单一般包括材料型号、厂家的产品代码和数量。

统计材料时不要漏项，特别要注意以下事项：

（1）有些制造商出品的插座模块是组合型的，一个完整的模块由若干个部件组成，不要有遗漏。

（2）光纤插座模块的光纤耦合器通常是由多个部件组成，不要有遗漏。

（3）插座的面板与插座模块数量是不同的。

（4）如果在一个设计方案中选用了不同类别的模块，应在外观上有明显区分，以便于安装施工。

4.3.3 水平子系统设计

水平子系统一般指连接楼层配线架和各工作区 TO 的线缆，即水平线缆。水平子系统设计的主要内容如下。

1. 确定线缆的走向和布线方式

各工作区中的 TO 与楼层配线架 FD 呈星形分布。因此需要确定水平线缆从 FD 到各 TO 的具体布线方式。水平线缆的布线方式一般有以下几种。

（1）桥架布线方式。将水平线缆通过金属桥架引致各工作区的 TO。桥架可以是吊装，也可以走在高架地板下面。桥架布线方式如图 4-20 所示。桥架有多种规格，也可根据要求定制。设计水平子系统时要在图纸上标注桥架的规格尺寸。桥架布线方式具有容量大（占空比大）、施工方便的优点。

（2）地面线槽布线方式。从配线架引出的水平线缆穿过扁平线槽至各信息插座，通常采用镀锌钢质线槽，改变走线方向时加装过线盒，如图 4-21 所示。线槽的规格相对较少。由于是穿线方式，线槽保持一定的占空比以便线缆的通过。工程施工要求线槽的截面利用率为 30%～50%。设计水平子系统时要在图纸上标注线

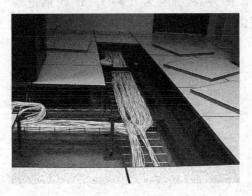

图 4-20 桥架布线

槽的材质和规格尺寸。线槽布线方式主要应用在大开间办公室和大厅等场所。

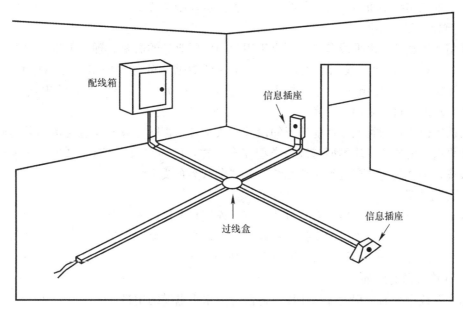

图 4-21　地面线槽布线方式

（3）配管布线方式。水平线缆穿过钢管或 PVC 管，从配线架引致各信息插座，如图 4-22 所示。与线槽一样，需要一定的占空比以便于穿线。工程施工要求管道的截面利用率为 25%～30%。设计水平子系统时要在图纸上标注配管的材质和规格尺寸。

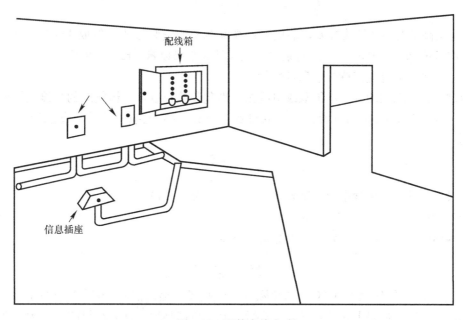

图 4-22　配管布线方式

（4）混合布线方式。实际工程的布线往往把上述三种布线方式结合起来。最常用的是桥架与配管布线相结合和桥架与线槽布线相结合。从配线间出来的线缆数量很多，通常采用桥架布线。到各工作区后，如果是普通办公室或房间，则采用配管布线；如果是大开间办公室，则采用线槽布线，将水平线缆引至各信息插座位置。

2. 确定线缆的类型

采用何种类型的水平线缆主要取决于用户的应用业务的需要。理论上讲，语音业务可以用 C 级（Cat 3）双绞线电缆支持，100Mb/s 的数据业务可以采用 D 级（Cat 5 或 Cat 5e）电缆支持，1000Mb/s 以上数据业务一般采用 E 级（Cat 6）以上的电缆，对于有 FTTD 要求的，可以采用室内光缆。

与插座模块选型类似，目前流行的设计方法是选用相同等级的线缆支持不同的应用业务。如果选用的插座模块类型与线缆类型完全一样，比如都采用 Cat 5 或 Cat 6 类型的模块和线缆，则称其为"全五类布线系统"或"全六类布线系统"。

3. 线缆配置

水平子系统中的每一根 4 对双绞线对应（连接）工作区的一个 RJ45 插座模块（TO），不允许一根 4 对双绞线连接两个插座模块。每一根 2 芯光缆或 4 芯光缆（1+1 备份）对应（连接）工作区的一个光纤信息模块（两芯构成一个模块）。

4. 计算线缆的用量

综合布线系统的工程设计采用以下方法计算水平电缆的用量。

（1）估算电缆的平均长度

在第 i 层建筑平面图上测量自配线间（弱电竖井）分别到该楼层最远的 TO 的布线距离和最近的 TO 的布线距离，分别设为 $L_{i\max}$ 和 $L_{i\min}$，则该楼层水平线缆的平均长度 L_{iavg} 为

$$L_{iavg} = \frac{L_{i\max} + L_{i\min}}{2} \times 1.1 + l \tag{4-1}$$

式中 l 是层高的两倍加端接容差，端接容差视配线架的安装方式一般取 1~6m。常数 1.1 表示在测量值基础上增加 10% 的富余量。上式计算结果以米（m）为单位。

（2）计算每箱电缆支持的信息点数量

通常工程中采用的 4 对水平双绞电缆由标准包装箱包装，一箱电缆的长度为 1000FT，换算成公制约 304.8m。为方便计算，取整数 305m。每箱电缆支持的信息点数量 n_i 由下式得到：

$$n_i = \frac{305}{L_{iavg}} \tag{4-2}$$

如果上式计算结果含小数，则省略小数点后的数，只取整数。

（3）计算第 i 层水平电缆用量

为得到第 i 层所需要的水平电缆的使用量 Q_i，则由下式得到：

$$Q_i = \frac{M_i}{n_i} \tag{4-3}$$

式中 M_i 表示第 i 层信息点（TO）的总数（不包括光纤信息点）。该数据来源于综合布线系统的信息点表。如果上式计算结果含小数，则进位取整数。计算结果的单位为标准箱。

（4）计算整个建筑物的水平电缆总用量

将各层计算结果累加，便可得到建筑物总的水平电缆使用量，计算结果的单位为标准箱。把计算结果列入材料清单。

如果采用不同类别水平电缆混合布线，需要分别计算各种电缆的平均长度，然后用相应的信息点数分别除以每箱电缆支持的信息点数，得到各层所需要的不同类型的电缆用量，最后将各层的电缆用量求和得到整个建筑物水平线缆的总数，分别列入材料清单。

水平光缆的计算方法不同于 4 对双绞线。光缆的长度可以向制造商订制，因此可以把各段光缆长度累加，求得总长度，列入材料清单。

4.3.4　干线（垂直）子系统设计

建筑内的干线子系统贯穿建筑物的弱电竖井，采用室内线缆连接 FD 和 BD。干线子系统的设计内容和步骤有以下三点。

1. 主干线缆选型

主干线缆的选型主要根据两方面的情况。一是 BD 到各楼层 FD 的实际布线距离和传输带宽，确定选择光纤或双绞线作为垂直主干。如前所述，在计算机局域网中，如采用双绞线作为传输介质，交换机到 PC 或交换机之间的线缆长度一般不允许超过 100m，而 FD 到 BD 的布线长度不应超过 90m。如果不能满足上述要求，只能选择光纤作为垂直主干。除此之外，还要考虑带宽因素。如果计算机网络系统要求数据业务传输主干的带宽达到 1Gb/s 以上，光纤是最佳选择。对于语音业务，如程控电话系统，一般可以采用三类大对数电缆。选型要考虑的第二方面是确定线缆的容量，即电缆的对数或光缆的芯数。而线缆容量确定的依据是信息点表。在 GB50311－2016 中，对主干线缆的容量做了如下规定：

对语音业务，大对数主干电缆的对数应按每一个电话 8 位模块通用插座配置 1 对线，并在总需求线对的基础上至少预留约 10% 的备用线对。

如按上述规定设计垂直主干子系统，有可能造成主干线缆容量不足。因为在设计大对数电缆容量时，国家标准仅以语音信息点数量为依据，每个信息点对应一对大对数电缆，保留了 10% 的冗余。但是在实际应用中，这个冗余量有可能偏小，语音主干的容量应考虑除光纤信息点之外的所有信息点，因此建议大对数电缆的容量应不高于普通信息点的数量。普通信息点是指除 FTTD、WLAN、安防和一卡通等应用系统之外的信息插座。在进行具体的电缆选型时，可视电缆规格采取下限选型、上限选型或平行选型。对于信息点数量超过 100 个的语音主干子系统设计，建议采取下限选型。例如信息点为 120 个，可以设计选择 100 对规格的电缆；对于信息点数量低于 100 个的语音主干子系统设计，建议采取上限选型或平行选型。例如信息点数量为 75 个，可以设计选择一根 100 对电缆（上限选型）或选择 3 根 25 对电缆（平行选型）。

线缆规格的选择更多的是要从工程造价的角度考量。在一个工程中选用过多规格的线缆，每种用量都不大，从线缆生产厂家购货的折扣就小，降低了工程利润。因此主干线缆不宜选用过多的规格。

对于光缆主干系统的选型，由于在综合布线系统设计阶段通常还无法确定计算机局域网设备的具体配置，基于计算机网络技术当前的应用和今后的发展，优先考虑采用单模光纤或 OM3 以上等级的多模光纤。在计算机网络系统中，通常采用双纤传输，即每根光纤单工传输模式，每个物理网络需要一对光纤。因此，光缆的纤芯数须与建筑物内综合布线系统需要支持的计算机网络数量相符且预留足够富余量。

2. 主干线缆路由

对于大多数建筑物，主干线缆的路由一般是从信息机房的主配线架（MDF/BD）引出，经线缆桥架至信息机房所在层的弱电竖井，再沿垂直桥架至各楼层的电信间或弱电配线间，进配线柜和配线箱内的分配线架（IDF/FD）。对于某些大型建筑，如城市综合体或机关办公建筑，电话交换机机房与信息机房通常不在一处，甚至不在同一层楼，使得语音和数据主干线缆的路由分离，主干线缆需分别从电话交换机机房的 MDF 和信息机房的 MDF 沿桥架至各自所在层的弱电竖井，再沿垂直桥架至各楼层的电信间（弱电配线间），进配线柜或配线箱内的分配线架（IDF/FD）。

3．主干线缆用量计算

与水平线缆相比，主干线缆的用量少，但线缆的种类多，不仅有电缆，而且有光缆，规格有多种，每种线缆都要统计用量。

（1）主干电缆的用量计算

主干电缆一般又被称作大对数电缆，尽管用量不大，但是规格可能很多，例如某一层设计需要 100 对大对数电缆，可以选择采用一根 100 对电缆，也可以选用两根 50 对电缆，还可以选用 4 根 25 对电缆。

大对数电缆通常也是 1000FT（约 305m）为一个包装单位（轴）。对于体量不大或楼层数量不多的建筑物，可以采用估算的方法确定用量，如一到两轴（305m/轴）的用量。

对于用量较大的规格的线缆，则需要通过计算得到总的用量。计算的方法可以参照水平线缆用量的计算方法。计算某种规格的线缆用量，可将该规格的每一根线缆作为一个信息点对待，找出最长的点和最短的点，计算平均值，进而得到这种规格线缆的用量。需要注意的是，在计算主干电缆的长度时，是从 MDF 起至 IDF 止，不要仅计算在竖井内的长度，不要忽略了从机房到竖井的一段长度。

（2）主干光缆的用量计算

由于光缆的订购是以米计，因此光缆的用量可以采用各段累加统计，得到总的用量。光纤的端接方式一般采用熔接，要求的端接裕量要大于电缆，因此计算光缆长度时应预留足够的冗余。

4.3.5 管理子系统设计

管理子系统是综合布线系统中最核心的部分，它连接水平和垂直两个子系统。正是通过它，实现了用一套布线系统对各种不同应用系统的统一支持。管理子系统通常设置在各楼层的弱电间内，一般每个楼层设置一个管理间（子系统）。对于面积较大或信息点数量较多的楼层，可以设置多个管理间。而对于信息点数量较少而又比较集中的楼层（水平链路不超过 90m），也可以 2 层或 3 层共用一个管理间。管理子系统的设计内容如下：

1．配线架的选型

配线架的选择要考虑具体的应用系统。对于语音业务，现在大部分 PABX（用户程控交换机）采用两线制，少数数字话机采用 4 线制。计算机网络系统基本采用 4 线制。模拟视频监控系统和采用 RS232 接口的应用系统，当通过适配器转换成 4 对双绞线传输时，通常采用 8 线制。因此，对于语音通信业务，通常选择高密度的配线架，最常用的是 110 型配线架，端接大对数电缆；对于其他业务，一般选择 RJ45 接口形式的配线架。

配线架也有类别之分。设计时应根据水平和垂直线缆的类型，选择与线缆的类别相一致的配线架。假如水平线缆采用的是 6 类 UTP，则与之相连的配线架也应选择 6 类配线架。如果水平线缆为屏蔽线缆，配线架必须选择屏蔽配线架。

安装方式也是选择配线架时要考虑的因素。配线架的安装方式主要有 19in 机柜安装、挂墙安装、非标机柜（箱）安装等。

2. 确定配线架的数量。

当完成配线架选型后，接下来便是确定该管理子系统中每种配线架的数量。首先根据水平和垂直电缆的规模以及网络交换机端口数量确定配线架总的端接数量。在综合布线系统中，要求所有电缆的全部线对必须端接到配线架上。因此，配线架的容量必须大于电缆线对的数量。

在进行配线架容量设计时，要把水平线缆和垂直线缆分开计算。水平线缆目前一般采用 RJ45 接口的配线架。常见的 RJ45 配线架有 12 端口、24 端口和 48 端口。一个铜缆信息点对应一根 4 对水平电缆，占用一个 RJ45 端口。水平线缆偶尔也可采用 110 或 210 型配线架。当采用 110 型配线架时，由于配线架每行的容量是 25 对线，卡接 4 对水平电缆时，有一对空闲。因此，这类配线架端接水平电缆时容量利用率是 96％。

3. 确定跳线的类型和数量。确定跳线的类型时既要考虑跳线本身的类别，一定要与水平线缆和配线架端接模块的类别一致，又要考虑跳线接口的形式。常用的铜缆跳线接口主要有 110 接口—110 接口、110 接口—RJ45 接口和 RJ45—RJ45 接口几种形式，其中 110 接口还分单对、两对、三对和四对。此外，需要根据配线架的配置确定跳线的长度。

由于用户在进入建筑物后其应用系统连接的不确定性，很难在设计阶段对跳线提出精确的数量，另外对配线架的管理有不同的方式，因此各种跳线的数量在设计阶段可以有较大的灵活性。

4. 必要的标识。在管理子系统中，标识显得尤为重要。通常每种配线架的前面板上都有标签条用于端口的标识。标签条有不同的颜色。综合布线系统是用色标表示不同的线缆管理区。配线间管理子系统的色标具体规定如下：

蓝色区——端接水平子系统线缆。

白色区——端接垂直子系统线缆。

紫色区——端接网络设备（如交换机或集线器等）线缆。

灰色区——端接连接分管理系统（satellite）线缆。

4.3.6　设备间子系统设计

设备间子系统的设计与管理子系统十分类似，两者的不同仅仅是在规模和数量方面。通常一栋单体建筑会有 1 到 2 个综合布线系统机房，3 个以上的情况偶尔会有。但每个机房的配线架容量比分布在各楼层配线间中的管理子系统要大得多。设备间子系统也采用不同颜色区分不同区域，具体色标规定如下：

蓝色区——端接水平子系统线缆。

白色区——端接垂直子系统线缆，包括到建筑群的垂直线缆。

紫色区——端接电话和网络设备（如 PBX、网络交换机或集线器等）线缆。

绿色区——端接来自电话局的线缆。

黄色区——端接控制台或 MODEM 线缆。

橙色区——端接多路复用器（MUX）线缆。

对于管理子系统和设备子系统中配线架的管理，由于建筑类型、用途和规模的不同，可以采用多种方式。

1. 单点管理单系统

整个布线系统只有一个设备间子系统，没有管理子系统，结构如图4-23所示。在这种管理方式下，可以在设备子系统一点通过跳接完成对各应用系统的支持，具有管理简单、使用灵活的特点，适合规模很小的布线系统。

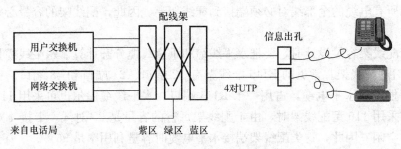

图4-23 单点管理单系统

2. 单点管理双系统

在整个布线系统中有一个设备间子系统、一个管理子系统，结构如图4-24所示。对系统的管理是在设备子系统上完成，即在设备间的配线架上可以进行跳线的调整，而在管理子系统上不对跳线做变更，管理子系统的配线架跳线是固定的。这种管理方式的特点是管理工作量小，但管理的灵活性受到限制。在规模不大的布线系统中，可以采用这种管理方式。

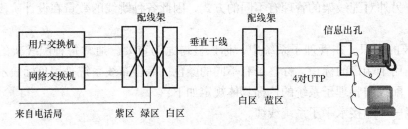

图4-24 单点管理双系统

3. 双点管理双系统

在双点管理双系统方式下，不管是设备间子系统还是管理子系统，跳线可以根据需要任意调整，如图4-25所示。这种管理方式为用户的使用提供了最大限度的灵活性，但管理的工作量相对较大，适合在较大规模的布线场所使用。

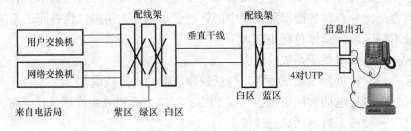

图4-25 双点管理双系统

4.3.7 建筑群子系统设计

建筑群的垂直子系统一般采用室外线缆，通过电缆管道、电缆沟（通道）、直埋或架空等方式连接 BD 和 CD。布线方式的选择要考虑工程实施的可行性、施工造价和施工工期以及未来发展等因素。因市容原因，目前大多数城市的新建筑已不再允许架空布线方式；考虑到安全性和系统的可扩充性，直埋布线方式也极少应用。因此，现在最常用的建筑群布线方式是电缆管道和电缆巷道，分别如图 4-26 和图 4-27 所示。有关电缆管道和通道的设计将在下一节介绍。

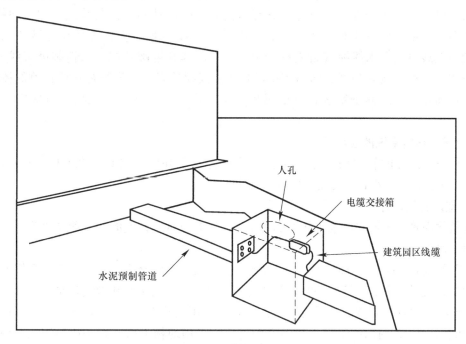

图 4-26　电缆管道布线方式

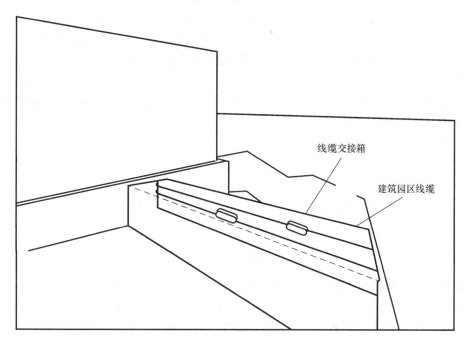

图 4-27　电缆通道布线方式

布线方式确定后，随后的设计工作是根据具体的布线方式确定电缆的路由。在进行建筑群线缆路由设计时，如果对传输的可靠性要求高，需考虑采取冗余和备份路由等措施，如双线缆布线和网状拓扑。

接下来要确定建筑物进线间的位置。有关进线间的要求详见 4.3.10 节的介绍。然后需要对园区布线所需电缆的类型、规格、用量做设计。线缆类型的选择与布线方式有关。对于电缆管道布线方式，应选择具有防潮和防啮齿动物功能的线缆，如浸油线缆、铠装线缆等；如采用电缆通道布线方式，则需要选择具有防潮、防水和防腐功能的线缆；架空布线方式要求线缆有自支撑措施、具有防弹和屏蔽功能，如铠装屏蔽线缆等；直埋方式下线缆应具有防潮、防腐和抗压功能。线缆的规格和容量视每栋建筑的体量和用户规模而定。建筑群子系统设计的最后一项工作是工程造价，包括材料费用和施工费用。

4.3.8 布线系统的管线设计

综合布线系统的管线设计包括室内管线设计和室外管线设计。在 GB 50311 和 GB 50373 中分别对室内外的管线设计提出了设计要求。

1. 室内管线设计

建筑物内管线包括布放水平线缆的水平管线和布放垂直线缆的垂直管线两类。

（1）水平管线

水平管线在 FD 与 TO 之间，一般为隐蔽工程施工或部分隐蔽工程施工。管线的设计内容包括管线敷设方式、管线路径、管线材质、管线截面利用率和管线弯曲半径。

通常与信息插座相连的管线为暗敷配管，可采用钢管或 PVC 管，预埋在墙壁内。从楼层配线间（FD）引出的线缆采用架空的桥架或采用地板下线槽，一般为钢制。桥架往往安放在吊顶内，可以布放较多的线缆，适合水平主管线使用。金属桥架与暗敷配管的连接，有条件时可将配管与桥架直接相接。如不具备条件，可采用一段金属软管过渡，软管长度不宜过长，以小于 2m 为宜。金属线槽一般采用地板下暗敷，线槽的高度小于 25mm，宽度小于 300mm。当线槽长度大于 30m 或布线路径发生改变时，应设过线盒，在地面留有可开启的盖板。

对于暗敷的配管，选择合适的管径十分重要，需考虑配管的利用率。配管的利用率分管径利用率和截面利用率，分别定义如下。

管径利用率定义为线缆的外径与配管的内径之比，即

$$\eta_D = \frac{d_1}{d_2} \tag{4-4}$$

式中 d_1 和 d_2 分别是线缆的外径和配管的内径，η_D 为管径利用率。

截面利用率定义为线缆截面积之和与配管的内截面积之比，即

$$\eta_A = \frac{A_1}{A_2} \tag{4-5}$$

式中 A_1 是线缆的截面积之和，A_2 是配管的内截面积，η_A 为截面利用率。

考虑水平配管的利用率时，应按截面利用率公式计算。截面利用率一般取值范围为 25%～30%。根据该数据要求，对工程常用的配管和穿过的 4 对双绞线数量做一列表，见表 4-9。

配管与 4 对双绞线对应表 表 4-9

4 对线缆数量 电缆类型	管径（mm）			
	15	20	25	32
非屏蔽				
Cat 5e～Cat 3	2	4	7	11
Cat 6	1	3	4	8
Cat 6 A	1	2	3	5
屏蔽				
Cat 5e～Cat 3	1	2	4	8
Cat 6	1	2	3	6
Cat 6 A	1	2	3	5
Cat 7	1	2	3	4

（2）垂直管线

垂直管线采用金属桥架，保护 BD—FD 之间和 FD—FD 之间的垂直线缆。桥架分开放式和封闭式两类。开放式桥架有横掌，又称梯架，一般用于计算机机房、通信机房内，线缆可以绑扎在横掌（筋）上做固定。封闭式桥架形如线槽，但有盖板，可以打开，线缆敷设完毕可以盖上盖板。封闭式桥架通常放置在弱电配线间内。由于这种桥架可以敞开布放线缆，可以布放较多的线缆，桥架空间利用率高，同时方便施工，所以获得了广泛使用。

桥架的规格有多种，可以根据线缆的数量和粗细计算截面积，选择合适尺寸的桥架。

当线缆穿越墙壁和楼板时可以采用电缆孔和电缆井两种方法。前者是在墙壁或楼板上打孔，然后套金属管。穿过楼板的套管要高出地面以防止漏水。线缆从管中穿过，然后用防水填充物将套管塞实。后者则是在墙壁或楼板上开方孔，孔的大小以允许桥架穿过为限。

在设计垂直线缆的敷设时，采用管径利用率计算套管的内径。管径利用率的计算见式（4-4）。

2. 室外管线设计

GB 50373 规定了室外管线的设计原则，通信管道和通道应根据各使用单位发展需要，按照统建共用的原则，进行总体规划。对于新建、改建的建筑物，楼外预埋通信管道应与建筑物的建设同步进行，并应与公共通信管道相连接。通信管道和通道的建设宜与相关市政地下管线同步建设。

（1）管线路由和位置确定

室外管线确定路由时，要注意以下事项：

1）管路要远离电蚀和化学腐蚀地带。

2）管路尽量建在道路旁，不占用道路；如道路旁有障碍物，可选择在人行道下。

3）管路要尽量避免与燃气管道、高压电缆管道、供热管道和给排水管道同侧建设。

4）与其他管道交叉时，交叉净距离最好在 0.5m 以上。

（2）管线尺寸设计和材质的选择

管线尺寸的设计是指管孔数量的确定。标准的通信管道管孔直径为 90mm。确定管孔数量时，要综合考虑用户和电信运营商近期和远期各项业务的需求。管孔数量主要与线缆的容量有关。对于一般线缆（包括光缆），管线容量可按每 400 对线占用一个管孔。各运营商通常不与其他运营商共用管孔。要预留 2～3 个孔备用。

通信管道采用的管材主要有水泥预制管块、塑料管及钢管。水泥预制管块构造的管道造价最低，塑料管道次之，但总体造价呈下降趋势，钢管管道造价最高。

水泥预制管块有 3 孔、4 孔和 6 孔等形式，如图 4-28 所示。对于主干通信管道，还可以 6 孔管块为基数进行组合。

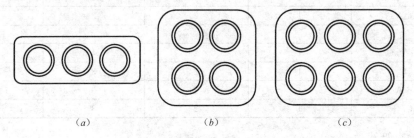

图 4-28　水泥预制管块截面图；
(a) 三孔管；(b) 四孔管；(c) 六孔管

塑料管道因其具有较好的防水性能和防腐蚀性能、摩擦系数小、管路占用截面小、易弯曲等独特的优点，目前在工程中获得了越来越广泛的使用。塑料管道的材质有硬质和半硬质聚乙烯（或聚氯乙烯）两类。目前工程中使用最多的塑料管分为单孔和多孔管。单孔管又有波纹管和硅芯管两种；多孔管有栅格管和蜂窝管两种，如图 4-29、图 4-30 所示。

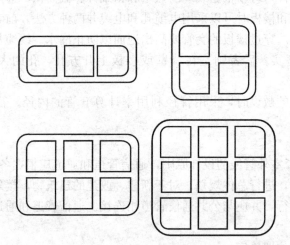

图 4-29　栅格式塑料管截面图

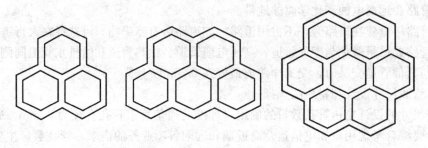

图 4-30　蜂窝式塑料管截面图

栅格管（PVC-U）一般有 3 孔、4 孔、6 孔和 9 孔等规格，也可按照用户要求订做，常用型号和尺寸见表 4-10。

栅格管（PVC-U）型号和尺寸

表 4-10

型号	内孔径 d（mm）	内壁厚 C_2（mm）	外壁厚 C_1（mm）	宽度 L_1（mm）	高度 L_2（mm）
SVSY28×3	28	≥1.6	≥2.2		
SVSY42×4	42	≥2.2	≥2.8		
SVSY50（48）×3	50（48）	≥2.6	≥3.2		
SVSY28×6	28	≥1.6	≥2.2	≤110	≤110
SVSY33（32）×6	33（32）	≥1.8	≥2.2		
SVSY28×9	28	≥1.6	≥2.2		
SVSY33（32）×9	33（32）	≥1.8	≥2.2		

蜂窝管（PVC-U）一般有 3 孔、5 孔和 7 孔等规格，常用型号和尺寸见表 4-11。

蜂窝管（PVC-U）型号和尺寸

表 4-11

型号	内孔径 d（mm）	内壁厚 C_2（mm）	外壁厚 C_1（mm）	宽度 L_1（mm）	高度 L_2（mm）
SVFY28×3	28				
SVFY33（32）×3	33（32）				
SVFY28×5	28	≥1.8	≥2.4	≤110	≤110
SVFY33（32）×5	33（32）				
SVFY28×7	27.5				
SVFY33（32）×7	33（32）				

单孔波纹管有单壁管和双壁管两种，但单壁管目前尚未有国家标准，符合国标的双壁管规格尺寸见表 4-12。

波纹管（PVC-U）规格尺寸

表 4-12

标称直径（mm）	外径允许偏差（mm）	最小内径（mm）
110/100	0.40～0.70	97
100/90	0.30～0.60	88
75/65	0.30～0.50	65
63/54	0.30～0.40	54
50/41	0.30～0.30	41

硅芯式塑料管的内壁有硅芯层，起润滑作用，摩擦系数小，在敷设光缆时被广泛应用。硅芯塑料管的规格尺寸见表 4-13。

硅芯塑料管规格尺寸

表 4-13

规格（mm）	外径（mm）	壁厚（mm）
65/50	60	5.0
50/42	50	4.0

规格（mm）	外径（mm）	壁厚（mm）
46/38	46	4.0
40/33	40	3.5
34/28	34	3.0
32/26	32	3.0

除上述形式的塑料管外，工程中还有使用梅花管、集束管等形式的塑料管。

钢管主要是在过路或过桥时使用，在综合布线工程中应用不多。

（3）管线施工设计要求

1）埋设深度

通信管道的顶部距地面的埋设深度要求见表 4-14，达不到要求时，要采用混凝土包封或钢管保护。

管道顶部距地面的最小深度   表 4-14

管道类别	人行道下（m）	车行道下（m）	与电车管道交越（m）	与铁道交越（m）
水泥管、塑料管	0.7	0.8	1.0	1.5
钢管	0.5	0.6	0.8	1.2

管道铺设要有一定的坡度，以利于渗入管道的水流向人孔。管道的坡度一般为 3‰～4‰，不得小于 2.5‰。相邻两个人孔间的管道可以呈"人"形，但绝不允许呈"U"形。

2）段长与弯曲

在直线路由上，水泥管道的最大段长不得超过 150m，塑料管道的最大段长不得超过 200m。段长超过上述规定或管道路由方向发生改变时，要设人孔。管道需要弯曲时，水泥管道弯曲的最小曲率半径大于 36m，塑料管道的曲率半径大于 10m。

3）铺设

铺设水泥管道时，最好选择硬土质区域，挖好沟槽后将沟底夯实，然后布防水泥管道。如果土质稍差，则需要在沟底做混凝土基础，干固后再布防水泥管道。如果土质松软，则需要在沟底做钢筋混凝土基础。在岩石地区铺设水泥管道，需要保持沟底的平整。水泥预制块的接缝处需要用灰浆抹平。

铺设塑料管道时，除对水泥管道布放的要求和程序外，在布放塑料管道前，一般要在沟底回填 50mm 细沙或细土，岩石地区回填细沙或细土的厚度要达到 200mm。当采用多层塑料管组合布放时，塑料管间的缝隙要用水泥浆砂饱满填充。为保证管孔排列整齐、间隔均匀，塑料管每隔 3m 要采用框架或格架固定。

4）人（手）孔设置

在主干线缆的分支点、引上线缆汇接点、坡度较大的管线拐弯处、道路交叉路口和地下引入线路的建筑物旁要设置人孔或手孔，位置最好选在路旁，或者是在人行道上。人（手）孔的形式和型号根据管孔数量做出选择。一般的选择原则如下：

① 90mm 孔径管道在 6 个以下，或 28mm 和 32mm 孔径管道在 12 个以下，可以选择手孔。

② 90mm 孔径管道在 6 个以上、12 个以下，或 28mm 和 32mm 孔径管道在 12 个以上、24 个以下，可以选择小号人孔。

③ 90mm 孔径管道在 12 个以上、24 个以下，或 28mm 和 32mm 孔径管道在 24 个以上、36 个以下，可以选择中号人孔。

④ 90mm 孔径管道在 24 个以上、48 个以下，或 28mm 和 32mm 孔径管道在 36 个以上、72 个以下，可以选择大号人孔。

4.3.9 场地设计

场地设计是指安装综合布线系统管理和设备子系统的场所的设计，包括楼层配线间（电信间）、子配线间、设备间和进线间。

1. 楼层配线间（telecommunications room，电信间）

配线间用于放置分配线架（IDF）。对于一般建筑物，楼层配线间应尽可能选择在本楼层的中央，以使配线间服务的工作区都在半径 90m 以内。如果楼层面积较大或建筑物结构特殊，1 个配线间无法覆盖所有的工作区，可以考虑在一个楼层设置多个配线间，比如体育场馆、交通枢纽、航站楼等；如果一个楼层的信息点数量较多，也要考虑设置多个配线间，1 个配线间服务的信息点一般以 400 个为限。如果情况相反，楼层的面积不大，每层楼信息点也不多，可以考虑 2 层或 3 层共用一个配线间，前提是最远的信息点到配线间的距离符合水平配线的要求。

配线间必须是封闭的场所，通常是无人值守的。如果配线架采用机柜安装方式，要根据机柜的数量和机柜周边安装施工空间提出面积要求，可以按机柜周边预留 1.2m 考虑。对于 400 个信息点的管理规模，一般可按两个 19in 机柜考虑。如果配线架采用壁挂式安装方式，所需面积相对较小。

配线间的温度要求在 5～35℃，相对湿度在 20％～80％。每升空气中大于或等于 0.5μm 的尘粒数要小于 18000 个，照度要求在 300lx。

配线间内通常不设高架地板，因此多采用上走线，要考虑设置上线孔洞和线缆桥架、线槽的布放。对于配线架机柜安装方式，配线间的高度要留有足够的空间，以便安装线缆托架。

配线间内应有电源插座，以便于设备安装和调测。为网络设备等供电可考虑采用不间断电源（UPS）。

配线间内所有设备的金属外壳、金属桥架和管线必须进行等电位连接并可靠接地。

2. 子配线间（satellite）

与配线间不同，子配线间通常是一个机柜或机箱。放置的位置以不影响室内装饰和交通为原则，一般是在开间办公室或普通房间的一角。子配线间的周围空间是开放的，因此机柜或机箱要求必须带锁，以保证安全。对子配线间的环境和电气要求基本同配线间。

3. 设备间（equipment room）

设备间用于放置主配线架（MDF）。MDF 通常与提供各种应用业务的设备相连，如用户程控交换机（PBX）、网络交换机、复接设备等。所以综合布线系统的设备间通常与电信和计算机信息系统机房合设。机房的环境、电力、接地等规定一般均能满足综合布线系统的要求。但是对设备间的面积要求需要根据配线架的数量、安装方式（机柜安装、机架安装、壁挂安装等）以及机房的建筑结构等因素综合考虑，然后提出设计方案。大多数机房都有高架防静电地板，因此机房内的走线既可以采用上走线方式，也可以采用下走线方式，还可以是混合走线方式。

当语音通信机房与计算机机房合设时，综合布线系统只有一个 MDF。

当语音通信机房与计算机机房分设时，布线系统要为语音通信业务和数据通信业务分设 MDF。特别是当数据业务区分为内网、外网、涉密网络，且每个网络都有自己的独立机房时，有可能要设置多个 MDF。与计算机机房合设的 MDF 通常是独立的机柜，与计算机设备、网络设备机柜并排摆列。布线机柜一般排列在设备机柜的前端，因此又被称为"列头柜"。

4.3.10 进线间设计

进线间是指建筑物外部线缆进入建筑物的入口处。在此处，将把室外型线缆转换为室内型线缆。对于室外进入的电缆，还要在进线间采取防止过流和过压的保护措施。从网络划分的角度可以把进线间视为接入网与本地网的分界面。从工程角度来看，进线间是电信运营商和综合布线系统承包商的工作界面。

进线间与室外通信管道相连，因此进线间应选择在建筑物便于进线的位置，一般靠近建筑物的外墙。进线间通常设在地下室，有条件时优先采用半地下方式，以利于通风、防渗漏和排水。如果要求两路进线（多运营商接入），最好通过不同的进线间接入建筑物内，以提高接入网线路的容错性能。

进线间面积和高度根据进入的线缆规模和端接方式而定。进线间内通常采用上走线方式，机柜上空要留有足够的空间安装线缆托架。

进线间内应有电源插座，照度最好在 300lx 以上，以便于设备安装和调测。

4.3.11 工程设计实例

机关办公建筑和商用写字楼是综合布线系统最大的应用领域，下面以一栋政府办公建筑为例，介绍综合布线系统的设计过程。

1. 工程概况（含技术要求）

本工程地上 9 层，地下 1 层，其中 1～9 层是办公室，地下室为各类机房和总配电室等。建筑面积 10542m²，建筑总高度 50m，属二类高层建筑。本楼 1～9 层除楼梯间、电气间、前室外，其他部分全部吊顶；地下室不吊顶。大楼采用框架剪力墙结构形式，楼板均采用现浇混凝土楼板。

设计要求：本建筑由数据内、外网和语音网 3 个部分构成，数据内、外网须物理隔离。综合布线系统应实现建筑物内语音、数据通信设备、信息交换设备、网络设备等系统之间的彼此相连；实现建筑物内通信网络设备与外部通信网络相连。

2. 设计依据

《综合布线系统工程设计规范》GB 50311—2016

《综合布线系统工程验收规范》GB/T 50312—2016

《智能建筑设计标准》GB 50314—2015

3. 系统设计

根据用户的需求，综合布线系统需支持电话和计算机网络两套应用系统，其中计算机网络分内网和外网两部分。鉴于当前计算机局域网的应用现状，本工程水平线缆采用 6 类

4 对非屏蔽双绞线，信息插座采用 6 类模块；FTTD 采用 4 芯 OM3 光缆配 LC 接口插座。语音干线子系统采用 3 类 25 和 50 对电缆，数据干线子系统采用室内 6 芯 OM3 光缆。

本系统 BD 设在 3 层网络机房内，与核心交换机及 PBX 共址，FD 设在各层电信间内，在大开间办公室设置子配线间（satellite）。

在各层电信间和子配线间内，管理子系统采用 19in 机柜安装形式的配线架，其中采用 6 类快接式（RJ45）配线架端接水平线缆；采用 19in 光纤配线架端接数据主干光缆和 FTTD 光缆；采用 110 配线架端接语音主干铜缆。

在网络机房内，采用 19in 机柜安装式 110 配线架端接语音主干铜缆；采用 19in 机柜安装快接式光纤配线架端接数据主干光缆。

电信运营商进线光缆由大楼西北方向埋地 1m 引入，进线设备均配置防雷设施，穿钢管保护，全部接入 BD。

线缆经 BD 引出后至 FD，各层水平线路敷设均采用金属线槽在吊顶内敷设，引至各信息插座部分线路采用 6 类对绞电缆穿 JDG 管沿吊顶内及垂直部分暗敷。

由线槽至信息点 1～2 根 UTP 穿 JDG20 管暗敷，3～4 根 UTP 穿 JDG25 暗敷。

（1）工作区子系统设计

根据用户的需求和设计规范要求，在平面图上标注信息插座（TO）的位置，确定 TO 的类型，并将结果汇总，列出信息点表见表 4-15。图纸上使用的常用符号见表 4-16，标注 TO 后的平面图见图 4-31～图 4-35。

综合布线系统信息点表 表 4-15

楼层	语音	外网	内网	FTTD	AP
9	44	45	22	2	11
4～8	50×5	51×5	24×5	—	14×5
3	41	42	18	1	10
2	50	51	24	—	14
1	22	24	12	1	16
—1	18	18	8	—	13
合计	425	435	204	4	134
总计	1202（其中光纤信息点 4 个）				

图形符号 表 4-16

符号	名称	安装方式	说明
▨▨▨ MDF	总配线架	机柜或壁挂	
▨▨▨ CD	总配线架或建筑群配线架	机柜或壁挂	园区建筑采用

续表

符号	名称	安装方式	说明
▧▧ BD	总配线架或建筑物配线架	机柜或壁挂	单体建筑采用
▧▧ ODF	光纤（总）配线架	机柜或机架	
▧ FD	楼层配线架	机柜、机箱或壁挂	
▧ Satellite	子配线架	机柜、机箱或壁挂	
LIU	光纤配线架或 光纤互连单元	机柜或机架	
TO	单口外网 信息插座	距地面 0.3m 壁装	
2TO	数据语音 双口插座	距地面 0.3m 壁装	
TD	单口内网 信息插座	距地面 0.3m 壁装	
AP	网络 AP		
FO	地插	地面安装	
⊙	FTTD插座	距地面 0.3m 壁装	
PBX	用户电话交换机	机柜	
SW	网络交换机	机柜	

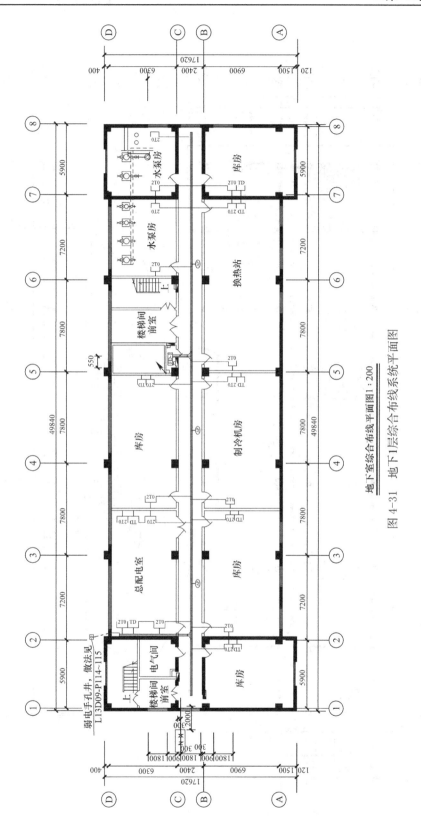

地下室综合布线平面图 1:200

图 4-31　地下 1 层综合布线系统平面图

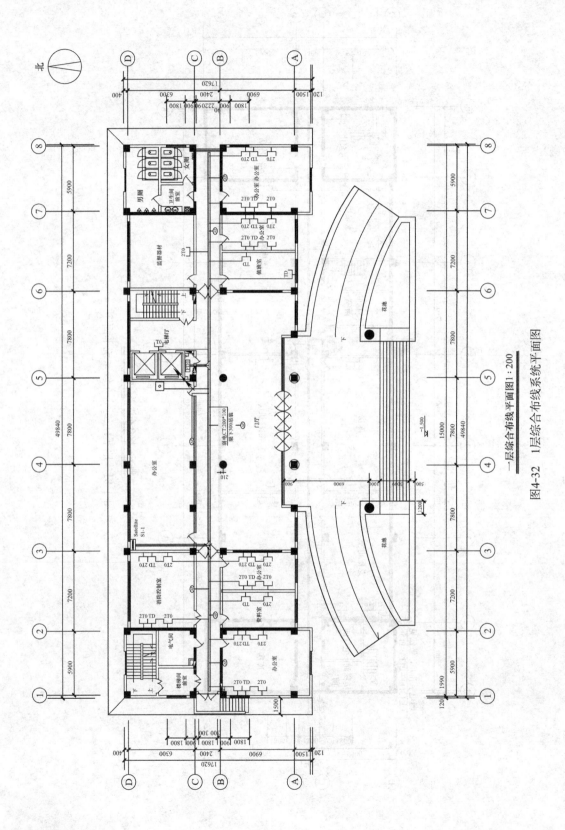

一层综合布线平面图1：200

图4-32　1层综合布线系统平面图

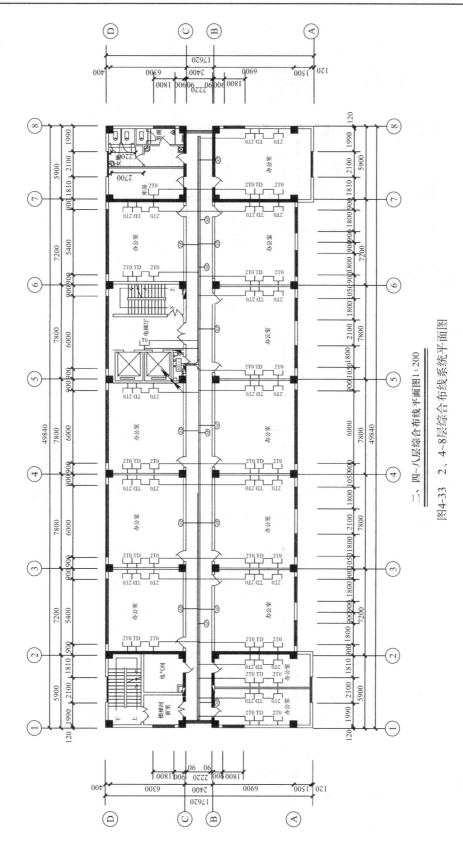

二、四~八层综合布线系统平面图

图4-33　2、4~8层综合布线系统平面图

一、四~八层综合布线平面图图1:200

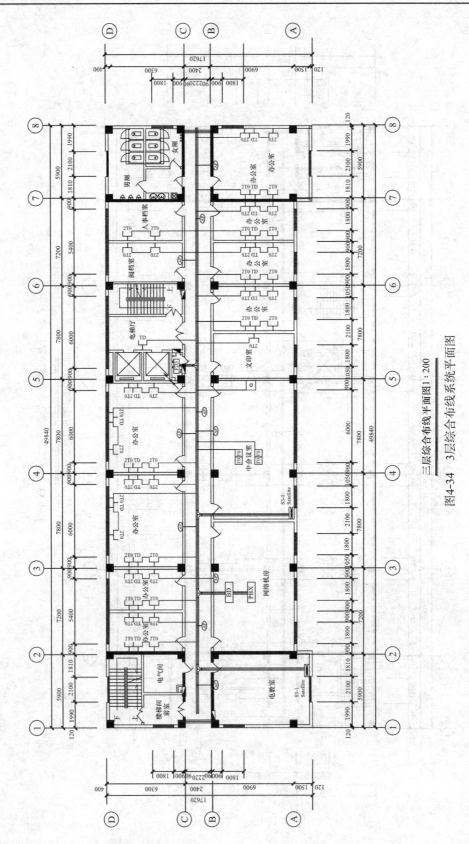

三层综合布线平面图 1:200

3层综合布线系统平面图

图4-34 3层综合布线系统平面图

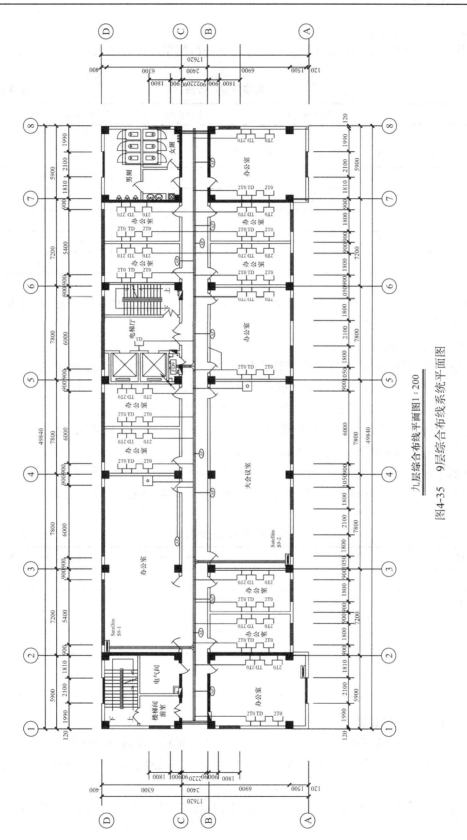

九层综合布线平面图1:200

图4-35　9层综合布线系统平面图

（2）水平子系统设计

根据式（4-1）～（4-3），依次计算每层水平线缆的用量，计算结果汇总于表 4-17。

水平电缆用量统计表　　　　　　　　　　　　　　　表 4-17

楼层	信息点合计	平均长度（m）	水平电缆用量（箱）
9	122	22.7	10
8～5	139×5	22.7	11×5
3	111	21.5	8
2	139	22.7	11
1	74	28.5	8
一1	57	20.4	5
合计	1146		97

在 1、3 和 9 层分别有 1、1 和 2 个 FTTD 信息点，信息点到配线间的总长度为 70m，4 芯室内 OM3 光缆共计 70m。

（3）干线子系统设计

干线子系统分为语音干线子系统和数据干线子系统两部分。语音干线子系统采用 3 类 UTP，各层 UTP 的线对数量根据本层信息点的数量确定，结果见表 4-18。

FD 连接 Satellite 的语音干线采用 25 对 3 类 UTP。

垂直干线的长度可参照水平线缆用量的方法计算。本工程使用 25 对和 50 对两种 UTP，经计算，分别需要 1 轴（305m/轴，下同）和 3 轴。

数据干线子系统采用 OM3 光缆，内、外网数据主干分开布放，各布设一根 6 芯光缆。FD 连接 Satellite 的数据主干采用 6 芯光缆。经计算，6 芯光缆的总用量为 560m。

主干电缆配置统计表　　　　　　　　　　　　　　　表 4-18

楼层	语音	IDF	Satellite	垂直主干电缆配置
9	44	FD9	2	50 对×2
4～8	50×5	FD4～8		50 对×5
3	65	FD3	2	50 对×2
2	50	FD2		50 对
1	34	FD1	1	50 对+25 对
一1	18	FD-1		25 对

（4）管理子系统设计

在第 1～9 层设管理子系统（FD），根据信息点数量和主干线缆的线对数，配置 110 型和 RJ45 两种铜缆配线架分别用于端接主干线缆和水平线缆。各 FD 铜缆配线架配置见表 4-19。

数据主干采用 6 芯室内多模光缆，在各层 FD 配置 24 孔光纤配线架（LIU），接口采用 LC 型。

内网数据主干与外网相同，故采用相同配置。管理子系统共需 24 口 LIU10 个。

线缆管理器与配线架按 1:1 配置，另在各 FD 为网络交换机配置线缆管理器 2 个。

其他：RJ45-RJ45 6 类跳线若干；RJ45-110 3 类 1 对跳线若干；多模光纤跳线若干。

管理子系统铜缆配置统计表 表 4-19

楼层	外网	内网	AP	语音	主干电缆	50 对 110 配线架	外网 24 口 RJ45 配线架	内网 24 口 RJ45 配线架
9	45	22	11	44	50 对×2 / 25 对×2*	3	3	1
	Satellite×2				25 对×2	1×2	1×2	
4~8	51×5	24×5	14×5	50×5	50 对×5	1×5	3×5	1×5
3	42	18	10	41	50 对×2 / 25 对×2*	3	3	1
	Satellite×2				25 对×2	1×2	1×2	
2	51	24	14	50	50 对	1	3	1
1	22	12	16	22	50 对+25 对 / 25 对*	2	2	1
	Satellite				25 对	1	1	
—1	18	8	13	18	25 对	1	2	1
合计	435	204	134			20	33	10

* 连接子配线间。

（5）设备子系统设计

本工程设备子系统需考虑以下线缆并作如下配置：

1）语音主干：共计 600 对线，配置 100 对 110 配线架 6 个；

2）来自电信运营商的市话电缆 100 对线，配置 100 对 110 配线架 1 个；

3）500 门 PBX，配置 100 对 110 配线架 6 个；

4）主机房内外网计算机主机和网络设备：配置 24 口 RJ45 配线架 1 个；

5）外网数据主干：10 根 6 芯多模光缆，共计 60 芯，配置 24 口光纤配线架 3 个；

6）来自电信运营商的接入光缆：2 根 12 芯光缆，配置 24 口光纤配线架 1 个；

7）内网数据主干：10 根 6 芯多模光缆，共计 60 芯，配置 24 口光纤配线架 3 个；

8）主机房内网计算机主机和网络设备：配置 24 口 RJ45 配线架 1 个。

PBX 连接 MDF 的线缆由 PBX 厂家提供。

线缆管理器与配线架按 1:1 配置，MDF 为网络交换机配置线缆管理器 1 个，共需 1U 线缆管理器 28 个。

其他：RJ45-RJ45 6 类跳线若干；RJ45-110 3 类 1 对跳线若干；多模光纤跳线若干。

（6）综合布线系统图

根据各子系统的设计结果，绘制本工程系统图如图 4-36 所示。

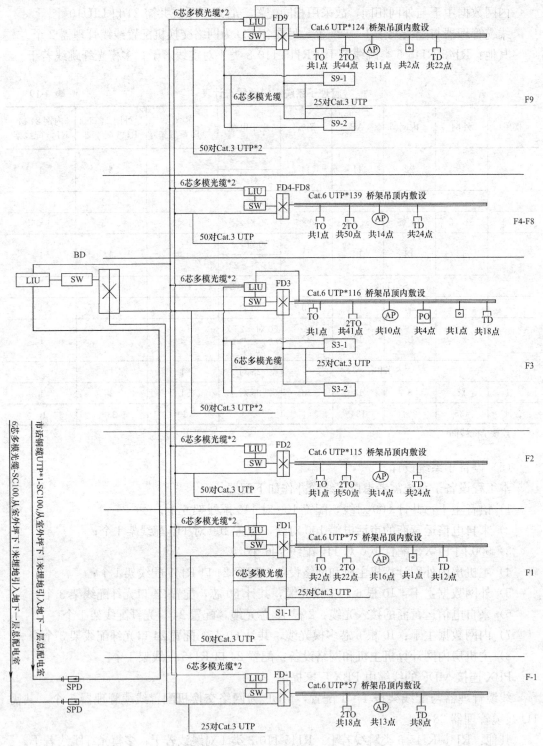

图 4-36　综合布线系统图

4. 材料清单

汇总各子系统的设计结果，统计综合布线主材，见表 4-20。

综合布线系统主要材料清单　　　　　　　　　　　　　表 4-20

序号	材料名称	品牌	编号	单位	数量	说明
1	4 对 6 类 UTP			箱	97	
2	25 对 3 类 UTP			轴	1	
3	50 对 3 类 UTP			轴	3	
4	4 芯室内 OM3 光缆			m	80	
5	6 芯室内 OM3 光缆			m	560	
6	6 类信息插座模块			个	1198	
7	双孔信息插座面板			个	492	
8	单孔信息插座面板			个	214	
9	双芯 LC 光纤插座模块			套	4	
10	光纤插座面板			个	4	
11	24 口 6 类配线架			个	45	
12	50 对 110 机柜安装配线架			套	20	
13	100 对 110 机柜安装配线架			套	13	
14	24 口光纤配线架			个	23	
15	LC 光纤耦合器			套	1344	
16	1U 线缆管理器			个	81	
17	RJ45-RJ45 6 类跳线			根	330	信息点 50％配置
18	RJ45-110 3 类 1 对跳线			根	220	信息点 50％配置
19	双芯 LC 接口多模光纤跳线			根	30	每个 LIU 配置 1 根

4.4　系 统 测 试

　　综合布线系统的测试有一套完善的测试体系，不但有严格的测试验收规范，而且有专门的认证检测仪器。这在智能建筑的其他子系统中是独一无二的。

　　从工程角度来说，综合布线系统的测试分为验证测试和认证测试。

　　验证测试属于随工测试，即施工人员边施工边测试。测试的内容是线路的连通性测试，包括通、断、线序正确性和编号的正确性。验证测试不需要复杂、昂贵的仪器。

　　认证测试属于验收测试，一般由第三方检测单位负责实施。认证测试的内容不仅包括连通性和线序，而且有全面的电气性能和光性能指标测试。不同的布线系统等级，测试的项目各有不同。认证测试需要经过认证的专用、昂贵的测试仪器。

4.4.1　测试模型

　　根据不同的测试需求和布线系统等级，综合布线系统有三种测试模型，分别是基本链路测试、永久链路测试和信道测试。对于同一种布线等级，不同的测试模型下检测的项目是相同的，但是认证要求的指标不同。

1. 基本链路测试模型

基本链路测试模型适用于 3 类（C 级）和 5 类（D 级）布线系统的链路测试。测试链路模型如图 4-37 所示。基本链路包括一段最长不超过 90m 的双绞线及其端接的部件，一端为信息插座（TO），另一端为配线架（蓝区），以及连接测试仪器的两段长度分别为 2m 的测试线。被测链路总长度不大于 94m。

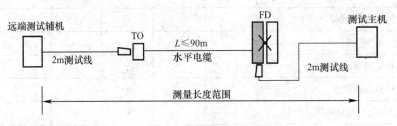

图 4-37　基本链路测试模型

2. 永久链路测试模型

永久链路测试模型适用于 5e 类（D 级，也称为超 5 类、增强 5 类或 5＋类）、6 类（E 级）及其以上等级的布线系统。测试链路测试模型如图 4-38 所示。它与基本链路模型的不同之处在于测量范围仅包括一段最长不超过 90m 的双绞线及其端接的部件即信息插座（TO）和配线架（蓝区），不包括连接测试仪器的测试线。因此，被测链路的总长度不大于 90m。

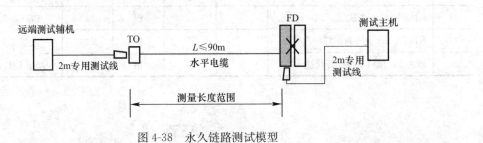

图 4-38　永久链路测试模型

3. 信道测试模型

信道测试模型适用于所有等级的布线系统，其模型结构如图 4-39 所示。该模型在永久链路模型的基础上，用设备连接线缆取代测试线缆，增加了配线架上的跳线，并且在水平链路中可以包括汇接点（TP）和集合点（CP）。被测信道的总长度不应大于 100m。信道模型是对用户设备之间端—端整体信道性能的测试。

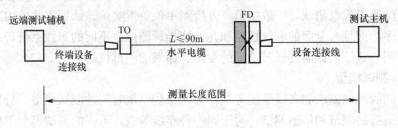

图 4-39　信道测试模型

4.4.2 测试项目及其含义

不同的布线等级，测试的项目是不同的。表 4-21 汇总了各等级布线系统在不同测试模型时需检测的项目。

不同测试模型检测项目汇总比较表　　　　　　　　　表 4-21

检测项目	测试模型							
	基本链路		永久链路		信道			
	3类	5类	5e类	6类以上	3类	5类	5e类	6类以上
接线图（Wire map）	●	●	●	●	●	●	●	●
长度（Length）	●	●	●	●	●	●	●	●
衰减（Attenuation）	●	●			●	●		
阻抗（Impedance）	●	●	●				●	
近端串扰损耗（NEXT）	●	●	●	●	●	●	●	●
衰减/近端串扰比值（ACR/N）			●				●	
功率和衰减对近端串扰比值（PS ACR）			●				●	
插入损耗（Insertion loss）			●	●			●	●
近端串扰损耗功率和（PSNEXT）			●	●			●	●
等电平远端串扰损耗（ELFEXT）			●	●			●	●
等电平远端串扰损耗功率和（PSEL FEXT）			●	●			●	●
回波损耗（RL）			●	●			●	●
传播延迟（Propagation delay）			●	●			●	●
延迟偏差（Delay skew）			●	●			●	●

在综合布线系统的测试验收规范中，对各种模型下不同等级的布线系统的测试项目有明确的指标要求。这些规定的指标已被内置到专用的认证检测仪器中，在检测时可直接对被测链路或信道做出合格（通过）或失败（不通过）结论。

不同模型下各个检测项目的物理含义解释如下。

1. 接线图（Wire map）

接线图是所有模型和各种等级布线系统都要检测的项目，用于检测链路或信道两端线缆的各线对端接的正确性。正确的线序（T568A/B）是：直通线（不能有交叉），并且

1/2、3/6、4/5、7/8 成对。

2. 长度（Length）

电缆的长度测试基于雷达测距原理，因此测得的长度是指被测链路或信道的电信号传播距离。由于布线系统中使用的电缆是对绞的，因此测试的结果数值大于实际的电缆长度数值。

3. 衰减（Attenuation）

双绞线由于铜材料的集肤效应、线缆的绝缘损耗、端接处的接触电阻以及与端接部件存在的阻抗不匹配等因素，使得信号在传输过程中产生能量损失，统称为衰减。衰减与信号的频率有关，频率越高衰减越大。对于 3 类（C 级）布线系统，在 16MHz 带宽内抽取 1、4、8、10 和 16MHz 5 个频点进行检测。对于 5 类（D 级）布线系统，在 100MHz 带宽内抽取 1、4、8、10、16、20、25、31.25、62.5 和 100MHz 10 个频点进行检测。

4. 阻抗（Impedance）

此处阻抗是指线缆的特性阻抗。特性阻抗是由线缆的分布电感和分布电容对交流信号呈现的阻抗。绝大多数的综合布线材料其特性阻抗都是 100Ω，极少数的是 120Ω 和 150Ω。

5. 近端串扰损耗（Near end cross-talk loss，NEXT）

在线缆的一端，某一个线对发送信号时，因电磁感应信号耦合到同一端相邻线对的现象称为近端串扰，如图 4-40 所示。近端串扰损耗定义为近端串扰电平值与发送信号的电平值之比。如用分贝为单位，则是近端串扰电平值（dB）与发送信号的电平值（dB）之差。NEXT 损耗值越大，表明近端串扰影响越小。

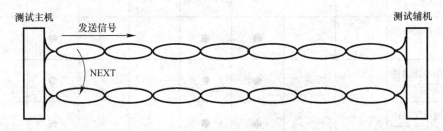

图 4-40　近端串扰

6. 近端串扰功率和损耗（Power Sum NEXT，PSNEXT）

在线缆的一侧，三个线对发送信号时，对第四线对产生的近端串扰损耗，如图 4-41 所示。

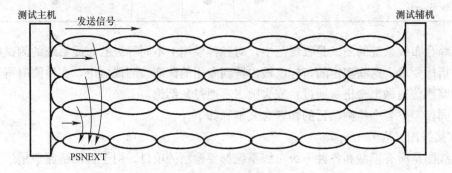

图 4-41　功率和近端串扰

7. 远端串扰损耗（Far end cross-talk loss，FEXT）

某一个线对发送信号时，在线缆的另一端因电磁感应信号耦合到相邻线对的现象称为远端串扰，如图 4-42 所示。

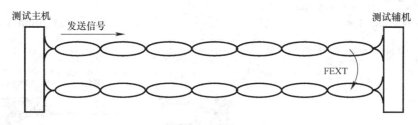

图 4-42　远端串扰

8. 衰减串扰比（Attenuation to cross-talk ratio，ACR）

线对的近端串扰损耗（NEXT）与本线对的衰减值之比。若以分贝为单位，表示为

$$ACR(dB) = NEXT(dB) - A(dB)$$

ACR 字面意思虽是衰减与串扰的比值，但是实为近端串扰损耗与衰减的比值。由于 NEXT 表示了信号的强弱，而衰减代表了信道噪声的高低，ACR 参数实际上反映了链路或信道的信噪比。因此，该数值越大，则表明链路或信道的传输特性越好。

9. 等电平远端串扰损耗（Equal level FEXT，ELFEXT）

线对的远端串扰损耗（FEXT）与该线对信号传输衰减的比值，也被称作远端 ACR，即

$$ELFEXT(dB) = FEXT(dB) - A(dB)$$

式中的 A 为受串扰接收线对的传输衰减。

10. 等电平远端串扰功率和损耗（Power sum equal level FEXT，PSELFEXT）

三个线对对第四个线对的等电平远端串扰损耗总和。

11. 回波损耗（Return loss，RL）

链路或信道是由水平线缆、端接线缆的接插件（如插座和配线架）以及跳线等组成，每个部件都有其特性阻抗。如果各部件的特性阻抗均相等，即阻抗匹配，则链路或信道不会产生信号反射。但是实际的部件其特性阻抗会存在偏差，从而产生反射，即回波。回波损耗定义为发送信号与反射信号之比。因此回波损耗值越大，意味着反射信号越小，阻抗匹配得越好。

12. 传播延迟（Propagation delay）与延迟偏差（Delay skew）

传播延迟是指信号从链路或信道的一端传播到另一端所需要的时间。由于电缆中各线对的绞距不同，因此电气传播的长度也就不一样，因此线对的传播延迟时间是不同的。最短的线对与最长的线对的传播延迟之差被称为延迟偏差。延迟偏差过大会影响信号的时序和同步。

4.4.3　测试结果实例

采用综合布线系统专用的线缆测试仪对 Cat5e 信道和 Cat6 信道的测试结果如图 4-43 和图 4-44 所示，对光纤链路的测试结果如图 4-45 所示。上述的各项参数及结果均列于表单中。表单右上角的标识"√"表示该信息点的测试结果是合格的，测试结论为"通过"。

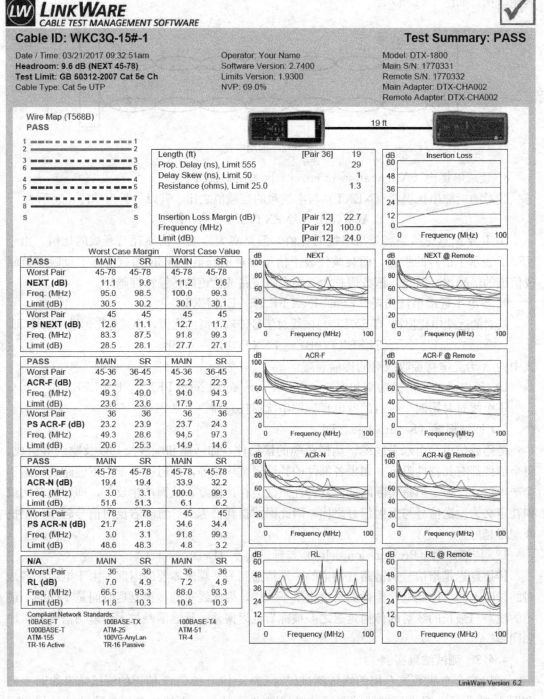

图 4-43　Cat5e 信道测试结果样表

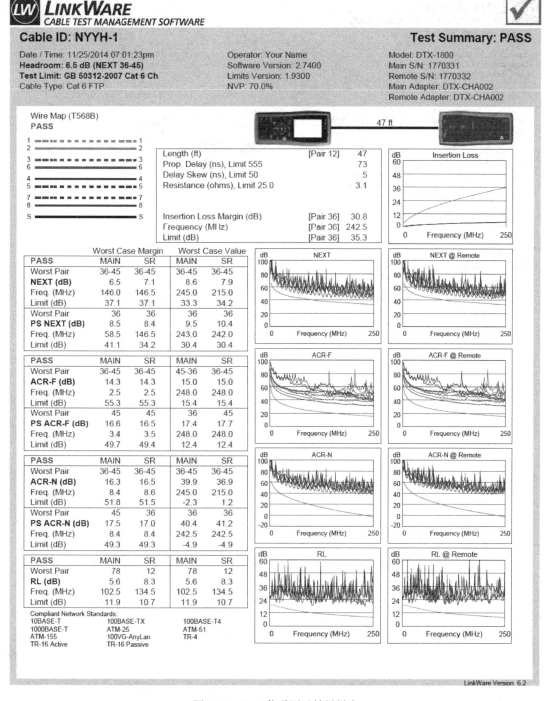

图 4-44　Cat6 信道测试结果样表

Cable ID: BD-1

Test Summary: PASS

Date / Time: 10/13/2014 09:50:44am
Headroom: 1.11 dB (Loss)
Test Limit: GB 50312-2007 Fiber Link
Cable Type: OM4 Multimode 50

Operator: Your Name
Software Version: 2.7400
Limits Version: 1.9300

Model: DTX-1800
Main S/N: 1770331
Remote S/N: 1770332
Main Adapter: DTX-MFM2
Remote Adapter: DTX-MFM2

Loss R->M PASS

Date / Time: 10/13/2014 09:50:44am
Cable Type: OM4 Multimode 50
Modal Bandwidth: 4700 MHz-km
MAIN: DTX-1800 (1770331 v2.7400)
Module: DTX-MFM2 (1772042)
Remote: DTX-1800R (1770332 v2.7400)
Module: DTX-MFM2 (1767205)

	850 nm	1300 nm
Propagation Delay (ns)	68	
Length (ft)	45	PASS
Limit 6562		
Result	PASS	PASS
Loss (dB)	0.42	0.41
Loss Limit (dB)	1.55	1.52
Loss Margin (dB)	1.13	1.11
Reference (dBm)	-22.85	-23.03

n = 1.4790
Number of Adapters: 2
Number of Splices: 0
Patch Type: OM4 Multimode 50
Patch Length1 (ft): 3.3
Patch Length2 (ft): 3.3
Reference Date: 10/13/2014 09:49:41am
1 Jumper

Compliant Network Standards:

FDDI	10BASE-FL	100BASE-FX
1000BASE-SX	1000BASE-LX	10GBASE-LX4
10GBASE-S	ATM 52 Fiber Optic	ATM 155 Fiber Optic
ATM 155SWL Fiber Optic	ATM 622 Fiber Optic	ATM 622SWL Fiber Optic
Fibre Channel 133	Fibre Channel 266	Fibre Channel 266SWL
Fibre Channel 100-M5-SN-I	Fibre Channel 100-M5E-SN-I	Fibre Channel 200-M5-SN-I
Fibre Channel 200-M5E-SN-I	Fibre Channel 400-M5-SN-I	Fibre Channel 400-M5E-SN-I
Fibre Channel 1200-M5-SN-I	Fibre Channel 1200-M5E-SN-I	

Fibre Channel 1200-M5E-SN-I: This channel is certified for 1200 Megabytes per second Fibre Channel application over multimode fiber with short wavelength 850 nm laser source.

LinkWare Version 6.2

图 4-45 OM4 光纤链路测试结果样表

本 章 小 结

综合布线技术诞生于 20 世纪 80 年代，它的出现不仅颠覆了传统布线的观念，而且诞生了一个新的 IT 行业，对智能建筑系统以及其后智慧城市的发展起到了极大的推动作用。应了解综合布线系统产生的背景，掌握综合布线技术的特点，掌握综合布线系统与智能建筑和智慧城市的关系。

综合布线系统采用了模块化的结构，可以适应各种类型和规模的建筑及建筑群的布线要求，可以支持多种应用系统，可以在尚未确定具体的应用系统的时候提前随建筑施工完成整个建筑的弱电系统布线。应掌握综合布线系统的模块化结构，熟悉国家规范对综合布线系统各部分的介绍。

在进行综合布线系统的设计时，重要的一点是从全局考虑，从长远考虑建筑物的布线要求，做到一次布线，长期使用，维护简便，扩充容易。为实现上述目标，设计布线系统时采用的等级要有一定的超前性，信息点的布置要合理和方便使用，主干子系统采用的缆线要有足够的冗余。应掌握综合布线系统使用的双绞线和光缆的类别及其特性；掌握布线系统中对各类线缆的长度要求；掌握线缆用量的工程计算方法和基本公式。

综合布线系统有一套完备的检测认证规范标准和测试仪器设备。系统的测试有不同的检测模型，可根据不同的布线等级和测试要求选择使用。应熟悉综合布线系统的测试模型和使用范围，了解基本的检测项目。

思 考 题 与 习 题

1. 综合布线系统由哪几部分组成？各部分在建筑物中什么位置？每部分的作用是什么？
2. 综合布线技术与传统布线技术相比有哪些特点？
3. 综合布线系统支持哪些应用系统？
4. 综合布线系统是如何划分等级的？各等级分别支持哪些应用？
5. 综合布线系统与智能建筑系统是何关系？
6. 综合布线系统选型的主要依据是什么？
7. 综合布线系统主要使用哪几种电缆？各有何特点？
8. 在综合布线系统中使用的双绞线是如何分类的？
9. 综合布线系统使用哪些光缆？各有何特点？
10. 在综合布线系统中使用的铜缆配线架有哪几种？各有何特点？
11. 在综合布线系统中使用的光纤接口主要有哪几种形式？
12. 什么情况下考虑采用屏蔽布线系统设计？
13. 工作区设计的主要工作有哪些？
14. 大开间办公区的布线有哪几种解决方案？
15. 为什么水平子系统中线缆的长度规定不能超过 90m？
16. 如果需要 FTTD，每个信息点至少布放几芯光缆？

17. 每层楼都必须有一个配线间或弱电间吗?

18. 某6层办公楼,自下而上各层的信息点数量分别为45、58、66、70、80和80,各层的信息点到FD的平均距离分别为62m、55m、51m、48m、45m和40m。试计算该楼水平电缆的用量(以箱为单位)。

19. 现在的综合布线系统在垂直子系统中通常采用哪些缆线?原因是什么?

20. 为何现在的智能建筑大多采用光缆作为垂直主干?

21. 建筑群的布线方法有哪几种?各有何特点?

22. 室外线缆与室内线缆的主要不同点有哪些?

23. 综合布线系统的测试模型有哪些?各适用哪些等级的布线系统测试?

24. 基本链路模型与永久链路模型有何区别?

25. 试选择一栋校园内的教学楼或宿舍楼,自提设计要求,对其做综合布线系统设计。

第5章 通信接入网及接入技术

随着信息时代的到来，人们对电信和网络业务的要求越来越高，作为信息高速公路最后一公里的通信接入网，高带宽、高速率、数字化、综合化成为技术关键。接入网将把一个个独立的智能建筑或智能小区与浩瀚的信息大洋连接起来，构成数字城市、数字国家，乃至数字地球。本章将介绍接入网在智能建筑中应用的主要宽带接入技术。

5.1 接入网的基本概念

接入网（Access Network，AN）是20世纪后期提出的一种新的网络概念，并由国际电信联盟（ITU-T）G.902标准作了定义和功能界定。按电信行业当前的提法，一个通信网的体系结构由三部分组成，即核心网、接入网和用户网，如图5-1所示。核心网包括了中继网（本市内）和长途网（城市间）以及各种业务节点机（如局用数字程控交换机、核心路由器、专业服务器等）。核心网和接入网通常归属电信运营商管理和维护，用户网则归用户所有。因此接入网是连接核心网和用户网的纽带，通过它实现把核心网的业务提供给最终用户。

图5-1 电信网络的基本构成

按照国际电信联盟ITU-T G902的定义，接入网为本地交换机（Local Exchange，LE）与用户端设备（Terminal Equipment，TE）之间的一系列传输实体，其作用是综合考虑本地核心网和用户终端设备，通过有限的标准化接口将核心网的各项业务提供给用户。

接入网的一端通过业务节点接口（Service Node Interface，SNI）与核心网中的业务节点相接，另一端通过用户网络接口（User Network Interface，UNI）与用户终端设备相连，并可经由Q3接口服从电信网管系统的统一配置和管理。

接入网在电信网中的位置和功能如图5-2所示，其中，UNI为用户网络接口，SNI为业务节点接口；TE为各种网络业务的终端设备，LE表示本地交换局，ET为各种交换设备。

图5-2中，PSTN（Public Switched Telephone Network）为公共电话交换网络，IS-DN（Integrated Service Digital Network）为综合业务数字网，B-ISDN（Broadband IS-

DN）为宽带综合业务数据网，PSDN（Public Switched Data Network）为公共交换数据网，LL（Leased Line）为租用线。

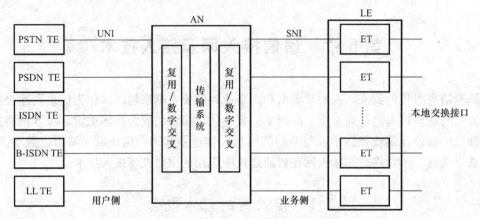

图 5-2　接入网在整个电信网中的位置和功能

业务节点是提供业务的实体，可提供规定业务的业务节点有本地交换机、租用线业务节点或特定配置的点播电视、广播电视业务节点、Internet 宽带路由器等。SNI 是接入网和业务节点之间的接口，可分为支持单一接入的 SNI 和综合接入的 SNI。接入网与用户间的 UNI 接口能够支持目前网络所能够提供的各种接入类型和业务。

接入网的特征为：对于所接入的业务提供承载能力，实现业务的透明传送。接入网对用户信令是透明的。接入网的引入不应限制现有的各种接入类型和业务，应通过有限的标准化接口与业务节点相连。接入网有独立于业务节点的网络管理系统，该系统通过标准化的接口连接 TMN（Telecommunications Management Network）。TMN 实施对接入网的操作、维护和管理。

5.2　接入网分类

根据传输介质的不同，接入网可以分为有线接入网和无线接入网。有线接入网目前通常又可分为光纤接入网、双绞线接入网和光纤同轴混合接入网三种方式。无线接入网可分为微波接入网、卫星接入网、蜂窝接入网等，如图 5-3 所示。

5.2.1　光纤接入网

光纤接入网是指接入网中传输媒介为光纤的接入网。光纤接入网从技术上可分为两大类：有源光网络（Active Optical Network，AON）和无源光网络（Passive Optical Network，PON）。有源光网络又可分为基于 SDH 的 AON 和基于 PDH 的 AON；无源光网络可分为 EPON（Ethernet PON）和 GPON（Gigabit PON）。

由于光纤接入网使用的传输媒介是光纤，因此根据光纤深入用户群的程度，可将光纤接入网分为光纤到路边（Fiber to the Curb，FTTC）、光纤到大楼（Fiber to the Building，FTTB）、光纤到办公室（Fiber to the Office，FTTO）和光纤到户（Fiber to the Home，FTTH），它们统称为 FTTx，如图 5-4 所示。FTTx 不是具体的接入技术，而是光纤在接入网中的推进程度或使用策略。

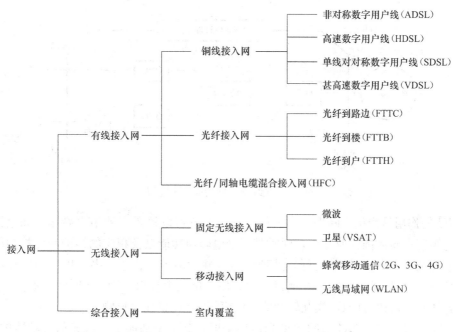

图 5-3　接入网分类

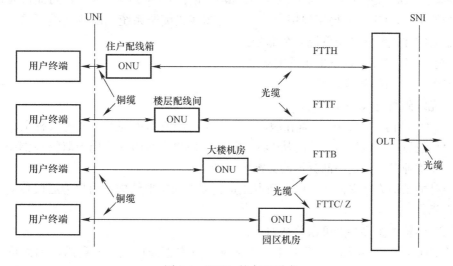

图 5-4　FTTx 的主要形式

1. 光纤接入网的基本结构

光纤接入网（Optical Access Network，OAN）通过光线路终端（Optical Line Terminal，OLT）与业务节点相连，通过光网络单元（Optical Network Unit，ONU）与用户设备（网络）相连。图 5-5 给出了光纤接入网功能参考配置图，其中 OLT 为光线路终端、ODN 为光分配网络、ONU 为光网络单元、AF 为适配功能。

光纤接入系统的主要组成部分是 OLT 和 ONU。

OLT 是为接入网提供与本地交换机之间的接口，并通过光传输与用户端的 ONU 通信，它将交换机的交换功能与用户接入完全隔开；光线路终端提供对自身和用户端的维护和监控，它可以直接与本地交换机一起放置在交换局端，也可以设置在远端。

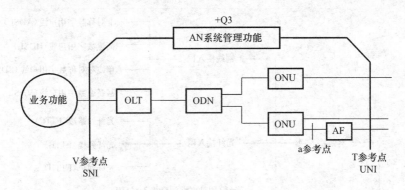

图 5-5　光纤接入网功能参考配置

ONU 的作用是为接入网提供用户侧的接口，它可以接入多种用户终端，如电话、计算机、电视等多媒体图像业务等，同时具有光电转换功能以及相应的维护和监控功能。其主要功能是端接来自 OLT 的光纤，处理光信号并为多个小企业、事业用户和居住用户提供业务接口。ONU 的网络端是光接口，而其用户端是电接口，因此 ONU 具有光/电的互转功能，还具有对语音的数/模互转功能。ONU 通常放置在用户侧。

ODN 在 OLT 与 ONU 之间提供光传输手段，其主要功能是完成光信号功能的分配。ODN 是基于 PON 设备的 FTTx 光缆网络。其作用是为 OLT 和 ONU 之间提供光传输通道。从功能上分，ODN 从局端到用户端可分为馈线光缆子系统、配线光缆子系统、入户线光缆子系统和光纤终端子系统 4 个部分。

AF 为 ONU 和用户设备提供适配功能。

2. 光纤接入网的基本应用

（1）光纤到路边（FTTC）

在 FTTC 结构中，ONU 设置在园区的弱电主机房或路边的人孔或电线杆上的分线盒内，有时可设置在交接箱内。此时从 ONU 到各个用户之间的部分仍为双绞线铜缆。若要传送宽带图像业务，则这一部分可能会需要同轴电缆。

FTTC 的结构为分支拓扑，即点到点或点到多点的树形结构。用户为居民住宅用户和小企事业用户。

FTTC 结构的主要特点可以总结如下：

在 FTTC 结构中引入线部分是用户专用的，现有铜缆设施仍能利用，因而可以推迟引入线部分（有时甚至配线部分，取决于 ONU 位置）的光纤投资，具有较好的经济性；预先敷设了一条很靠近用户的潜在宽带传输链路，一旦有宽带业务需要，可以很快地将光纤引至用户处，实现光纤到户的战略目标。同样，如果考虑到经济性需要也可以用同轴电缆将宽带业务提供给用户；由于其光纤化程度已十分靠近用户，因而可以较充分地享受光纤化所带来的一系列优点，诸如节省管道空间、易于维护、传输距离长、带宽大等。

（2）光纤到楼（FTTB）

FTTB 也可以看作是 FTTC 的一种变形，不同处在于将 ONU 直接放到楼内（通常为居民住宅公寓或小企事业单位办公楼），再经多对双绞线，将业务分送给各个用户。FTTB 是一种点到多点结构，通常不用于点到点结构。FTTB 的光纤化程度比 FTTC 更进一步，光纤已敷设到楼，因而更适于高密度用户区，也更接近于长远发展目标，特别是那些新建工业区或居民楼以及与带宽传输系统共处一地的场合。

（3）光纤到户（FTTH）或光纤到办公室（FTTO）

在原来的 FTTC 结构中，如果将设置在路边的 ONU 换成无源光分路器，然后将 ONU 移到用户家，即为 FTTH 结构。如果将 ONU 放在大型企事业用户（公司、大学、研究所、政府机关等）终端设备处，并能提供一定范围的灵活的业务，则构成所谓的光纤到办公室（FTTO）结构。由于大型企事业单位所需业务量大，因而 FTTO 结构在经济上比较容易成功，发展很快。考虑到 FTTO 也是一种纯光纤连接网络，因而可以归入与 FTTH 一类的结构。然而，由于两者的应用场合不同，结构特点也不同，FTTO 主要用于大型企事业用户，业务量需求大，因而在结构上适于点到点或环形结构。而 FTTH 用于居民住宅用户，业务量需求小，因而经济的结构必须是点到多点方式。

FTTx 主要特点是由于整个接入网是全透明光网络，因而对传输制式（例如 PDH 或 SDH，数字或模拟等）、带宽、波长和传输技术没有任何限制，适于引入新业务，是一种最理想的业务透明网络，是接入网发展的长远目标。由于本地交换机与用户之间无任何有源电子设备，ONU 安装在住户处，因而环境条件大为改善，可以采用低成本元器件。同时，ONU 可以本地供电，不仅供电成本降低，而且故障率也大大减少。最后，维护安装测试工作也得以简化，维护成本可以降低，是网络运营者长期以来一直追求的理想网络目标。由于只有当光纤直接通达住户，每个用户才真正有了名符其实的带宽链路。

3. 宽带无源光网络（x-PON）

无源光网络（Passive Optical Network，PON）是一种纯介质网络，在 OLT（光线路终端）和 ONU（光网络单元）之间的光分配网络（ODN）没有任何有源电子设备，避免了外部设备的电磁干扰和雷电影响，减少了线路和外部设备的故障率，提高了系统可靠性，同时节省了维护成本，是电信维护部门长期期待的技术。

PON 系统由光线路终端（OLT）、光网络单元（ONU）/光网络终端（ONT）和光分配网（ODN）组成。所谓"无源"，是指 ODN 全部由无源光分路器和光纤等无源光器件组成，不包括任何有源节点。PON 技术采用了点到多点拓扑结构，OLT 发出的下行光信号通过一根光纤经由无源光分路器广播给各 ONU/ONT。不同的数据链路层技术和物理层 PON 技术结合形成了不同的 PON 技术，例如 ATM＋PON 形成了 APON，Ethernet＋PON 形成了 EPON，ATM/GEM＋PON 则形成了 GPON（Gigabit Capable PON）。

几种主要 PON 标准及技术特性比较见表 5-1。

APON 技术和网络因 ATM 网络已被淘汰而鲜有应用。

EPON 技术因基于以太网技术，可以传输可变长度的数据包，并且与以太网同宗同族，因而一经推出便获得了广泛应用。EPON 特别适用于 Internet 业务，但对实时性要求高的业务支持能力相对较弱，且在安全性、可靠性等方面存在不足。

GPON 是在 APON 和 EPON 基础上发展起来的，引入了通用帧协议（GFP），既可以支持数据业务，也可以支持实时性高的语音、图像及流媒体等业务，而且传输速率更高，随着系统造价的不断降低，因而获得了越来越广泛的应用。

主要 PON 技术标准及特性比较   表 5-1

技术		APON	EPON	GPON
标准名称		ITU-T G.983	IEEE802.3ah	ITU-T G.984
传输速率	下行	622Mbps 或 155Mbps	1.25Gbps	1.25Gbps 或 2.5Gbps
	上行	155Mbps	1.25Gbps	155Mbps、622Mbps 1.25Gbps 或 2.5Gbps
最大传输距离		10～20km	10～20km	10～60km
协议及封装格式		ATM	以太网	ATM 或 GFP
光分路比		32～64	16～32	64～128
业务支持		TDM、ATM	Ethernet、TDM	Ethernet、TDM、ATM
市场应用		淘汰	广泛	日趋广泛

5.2.2　双绞线接入

双绞线接入技术即数字用户线系列（Digital Subscriber Line，DSL）技术。DSL 可分为对称传输的 ISDN 数字用户环路（IDSL）、高速数字用户环路（HDSL）、单线对双向对称传输数字用户环路（SDSL）、甚高速数字用户环路（VDSL）、不对称数字用户环路（ADSL）。

ADSL 是一种在一对双绞线上同时传输电话业务与数据信号的技术。它属于速率非对称型铜线接入网技术，可以在一对用户线上进行上行 640kbit/s、下行达 1.5～8Mbit/s 速率的传输。ADSL 能够很好地适应 Internet 业务非对称性的特点。

ADSL 技术的关键是采用了一种宽带调制解调器（MODEM）技术。ADSL 使用普通的一对电话线作为传输介质，在线路的两端分别连接一个 ADSL MODEM，可以在向普通电话用户提供电话业务的同时，提供宽带数据业务，主要是 Internet 业务，如图 5-6 所示。

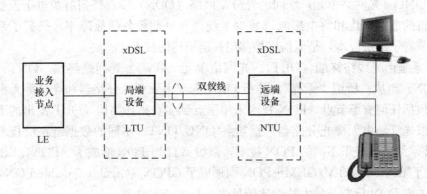

图 5-6　ADSL 接入原理

ADSL 采用频分复用（FDM）方法，把双绞线的传输频带划分为低频段、上行数据传输频段和下行数据传输频段 3 部分，使得一对双绞线上可以提供 3 种信息传输通道，即模拟电话通道、中速双向数据通道和高速下行数据通道，如图 5-7 所示。

ADSL 采用了一种离散多音频（Discrete Multi Tone，DMT）调制技术。电话电缆的频带共 1104kHz，分成 256 条独立的信道，每个信道的带宽为 4kHz，各信道中心频率的间隔为 4312.5Hz。0 号信道用于普通模拟电话通信，1 到 5 号信道未被使用，以便将模拟

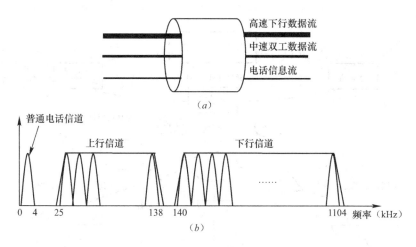

图 5-7 ADSL 传输通道

(a) ADSL 传输通道；(b) ADSL 频谱

电话信号与数据信号隔离，避免相互干扰。剩下的 250 个信道中，一小部分用于上行数据的传输，大部分用于下行数据传输。多少信道用于上行、下行由提供该项业务的运营商确定。

ITU 为 ADSL 制订了两个标准。ITU-T G.992.1 是采用分离器技术的 ADSL 标准，允许的下行和上行最高速率分别是 8Mbps 和 1Mbps。但是实际使用时，上行数据传输速率一般为 32～640kbps，下行数据传输速率一般为 1.54～6.144Mbps，有效传输距离为 3～5km。由于要在用户端加装语音分离器，需要专业人员安装，而且系统造价高，使得推广应用受到很大限制。ITU-T G.992.2 (G.Lite) 是不采用分离器技术的 ADSL 标准，它是一种简化的 ADSL，也被称作 ADSL G.Lite，支持的上行数据传输速率为 32～152kbps，下行数据传输速率为 64k～1.54Mbps，有效传输距离为 3～5km。ADSL G.Lite 安装简便，成本低，获得了广泛应用。

ADSL 采用先进的数字信号处理技术、编码调制技术和纠错技术，使得在双绞线上可以支持高达百万每秒比特的速率。但是由于双绞线自身的特性，包括线路上的背景噪声、脉冲噪声、线路的插入损耗、线路间的串扰、线径的变化、线路的桥接抽头、线路接头和线路绝缘等因素将影响线缆的传输距离。

5.2.3 光纤同轴电缆混合接入

长期以来，有线电视网络（CATV）主要是通过同轴电缆将电视信号传送给电视接收机。随着有线电视网络的不断扩大，网络的主干采用了光纤传输技术，但是接入用户的终端设备仍然是同轴电缆。因此，现在的 CATV 网络是一个光纤与同轴电缆的混合网（Hybrid Fiber and Coaxial Cable，HFC），如图 5-8 所示。

HFC 通常由光纤主干网、光纤传输网、同轴电缆支线网络和用户分配网络 4 部分组成。从有线电视台出来的节目信号先变成光信号在干线上传输，到用户区域后把光信号转换成电信号，经分配器/分支器分配后通过同轴电缆送到用户。

HFC 的主要特点有以下几点：

（1）传输容量大。从理论上讲，一对光纤可同时传送 2000 套电视节目。

（2）频率特性好。在许可的传输带宽范围内对电视信号无需采用均衡措施。

（3）传输损耗小。可延长有线电视的传输距离，25km 内无需中继放大。

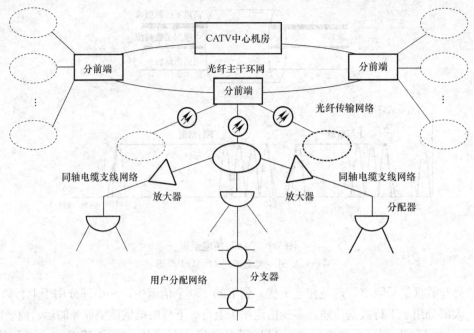

图 5-8 HFC 网络结构

（4）光纤间不会有串音现象，不怕电磁干扰，能确保信号的传输质量。

5.3 三 网 融 合

三网融合是指现有的电信网络、计算机网络及广播电视网络相互融合，互联互通，资源共享。融合后的网络是一个统一、全数字化的网络，可支持包括数据、话音和视像在内的所有业务的通信。三网融合主要是业务应用的融合，业务层上互相渗透和交叉；传输技术趋于一致，应用层上趋向使用统一的 IP 协议；三网实现互联互通，形成无缝覆盖；经营上互相竞争、互相合作，朝着向用户提供多样化、多媒体化、个性化服务的同一目标交汇；行业管制和政策方面也逐渐趋向一致。

5.3.1 三网的特点

1. 电信网

截至 2016 年底，我国的电信网用户已超过 15.22 亿，成为世界第一大电信网。电信网具有覆盖面广、管理严密等特点，而且电信运营商经过长时间的发展积累了长期大型网络设计运营经验。电信网能传送多种业务，但仍然主要以传送电话业务为主，包括固定电话和移动电话业务。电信网络特点是能在任意两个用户之间实现点对点、双向、实时的连接；通常使用电路交换系统和面向连接的通信协议，通信期间每个用户都独占一条通信信道；用户之间可以实时地交换语音、传真或数据等各种信息。其优点是能够保证服务质量；提供 64kbit/s 的恒定带宽；通信的实时性好。电信网络的不足表现为通信成本基于距离和时间，通信资源的利用率很低。随着数据业务的增长，从传统的 56kbit/s 窄带拨号到 xDSL 方式，非对称数字用户线（ADSL）技术提供一种准宽带接入方式，它无需很大程度改造现有的电信网络连接，只需在用户端接入 ADSL-Modem，便可提供准宽带数据服务和传统语音服务，两种业务互不影响。它可以提供上行 1Mb/s，下行 8Mb/s 的速率，3～6km 的有效传输距离，比较符合现阶段一般用户的互联网接入要求。对于没有安装综合布线系统的小区来讲，ADSL 是一种经济便捷的接入途径。

2. 有线电视网

据统计，2016 年底我国有线电视实际用户已达 2.39 亿户，规模居世界首位。在我国，有线电视网普及率高，接入带宽最宽，同时掌握着众多的视频资源。但是有线电视网络大部分是以单向传输方式、树形拓扑结构连接到终端用户，用户只能在当地被动地选择接收电视信息。如果将有线电视网从目前的广播式网络全面改造为双向交互式网络，便可将电视与电信业务和 Internet 业务集成一体，使有线电视网成为一种新的综合性业务接入网。我国已对有线电视网络的频率规划做出安排，详见表 5-2。目前有线电视网正摆脱单一的广播业务传输网络，向综合信息网发展。

我国有线电视系统（HFC）频率规划　　　　　　　　　表 5-2

信号传输方向	频段（MHz）	用途
上行	5～65	5.0～20.2　窄带数据业务、网络管理
		20.2～58.6　宽带数据业务
		58.6～65　窄带数据业务、网络管理
	65～85*	上下行隔离
下行	85～1000	85～108　FM 广播业务
		108～119　网络管理
		119～167*　特殊用户服务
		111～223　模拟电视业务
		223～463　模拟电视业务（低频部分），数字电视业务（高频部分）
		463～470　未使用
		470～566　模拟电视业务（低频部分），数字电视业务（高频部分）
		566～862　数字电视业务
		862～958　待定
		606～1000*　数据业务、电视会议业务、VOD 业务等，数字电视（增补频道不够时）

* 《HFC 网络上行传输物理通道技术规范》GYT 180—2001

3. 计算机网

2016 年底，我国网民人数已达 7.31 亿人。因特网对社会发展起到了巨大的推动作用。由于因特网的飞速发展，用户对通信信道带宽能力的需求日益增长，需要建立真正的信息高速公路和高速宽带信息网络。因特网的主要特点是采用分组交换方式和面向连接/无连接的通信协议，适用于传送突发性数据业务，但对带宽的使用不固定，离散性大。在因特网中，用户之间的连接可以是一点对一点的，也可以是一点对多点的；用户之间的通信在大多数情况下是非实时的，采用的是存储转发方式；通信方式可以是双向交互式的，也可以是单向的。因特网的网络结构复杂，以前主要依靠电信网或有线电视网传输数据，现在有的经济比较发达的城市开始或已经兴建了独立的以 IP 为主要业务对象的新型骨干传送网。因特网的最大优势在于 TCP/IP 协议是目前惟一可被三大网共同接受的通信协议，IP 技术更新快、成本低。但是因特网最大的问题是缺乏大型网络与电话业务方面的技术和运营经验，由于其具有开放性的特点，缺乏对全网有效的控制能力，很难实现统一网管。另外，还无法保证提供高质量的实时业务。

5.3.2 现有网络承载技术

现有的电话网络系统以语音业务为主，同时也提供数据业务服务；更重要的是它已经遍布各地，有现成的网络系统。另外，我国是有线电视大国，且大多数有线电视网络已建成 HFC 网，也具有现成的网络系统。由此可见，电话网络和有线电视网络均为三网融合提供了物质基础。

1. 电话网络

电话网络系统历史悠久，它以话音业务为主，也提供数据业务服务。它的最大优势就是现有的电话网络系统已经遍布各地，有现成的网络系统。但普通电话网的传输速率较低，拨号上网时最高只能达到 56kbps，可以传输普通的数据，但不能满足传输多媒体信息的要求。而且语音业务和数据业务无法同时提供。

非对称数字用户线技术（ADSL），采用离散多音技术 DMT（Discrete Multitone Technology）将电话线信道的频带扩展到 1MHz 左右，从而提高了电话用户线上数据传输总速率。该技术使用户能够共享一条电话线进行网络接入和电话通信。

2. 有线电视网络

有线电视系统的雏形是共用天线系统，都使用同轴电缆传输信号。后来有线电视系统发展到光纤与同轴电缆混合（HFC）的网络系统。目前，国内的有线电视系统基本采用邻频传输系统，有 300Mhz、450MHz、550MHz、750MHz 和 860MHz。以 860MHz 系统为例，从 18.5MHz 到 860MHz，共可提供 93 套模拟电视节目，其中标准频道 51 个（DS6-DS56），增补频道 42 个（Z1-Z42）。

目前有线电视网既传送模拟电视节目，也传送数字电视节目，包括数字高清电视节目。使用普通电视接收机，可以直接接收模拟电视节目，而要接收数字电视节目，需要在用户端用机顶盒（Set-Top Box，STB）接收。

为了提供双向业务，HFC 网络结构在向以下方向发展：

（1）光纤到户，即 FTTH，实现无源光纤分配网。

（2）将放大器改为双向放大器，在单根光缆上建立双向通道，增加回传光发送机和回传光接收机。

有线电视 HFC 网的宽带资源和网络物理结构为建设三网融合的新型多媒体互联网络提供了良好的物质基础。

3. 计算机网络

计算机网络在三大网络中是诞生最晚的，但是发展速度却是最快的。计算机局域网（LAN）的传输速率从 20 世纪 80 年代的 10 兆比特每秒，发展到目前的每秒百万兆比特，仅经历了不到 20 年的时间。广域网（WAN）的传输速率也由最初的每秒 56 千比特增加到目前广泛采用的每秒万兆比特（如 SDH/SONET 或 10G Ethernet）。

目前计算机网络普遍采用的是分组交换技术，存储—转发传输方式传送信息。用户的接入多采用 100Base-T 快速以太网技术，网络的各项应用主要基于 TCP/IP 模式，数据分组以 IP 数据报的格式传输。在各种语音信号和图像信号数字处理技术的支持下，已可以向网络用户提供准实时业务，如 IP 电话（VOIP）、IP 电视（IPTV）等。

5.3.3　三网融合技术

1. "三网融合"的技术基础

实现三网融合，依托的主要技术有三项，即数字处理技术、光纤通信技术和 IP 传输技术。

（1）数字处理技术。语音、图像等信息源都是模拟量，只有对这类模拟信号进行数字化处理，才有可能充分利用计算机科学与技术的所有成果，完成信息的发送、传输、接收、再现和存储。一台数字电视机，与其叫它电视机，不如叫它计算机，因为它的功能更大程度上是一台计算机，具有信息处理的能力。

（2）光纤通信技术。光纤作为传输介质，具有高带宽、低损耗、抗电磁干扰的特点。只有基于光纤的通信网络才能满足"三网融合"不断增长的带宽需求。

（3）IP 传输技术。IP 传输技术，即分组交换或包交换技术，使信息网络的互联性、可靠性、坚固性比传统电路交换技术更优，同时使传输成本更低。基于 IP 的网络，能充分利用因特网已经取得的技术成就，构造和实现多对多的、极为简便的信息通信网。

2. 三网融合的综合业务平台

三网融合的通信网络将是一个覆盖全球、功能强大、业务齐全的信息服务网络，即为全球一体化的综合宽带多媒体通信网。而这一网络结构应是一个统一完整的结合体系，为全球任一地点，采用任何终端的用户提供综合的语音、数字、图像等多种服务。它将是以 IP 协议为基础，所有网络将向以 IP 为基本协议的分组网统一。因特网的广泛业务，诸如电子邮件、文件传输、远程登录、全球 WWW 浏览，已使因特网成为人们广为利用的网络技术，而未来的网络是集语音、数据文字、图像视频于一体的综合网络，因特网是实现这一业务综合化的基础，也是实现三网融合的综合业务平台。对如何构成高速数据传输链路 IP 主干网，已成为当今信息传输领域的热点。

3. 三网融合的先导：IPTV

IPTV 即交互式网络电视，是一种利用宽带有线电视网，集互联网、多媒体、通信等多种技术于一体，向家庭用户提供包括数字电视在内的多种交互式服务的新技术。它能够很好地适应当今网络飞速发展的趋势，充分有效地利用网络资源。IPTV 既不同于传统的模拟式有线电视，也不同于传统的数字电视。因为，传统的模拟电视和经典的数字电视都具有频分制、定时、单向广播等特点。尽管传统的数字电视相对于模拟电视有许多技术革新，但只是信号形式的改变，而没有触及媒体内容的传播方式。

IPTV 是利用计算机或机顶盒与电视一起完成接收视频点播节目、视频广播及 WWW 浏览等功能。它采用高效的视频压缩技术，使视频流传输带宽在 800kb/s 时可以有接近 DVD 的收视效果，对今后开展视频类业务如因特网上视频直播、远距离真视频点播（Real VOD）、节目源制作等来讲，有很强的优势，是一个全新的技术概念。IPTV 的系统结构主要包括流媒体服务、节目采编、存储及认证计费等子系统，主要存储及传送的内容是以 MPEG-4 为编码核心的流媒体文件。基于 IP 网络传输，通常要在网络的边缘设置内容分配服务节点，配置流媒体服务及存储设备。IPTV 还具有很灵活的交互性，用户可自由点播视频节目。另外，基于 IP 网的其他业务如电子邮件、网络游戏等也可以展开。

5.3.4　三网融合解决方案及其特点

要想真正实现三网融合，则是运营商的网络到用户的最后一公里接入问题。这不仅是先前电信运营商开展业务重点考虑不可缺少的基础设施，而且是当前广电网络双向改造必须面临的问题，即骨干网光纤到用户这一段究竟要采用何种技术适合进户的问题。

下面就如何实现三网融合，介绍几种当前比较行之有效的方案。

1. 基于 DSL 技术的电话网络解决方案

DSL 技术是基于普通电话线的宽带接入技术，其特点是以普通的铜质电话线为传输介质，在同一铜线上分别传送数据和语音信号，数据信号并不通过电话交换机设备，减轻了电话交换机的负载；不需要拨号，一直在线，属于专线上网方式。在现有的电话双绞线上，DSL 可提供高达 8Mbps 的高速下行速率，及 1Mbps 的上行速率，有效传输距离可达 3～5km。无需重新布线，为用户提供高速宽带服务，极大地降低服务成本。

DSL 技术对线路质量要求低、安装调试简便。然而这种接入方式在传输的速率、距离上还是受到一定的限制。

2. 基于 HFC 技术的有线电视网络解决方案

CATV（有线电视）技术，即利用有线电视网实现上网和电话业务的一种技术。传输介质采用同轴电缆。常用的同轴电缆有两类：特性阻抗为 50Ω 和 75Ω 的同轴电缆。75Ω 同轴电缆常用于传输电视信号，故称为 CATV 电缆，优质的 75Ω 同轴电缆传输带宽可达 1GHz，目前常用 CATV 电缆的传输带宽为 860MHz。50Ω 同轴电缆主要用于基带信号传输。具有双向传输功能的有线电视网是高效、廉价的综合网络，它具有频带宽、容量大、多功能、成本低、抗干扰能力强、支持多种业务连接千家万户的优势。

HFC 是光纤和同轴电缆相结合的混合网络。HFC 宽带网解决了用户高速接入的最后一公里问题。与传统的 CATV 网络相比，HFC 网络拓扑结构有所不同：第一，光纤干线采用星型或环状结构；第二，支线和配线网络的同轴电缆部分采用树状或总线式结构；第三，整个网络按照光结点划分成一个服务区。

HFC 既是一种灵活的接入系统，也是一种优良的传输系统，HFC 把铜缆和光缆搭配起来，同时提供两种物理媒质所具有的优秀特性。HFC 在向新兴宽带应用提供带宽需求的同时却比 FTTC（光纤到路边）或者 SDV（交换式数字视频）等解决方案便宜多了，HFC 可同时支持模拟和数字传输，在大多数情况下，HFC 可以同现有的设备和设施合并。HFC 支持现有的、新兴的全部传输技术，其中包括 SDH、SONET 和 SMDS（交换式多兆位数据服务）。一旦 HFC 部署到位，它可以很方便地被运营商扩展以满足日益增长的服务需求以及支持新型服务。总之，在目前和可预见的未来，HFC 都是一种理想的、全方位的、信号分派类型的服务媒质。

由于 HFC 结构和现有有线电视网络结构相似，所以有线电视网络公司对 HFC 特别青睐，他们非常希望这一利器可以帮助他们在未来多种服务竞争局面下获得现有的电信服务供应商似的地位。

3. 基于 FTTH 技术的方案

FTTH（Fiber To The Home），顾名思义，就是光纤直接到家庭。骨干网局端与用户之间以光纤作为传输媒介。

FTTH 的显著技术特点是采用光纤作为传输媒质，优势主要表现在：

（1）它是无源网络，从局端到用户，中间基本上可以做到无源；

（2）它的带宽很宽，传输距离长，抗电磁干扰，正好符合运营商的大规模运营方式；

（3）由于它采用光波传输技术，支持的协议比较灵活，增强了传输数据的可靠性；

（4）随着技术的发展，适于引入各种新业务，是理想的业务透明网络，是接入网较为合适的发展方式。

光纤到户的魅力在于它具有极大的带宽，是解决从互联网主干网到用户桌面的"最后一公里"瓶颈现象的最佳方案。随着 PON 技术的不断发展，系统的成熟度和实用性大大提高，一些制造商近来推出了 POL（Passive Optical LAN）解决方案，将用户联网需要的交换机和路由器与 PON 网络中的 ONU 集成在一起，不仅提高了传输带宽，而且减少了铜缆的敷设，节省大量的布线空间和劳务成本。

FTTH 是时代发展的方向。随着 Internet 技术及多媒体应用的发展，用户对传输带宽的需求呈爆炸式增长。目前骨干网通过密集波分复用（DWDM）技术和高速 TDM 技术，已经能够解决用户对传输带宽的需求。在接入部分，如果引入波分复用技术，可给用户带来端到端可管理的光通道，困扰 Internet 使用者的服务质量问题将不再存在。使用者可以在自己的专用通道上改变带宽或管理业务，以满足特定的时延和抖动要求，而不会影响同一光纤上其他波长的用户。因此，未来的光纤接入网可能采用"DWDM＋PON"技术，最终实现光波长到户的目标。

5.4　无线接入网

无线接入网是以无线电技术（包括移动通信、无绳电话、微波及卫星通信等）为传输手段，连接起端局及用户间的通信网，即无线本地环路（Wireless Local Loop，WLL）。在通信网中，无线接入系统应定位为本地通信网的一部分，它是本地有线通信网的延伸、补充和临时应急系统。

无线接入网主要应用于地僻人稀的农村及通信不发达地区、有线基建已饱和的繁华市区以及业务要求骤增而有线设施建设滞后的新建区域等。无线接入网能够迅捷地解决有线接入网在这些地区所面临的困难。其优点在于方便、经济、快捷、易于维护。

无线接入网根据接入设备类型可分为微波（包括点对点、一点对多点、卫星 VSAT）、无线直放站、射频拉远（介于基站和直放站间的移动通信传输技术）、无绳电话等。本节主要介绍卫星 VSAT 系统、无线本地环路（WLL）系统、无线城域网（WMAN）系统及移动通信室内覆盖系统。

5.4.1　卫星 VSAT 系统

众所周知，卫星通信系统具有覆盖范围大、通信频带宽、提供业务种类多、服务范围不受地理条件限制、网络建设周期短且成本低等特点，因此卫星通信技术是应用非常广泛和实用的无线接入技术。在卫星通信技术中，有一种可用于个体接收的、低成本卫星通信终端系统，称为 VSAT（Very Small Aperture Terminal，甚小口径终端）。顾名思义，该系统的接收天线很小，一般小于 2.4m，典型尺寸为 1.2～1.8m，单收站的天线甚至仅有 30cm。VSAT 采用全固态器件，发射功率 1～2W，大多工作在 Ku 波段（12～18GHz）。

VSAT 网络的拓扑结构有星型和网状结构以及这两种结构的混合形式，如图 5-9 所示。按信号的传输方式有单跳、双跳和单跳与双跳混合三种形式。传输的信号每经过一次卫星，称为"一跳"。因此，双跳的信号传播延迟是单跳的 2 倍，不适用于对实时性要求高的业务。星型拓扑结构是大多数 VSAT 网络，特别是数据网络采用的形式。在这种结构中，网络由一个主站又称中心站或枢纽站（HUB）、卫星和若干 VSAT 小站组成。VSAT 的主站（HUB）是网络的核心，小站需要经过中心站转发数据。中心站与一般地球站类似，使用较大型的天线。

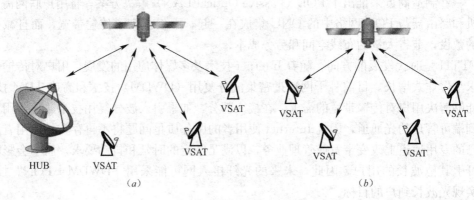

图 5-9　VSAT 网络拓扑结构

(a) 星型；(b) 网状

VSAT 小站设备非常简单，由天线、室外单元（通常与天线做在一起）和室内单元 3 部分组成，如图 5-10 所示。VSAT 的天线一般是偏馈的抛物面天线。室内单元的大小与普通 PC 机相仿，可以提供语音、数据业务，支持点—多点电视会议业务，可以连接 LAN，也可以与电视单收站相接。

图 5-10　VSAT 系统结构

5.4.2　无线本地回路系统

"本地回路"是在电话通信系统中的一个术语，即接入电话业务的传输线。无线本地回路（Wireless Local Loop，WLL）就是采用无线传输技术提供接入服务。与蜂窝移动通信系统不同的是，在 WLL 系统中，接入的终端设备是固定的，只是传输线路是无线的，所以 WLL 有时又被称为固定无线接入系统（Fixed Wireless Access，FWA）。WLL 不仅可以提供语音业务，还可以提供 Internet、电视广播和 VOD 等业务。WLL 的典型结构如图 5-11 所示。运营商在高塔上安放定向或全向天线，可以覆盖指定区域或塔周围半径数千米的范围。用户只需在屋顶或庭院中架设一个小型抛物面天线便可接收高塔天线发出的信号。

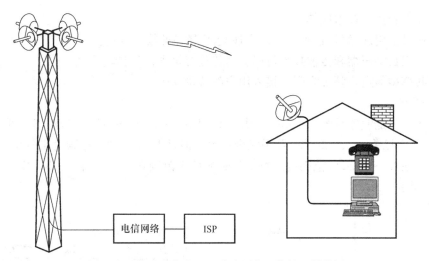

图 5-11　典型无线本地回路或固定无线接入结构图

　　WLL 系统具有建设周期短、工程造价低、提供业务灵活等特点，特别适用于偏远地区或有线网络难以覆盖的地区。WLL 技术发展迅速，制式繁多，所采用的频带差异也很大。在此重点介绍应用较为广泛的多信道多点分配业务系统（MMDS）和本地多点分配业务系统（LMDS）。

　　1. MMDS

　　多信道多点分配业务系统（Multichannel Multipoint Distribution Service，MMDS）是一种基于微波传输技术以视距传输为基础的综合业务传输与分配系统，工作频率在 2～3GHz 范围内，可以覆盖半径数十千米的范围。MMDS 的结构如图 5-12 所示。在许多国家，这项接入服务利用的主要是原来分配给开路的教育电视频道使用的频率，因此它的接入带宽受到一定的限制。

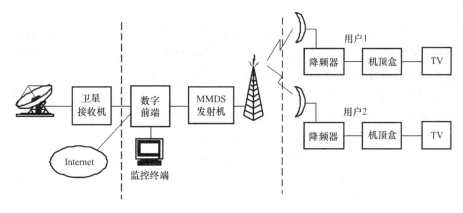

图 5-12　MMDS 系统结构

　　MMDS 技术具有为用户提供多种类型业务的功能，包括点对点面向连接的数据业务、点对点无连接业务和点对多点业务。

　　MMDS 作为一种无线接入手段，具有以下特点：

　　（1）可以利用现有的电视广播设施，覆盖范围大，基站数量少，系统的建设费用相对较低。

（2）发射和接收技术成熟。

（3）通过采用加/解扰技术，可以实现 QoS 和寻址收费管理。

（4）采用数字压缩和传输技术可以提高传输容量和信号传输质量。

（5）共享型信道，频带有限，接入用户的数量受限制。

2. LMDS

本地多点分配业务系统（Local Multipoint Distribution Service，LMDS）可以看做是 MMDS 的孪生兄弟，二者的结构几乎完全一致。但是 LMDS 的工作频段比 MMDS 要高出很多，通常在 24～38GHz 范围内。每个基站的覆盖范围在 5km 左右。LMDS 的系统结构如图 5-13 所示。

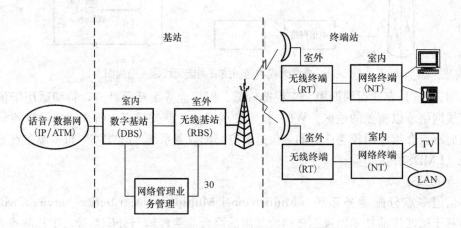

图 5-13　LMDS 系统结构

与 MMDS 相比，LMDS 的优势体现在以下几个方面：

（1）工作频带宽，可提供宽带接入。LMDS 具有超过 1GHz 的带宽，支持的用户接入速率可高达 155Mbps。

（2）提供多种类业务。LMDS 可以提供包括语言、数据、图像、视频等各种业务，特别是可以提供远程医疗、视频会议、远程教育和 VOD 等数字视频业务。与 ADSL 相似，LMDS 还可以提供非对称带宽业务，下行速率高于上行速率。

（3）频率复用度高，系统容量大。由于工作频率高，信号传播损耗大，一个基站的覆盖范围相对较小，因此可以对频率进行复用，所以 LMDS 可以是一个"范围受限"系统，而非"容量受限"系统 LMDS 特别适用于在高密度用户地区使用。

LMDS 的主要问题一是覆盖范围小，系统造价较高；二是雨衰严重，受天气影响较大。此外，它的绕射能力比 MMDS 弱得多，传输通道绝对不能受到遮挡，甚至树叶都会对其信号的传输产生影响。

5.4.3　WiMAX 无线城域网

上述 WLL 技术尽管有许多特点，可以实现无线宽带接入，但是并没有在世界各地大范围推广，最主要的原因是缺乏统一的标准，设备制造商缺少信心进行大规模的市场投入。为了提出一个宽带无线接入标准，IEEE 建立了名为 802.16 的委员会，于 2002 年发布了一个无线宽带接入标准。标准的全称是"固定宽带无线接入系统的空中接口（Air Interface for Fixed Broadband Wireless Access Systems）"，标准代号便是 IEEE802.16。一些生产厂家和研究机构围绕该标准成立了一个论坛，取名为全球微波接入互操作性（World Interoperability for Microwave Access，WiMAX）。有些人把它看做是一个无线城域网（WMAN）标准。因此，可以把 802.16、WMAN 和 WiMAX 等术语同等对待，就像将 802.11、WLAN 和 Wi-Fi 都看作是一件事情一样。

IEEE802.16 分为两个标准：802.16d 和 802.16e。802.16d 规范了固定接入下用户终端同基站系统之间的空中接口，主要定义了空中接口的物理层和 MAC 层。802.16e 规定了可同时支持固定和移动宽带接入无线系统。802.16e 的最大特点是对移动终端的支持。正因如此，如今 802.16 已被接纳为 3G 移动通信标准之一。

WiMAX 的工作频段可从 2～66GHz，信道带宽可在 1.5～20MHz 范围内灵活调整。WiMAX 采用宏小区方式，最大覆盖范围达 50km。可以采用多扇区提高系统容量，一个扇区可同时支持 60 多个 E1 或 T1 的企业用户或数百个家庭用户的接入。

与其他无线接入技术相比，WiMAX 具有以下技术特点：

1. 标准化程度高，系统兼容性好。
2. 数据传输速率高，最高可达 75Mbps。
3. 传输距离远，可以非视距传输。
4. 用户接入带宽灵活，可在 1.5MHz～20MHz 动态选择。
5. 支持多种业务，如语音、数据、视频和 Internet 等。
6. 具有 QoS 功能。
7. 保密性好。支持安全传输，并提供鉴权、数字加密等功能。

5.5　室内覆盖系统

5.5.1　室内覆盖的概念

随着城市建设的不断发展，高层及大型建筑越来越多，这些建筑规模大、结构复杂，对移动通信信号有很强的屏蔽作用，导致在建筑区域内形成通信覆盖盲区，用户难以正常通话。同时，在某些大型建筑物内，如超市、商场、会议会展中心，无线覆盖也很差。室内覆盖是针对室内移动用户群、用于改善建筑物内移动通信环境的一种成功的解决方案。室内覆盖系统其原理是利用室内天线分布系统将移动基站的信号均匀分布在室内每个角落，从而保证室内区域拥有理想的信号覆盖。

应用室内覆盖系统，不仅可以克服建筑物屏蔽，消除通信盲区，改善网络性能指标，吸收话务量并扩充网络容量，还可以解决信号的干扰问题。通过覆盖的延伸，可以为用户提供良好的服务，吸引更多的新用户。

室内覆盖系统可以采用微蜂窝基站、直放站、射频拉远等技术实现。本节主要介绍直放站和射频拉远技术以及采用这两项技术实现的室内覆盖系统的结构。

5.5.2　直放站

直放站（中继器）属于同频放大设备，是在无线通信传输过程中起到信号增强的一种无线电发射中转设备，常用来解决基站难以覆盖的盲区或将基站信号进行延伸。它与基站相比有结构简单、投资少和安装方便等优点，可广泛应用于难以覆盖的盲区，如商场、宾馆、机场、码头、车站、体育馆、娱乐厅、地铁、隧道、高速公路、海岛等，提高通信质量，解决掉话等问题。

但直放站与基站相比也有明显的不足，主要表现为：不能增加系统容量；如果直放站参数设置不当，以致上行噪声系数太大，会严重影响施主基站的性能，从而降低施主基站接收机的灵敏度，减小了相关施主基站的覆盖范围及容量；直放站的网管功能和设备检测功能远不如基站，出现问题后不易察觉；由于受隔离度的要求限制，直放站的某些安装条件要比基站苛刻得多，使直放站的性能往往不能得到充分发挥；如果产生自激或直放站附近有干扰源，将对原网造成严重影响。

直放站分为光纤直放站、射频直放站和移频直放站。目前应用最多的为光纤直放站和射频直放站。由于受到频率的限制，移频直放站在运营商网络中已不再采用。

1. 光纤直放站

光纤直放站由近端机及远端机两部分组成。由于光纤直放站在近端机和远端机之间使用光纤传输信号，保证了信号的原样性。利用上/下变频实现分集功能，采用波分复用技术，可以用一条光纤传输 2 种波长的光信号（前向链路：1550nm，反向链路：1330nm），即运用 FSK 调制解调技术和 WDW 技术在一条光纤内进行双向通信。传输距离可达20km，由于空间隔离度好，不产生同频干扰，可采用全向天线覆盖，以提高覆盖效果。

光纤直放站系统示意图如图 5-14 所示。施主站从基站收发信机（Base Transceiver Station，BTS）预覆盖区域所在的那个扇区耦合信号，并进行电信号到光信号的转换，通过光纤传输到远端机，再进行光-电信号转换，然后经过对信号的变换和放大，通过重发天线发射出去，对盲区或弱信号区域进行覆盖。基站经过耦合后的那个扇区的信号较耦合前有所减小，天线发射功率将减少 0.5dB 左右，但对基站的覆盖范围影响不大。

光纤直放站适用于在基站与拟建直放站区有障碍，两站之间不能视通，或两者相距甚远，同时基站和覆盖区之间有引光缆的可能。

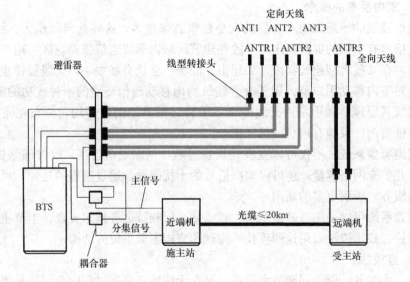

图 5-14　光纤直放站室外覆盖示意图

2. 射频直放站

射频直放站用于基站与拟建直放站之间能视通，并且拟建直放站的地区能收到基站的信号。

射频直放站由一台主设备（直放站主机）、施主天线和重发天线组成，收发信号的隔离显得尤为重要。射频直放站是从空间接收信号，要求空间信号尽可能纯净，这就要求施主天线必须具有足够好的方向选择性，如抛物面天线为最佳选择。

射频直放站系统如图 5-15 所示。施主天线对接收信号的要求：电平值 $\leqslant -80\text{dBm}$，$E_c/I_o \leqslant -9\text{dB}$，并且施主基站所取扇区范围内话务有一定的冗余量。

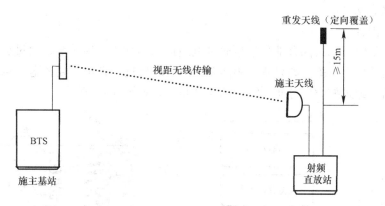

图 5-15　射频直放站室外覆盖示意图

若施主天线与重发天线垂直方向安装，隔离距离必须满足一定的要求，否则就有可能产生自激，对基站的覆盖和直放站的工作状态都将造成极坏的影响。实验表明，一般采用垂直隔离的方式；如果要求天线必须安装在一个平面上（水平隔离），并且隔离距离不够远，则可在两天线之间人为加隔离屏（障碍物）或隔离网来保证在有限隔离距离的情况下天线良好隔离，避免自激。

5.5.3　射频拉远技术

射频拉远（Remote Radio Unit，RRU）是将基站信号转成光信号传送，在远端的射频系统进行放大，即把基站的基带单元和射频单元进行分离，两者之间传送的是基带信号，基带信号在远端进行转换并射频放大后进行覆盖。它与直放站的区别是，射频拉远只放大有用信号，而直放站在传输过程中传送的是射频信号，直放站在放大有用信号的同时把噪声也放大了。

一个基站的信源由基带单元（Base Band Unit，BBU）和 RRU 两部分组成。与传统基站相比，射频拉远是将基站的基带部分和射频部分分开，射频部分根据需要放置在远端不同地方，基带池（即若干 BBU 在一起）集中放置，光纤连接基带池与分布于建筑物中的射频拉远单元（RRU）。

与常规基站 BTS 相比较，采用 RRU 与 BBU 分开的方式具有以下特点：

（1）RRU 具有和宏基站相同的接收灵敏度；

（2）RRU 具有系列化的发射输出功率，可以根据应用环境进行配置；

（3）安装灵活，维护简单，可以近端也可以远端维护，稳定性高；

（4）可 4 级级联至 100km，组成带状网络；

（5）适用于数据业务需求量较大、业务质量要求较高的场所；

（6）可以提高话务量，很直观地看到在安装 RRU 后对话务量的提升。

5.5.4 室内覆盖系统组成及分类

1. 室内覆盖系统的组成

室内覆盖系统主要由信号源和信号分布系统两部分组成，如图 5-16 所示。

信号源可由直放站、基站耦合、射频拉远等单元组成。

室内分布系统可分为有源分布系统、无源分布系统、泄漏电缆分布系统及光纤分布系统等。分布系统组成器件为：合路器、耦合器、功分器、功率放大器、电缆、天线等。

2. 信号源的分类

(1) 基站耦合

用耦合器从附近基站耦合部分信号通过电缆传送到欲覆盖的区域，通过分布系统把信号分布到室内的各个角落。如果基站距离要覆盖区域较远，则可在要覆盖区域设置放大器或直放站，信号经过放大后分布到室内的各个角落，如图 5-17 所示。

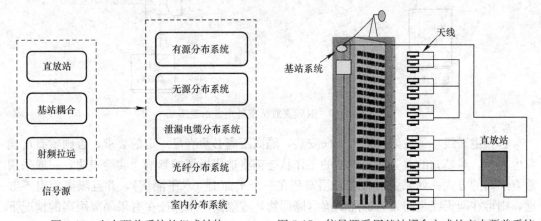

图 5-16　室内覆盖系统的组成结构　　　　图 5-17　信号源采用基站耦合方式的室内覆盖系统

(2) 无线直放站

信号源如采用直放站，则要求所选载频必须占主导地位，即比相邻载频电平要高出一定值，否则会因没有主导载频而产生乒乓切换。为此，施主天线要尽量布放在载频单一的地点，而且天线的水平半功率角要小，即天线的方向性要好，同时天线不能放置太高，因为建筑物中高层可收到来自多个基站的载频，会带来相互影响。无线直放站方式的室内覆盖系统如图 5-18 所示。

在基站安装比较密集的今天，无线直放站在市内或室内的应用局限性越来越明显。

(3) 光纤直放站

通过光纤直放站的近端机把距离要覆盖的区域最近的基站信号进行耦合，然后通过光纤和直放站的远端机相连，光纤信号在直放站内经过光电转换后进行放大，通过分布系统把信号均匀分布到室内的各个角落，如图 5-19 所示。

光纤直放站具有如下特点：

1) 工作稳定，覆盖效果好。光纤直放站通过光纤传输信号，不受地理环境、天气变化或施主基站覆盖范围调整的影响，因此工作稳定，覆盖效果好。

2) 设计和施工更为灵活。光纤直放站在设计时不需考虑收发隔离问题，选址方便；覆盖天线可根据需要采用全向或定向天线。另外射频信号能够在很小传送损失的情况下被传送到达 20km 处，光缆很细，容易铺设。

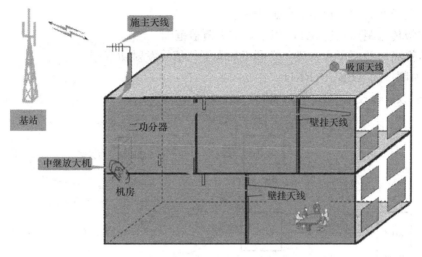

图 5-18　信号源采用直放站方式的室内覆盖系统

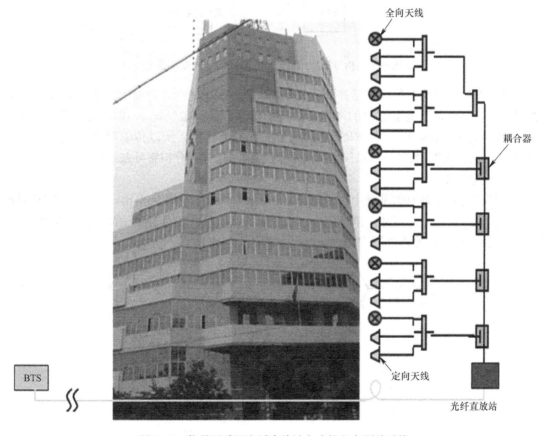

图 5-19　信号源采用光纤直放站方式的室内覆盖系统

3）避免了同频干扰，可全向覆盖，干扰少。光纤直放站为了扩大移动电话基站的覆盖范围，把移动电话信号变成光纤后，从基站发送到远程地区，可使干扰及插入损失减到最小。

4）适用于 2G、3G 和 4G 等宽带信道。

5）单级传输距离长达 50km 以上，扩大覆盖范围。

6）可提高增益而不会自激，有利于加大下行信号发射功率。

（4）射频拉远（BBU＋RRU）

采用射频拉远技术实现的室内覆盖系统如图 5-20 所示。

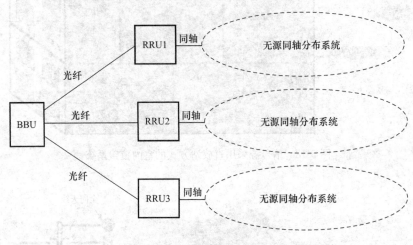

图 5-20　信号源采用射频拉远方式的室内覆盖系统

该系统针对要覆盖的区域话务量较大，宽带业务需求较高，而周围基站不能满足要求的情况下，一般基于重点客户的考虑而选择的信号源。一般情况下 BBU 安装在基站侧，RRU 安装在覆盖侧，BBU 与 RRU 之间通过光纤进行连接，所以传输距离较远。用这种方式，可组成 BBU 带多个 RRU，进行多区域覆盖，这样可分担室外基站的话务量。

（5）微蜂窝

微蜂窝是在宏蜂窝的基础上发展起来的一门技术。与宏蜂窝相比，它的发射功率较小，一般在 2W 左右。因此，微蜂窝可以作为宏蜂窝的补充和延伸，消除宏蜂窝中的"盲点"。蜂窝网络覆盖原理如图 5-21 所示。

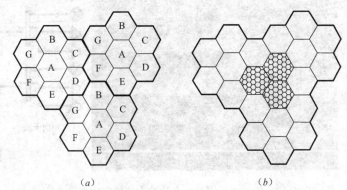

(a)　　　　　　　　　　　　　　(b)

图 5-21　蜂窝移动通信网络

(a) 宏蜂窝；(b) 宏蜂窝下的微蜂窝

微蜂窝的应用主要有两方面：一是提高覆盖率，应用于一些宏蜂窝很难覆盖到的盲点地区，如地铁、地下室；二是提高容量，主要应用在高话务量地区，如繁华的商业街、购物中心、体育场等。

3. 分布系统的分类及组成

（1）无源天馈分布系统

无源天馈分布系统通过无源器件和天线、馈线把信号较均匀地分布到室内的各个区域，如图 5-22 所示。无源器件包括功分器、耦合器、合路器、衰减器、负载、连接头等。合路器用于综合覆盖系统中，能够将不同运营商的业务或同一运营商的不同制式的业务合并到一起，共用一个分布系统；功分器进行功率等分，而耦合器能等分功率，通过不同型号的耦合器，能在覆盖区域内对信号功率进行合理分配。

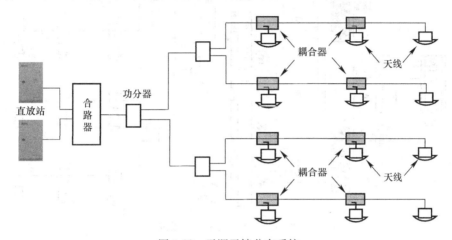

图 5-22　无源天馈分布系统

（2）有源天馈分布系统

有源天馈分布系统结构如图 5-23 所示。与无源天馈分布系统结构相比，有源天馈分布系统在合路器和功率分配器之间增加了有源放大设备，其他仍采用无源器件及天馈线分配信号。

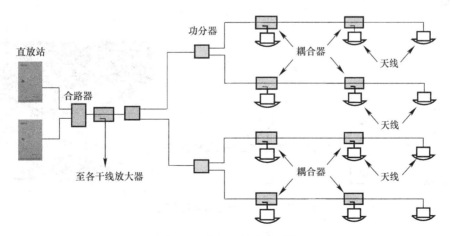

图 5-23　有源天馈分布系统

（3）光纤分布系统

光纤分布系统结构如图 5-24 所示。近端单元主要完成功能是与基站信号的电平适配、下行 RF 信号的光调制、分路输出和上行光信号的光电转换以及报警等功能。一般主机单元带有许多光收发模块（接口单元），可支持单双模光纤传输。光纤用于信号传输，一般使用单模光纤。远端单元承担对上行的手机信号以及主机单元发来的光信号进行电光/光电转换和功率放大等功能。

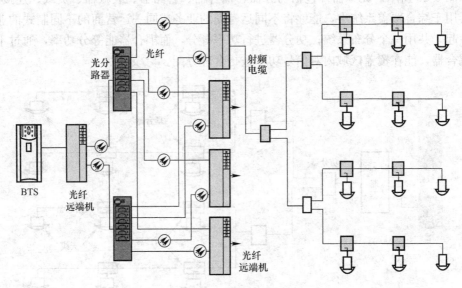

图 5-24　光纤天馈分布系统

（4）泄漏电缆分布系统

在泄漏电缆分布系统中，信号源通过泄漏电缆传输信号，并通过电缆外导体的一系列开口，在外导体上产生表面电流，从而在电缆开口处横截面上形成电磁场，这些开口就相当于一系列的天线，起到信号的发射和接收作用，如图 5-25 所示。它适用于隧道、地铁等线性场景。

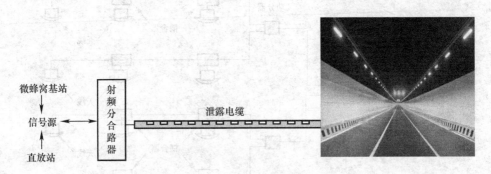

图 5-25　泄漏电缆分布系统

在进行室内分布系统设计时，应针对不同的覆盖区域类型，选择不同的信号源、分布系统建设方式。目前，信号源和分布系统的组合有多种形式，如图 5-26 所示。

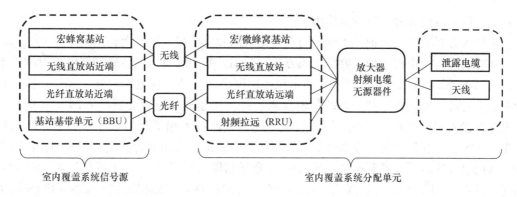

图 5-26　分布系统的组合形式

5.5.5　室内覆盖系统的设计要求

1. GSM 分布系统设计要求

一套 GSM 分布系统建设完成后，需要达到的覆盖效果，及是否和室外无线网络良好融合，在分布系统设计中和开通测试中有以下几个重要指标提供参考。

（1）边缘场强。衡量整个覆盖区域信号强度指标。要求覆盖区域边缘场强＞−85dBm。

（2）上行噪声电平。衡量有源设备对蜂窝基站的干扰程度。要求分布系统有源设备上行噪声累加电平＜−120dBm。

（3）载干比（C/I）。衡量整个系统通话质量的好坏。设计指标要求＞9dB，工程值要求＞12dB。

（4）天线输出功率。衡量覆盖区域达到覆盖效果对天线输出功率的要求。一般要求在 5～15dBm 之间。

（5）室外溢出信号。反映室内信号可能对室外信号的电平干扰门限。要求室外 10m 左右溢出信号＜−90dBm。

2. WCDMA 分布系统设计要求

一套 WCDMA 分布系统建设完成后，需要达到的覆盖效果，及是否和室外无线网络良好融合，在分布系统设计中和开通测试中有以下几个重要指标提供参考。

（1）边缘场强。衡量整个覆盖区域信号强度指标。要求导频覆盖边缘场强≥−85dBm。

（2）误块率（BLER）。CS 业务不高于 1%，PS 业务不高于 10%。

（3）信噪比（EC/IO）。衡量整个系统通话质量的好坏。设计指标要求＞−(10±2)dB。

（4）天线输出功率。衡量覆盖区域达到覆盖效果对天线输出功率的要求。一般要求在 8～15dBm 之间。

（5）室外泄漏电平。室内导频信号泄露到室外 10m 处，小于室外导频强度 10dB 以上。

本　章　小　结

接入网是一个较新的网络概念。它是连接核心网和用户网的桥梁。

接入网有三个接口，即 UNI、SNI 和 Q3，分别与用户网、核心网和电信管理网相接。其中 SNI 接口中，目前应用最多的是 V5 系列数字接口。应掌握接入网的定义和基本概念，熟悉接入网的各种接口及其作用。

从接入方式上看，可把接入网分为有线接入网和无线接入网两大类。

在有线接入网中有三种主要的接入方式，分别是基于既有电话传输网络的非对称数字用户线（ADSL）接入，基于既有有线电视传输网络的光纤同轴电缆混合（HFC）接入和全新的全光纤网络接入。利用光纤传输技术，可以构建有源宽带光纤接入网（AON）和无源光纤接入网（PON），特别是 PON 技术与以太网技术相结合的 EPON 网络，因结构简单、系统造价较低，是当今和今后一段时间发展最快、应用最为广泛的接入网。目前光纤接入网已经实现了光纤到路边（FTTC）、光纤到楼（FTTB）、光纤到办公室（FTTO）和光纤到户（FTTH）。应掌握 ADSL、HFC 和全光纤网络的结构形式；掌握 EPON 网络的工作原理及其特点。

三网融合一直是产业界和用户向往的事情。现有电信、有线电视和计算机网络三个网络的承载技术已具备传输各种类型业务应用的能力，在技术方面已经解决了搭建统一的平台，提供融合传统语音、电视广播和数据业务的综合信息业务所遇到的所有问题。应掌握三网融合的含义，熟悉实现三网融合的途径。

随着蜂窝移动通信技术的快速发展，无线接入网络进入了一个崭新时代。各种无线接入网所依据的基本技术都基于微波传输理论和技术，包括 VSAT 系统、MMDS、LMDS、WiMAX 和蜂窝移动通信系统。为了解决现代高楼对蜂窝移动通信基站信号的遮挡，广泛采用室内覆盖系统的解决方案。室内覆盖系统可以采用直放站、基站射频拉远和微蜂窝等多种方式建设。应了解微波传输的基本特性；了解 VSAT、MMDS、LMDS、WiMAX 的系统结构和特点；熟悉蜂窝移动通信系统的基本结构和解决室内覆盖问题的基本方法与实现技术。

思考题与习题

1. 什么是接入网？
2. 接入网的作用是什么？
3. 接入网有哪几类接口？
4. 接入网有哪些接入类型？试举出目前应用的几种接入技术。
5. ADSL 的接入特点有哪些？试说明 ADSL 的带宽分隔方式。
6. ADSL 和普通电话系统都采用电话线传输，为何 ADSL 的传输速率可以高得多？
7. 简述光纤接入网的分类和基本组成。
8. FTTx 有几种应用方式？各自有何特点？
9. 无源光网络与有源光网络有何不同？各自有何特点？
10. 查阅文献资料，阐述 EPON 的工作原理和最新应用情况。
11. 试述 HFC 接入网的特点和系统结构。
12. 无线接入技术的优势是什么？常用的无线接入技术有哪些？
13. 什么叫 VSAT 系统？它有哪几种组网形式？星型网为何会得到广泛应用？
14. 什么是固定无线接入？有何特点？
15. 什么是 MMDS？MMDS 的工作频段是多少？MMDS 有哪些特点？

16. 什么是 LMDS? 其工作频段是多少? 基站覆盖的范围有多大?

17. 试比较 MMDS 和 LMDS 的异同点。

18. WiMAX 的标准有哪些? 应用的技术领域是什么?

19. WiMAX 的技术特点有哪些?

20. 试比较 WiMAX 和 Wi-Fi 的异同点。

21. 查阅文献资料，阐述当前 WiMAX 在 WMAN 方面的应用情况。

22. 室内无线覆盖系统的作用是什么?

23. 直放站有哪些类型? 各自的特点是什么? 适用场合有哪些?

第6章 公共广播系统

广播（broadcasting）即通过无线或有线方式传送信息的大众传播媒介。公共广播是指有线传输的声音广播。

公共广播系统是指为公共广播覆盖区服务的所有公共广播设备、设施及公共广播覆盖区的声学环境所形成的一个有机整体。公共广播系统通常设置于公共场所，为机场、港口、地铁、火车站、宾馆、商厦、学校等提供背景音乐和其他节目，出现火灾等突发情况时，则转为紧急广播之用。

6.1 系统概述

公共广播是在一定的区域内为大众服务的广播，用于发布各类新闻和内部信息传递、发布作息信号、提供背景音乐以及用于呼叫和强行插入灾害性事故紧急广播等，是城乡及现代都市中各种公共场所必不可少的组成部分。

公共广播系统的历史十分悠久，早在改革开放以前，公共广播系统已广泛存在于我国广大农村和部队、机关、学校、工厂、企业之中，主要用于转播中央及各级政府的新闻、发布通知及作息信号等。由于经济和技术发展水平的限制，当时的广播系统基本上都属于最简单的系统。

改革开放以来，由于经济的发展和技术的进步，市场需求也在不断变化，公共广播系统应用发生了很大的变化。现在，公共广播网用于发布一般新闻和政令的功能已逐渐淡化，简单的、集中的、统一的、追求共性的公共广播系统已逐渐被个性化、多样化和多功能化的独立系统所取代。

尽管近年来视频技术和网络技术飞速发展，但由于公共广播系统是实行集中统一管理的重要工具，因而仍然是我国城市和乡村各级单位和公共场合所不可缺少的设施之一。如在学校，广播系统仍然以它的实用性、经济性、便捷性特点成为其不可缺少的基础设施之一。我国现有的各类学校基本上都有公共广播系统，主要用于各种公共场合，如举行全校的活动、通知、升国旗、课间操、播送课间音乐、播送自办节目等。公共广播的未来发展趋势主要表现在数字化、智能化及网络化几个方面。

公共广播系统的技术特点如下：

（1）公共广播系统中的扬声器分布在建筑物的各处，点数多，分布广；

（2）从广播系统业务需要方面考虑，需要对整个建筑物进行分区广播，所以需要对扬声器进行分组控制；

（3）紧急广播具有最高优先级，在任何情况下均应准确无误、清晰地播放紧急广播。

6.2　系统的组成及主要设备

6.2.1　公共广播系统的分类

公共广播系统有多种分类方法。按照传输载体分类，可分为有线及无线两大类。其中有线方式主要有音频信号线、功率信号线、光纤、同轴电缆、网络及电力载波等；无线方式有无线电波、红外线等类别。

按其使用性质分类，公共广播系统可分为业务广播、背景广播和紧急广播三类。建筑工程设计中常采用此种分类方法。

按应用场合分类，公共广播系统可分为面向公众的公共广播系统。用于客房的广播音响系统，厅堂扩声系统，如会议室、报告厅等的广播音响系统。

按使用环境分类，可简单地分为室内、室外广播系统。

按复杂程度分类，公共广播系统一般分为简易系统、最小系统、典型系统三类。

按照终端扬声器是否需要电源驱动，公共广播系统可分为无源终端广播系统和有源终端公共广播系统。

6.2.2　公共广播系统的组成

1. 公共广播系统的组成

公共广播系统是扩声系统中的一种，包括设备和声场两部分。系统的主要工作过程为：将声音信号转换为电信号，经放大、处理、传输，再转换为声音信号还原于所服务的声场环境。按其工作原理，公共广播系统可分为音源设备、信号放大和处理设备、传输线路以及扬声器系统几个部分。图6-1为一个基本公共广播系统的原理图。

（1）音源设备

音源部分通常包括磁带录音机、激光唱片机、调幅/调频接收机等，此外还有传声器、电子乐器等设备。音源设备的配置需根据广播系统的具体要求确定。

（2）信号放大和处理设备

信号放大和处理设备主要包括均衡器、前置放大器、功率放大器和各种控制器材及音响加工设备等。这部分设备的首要任务是信号放大，其次是信号的选择。前置放大器的基本功能是完成信号的选择和前置放大，此外还担负音量和音响效果的调整和控制功能。功率放大器则将前置放大器或调音台送来的信号进行功率放大，再通过传输线去推动扬声器系统。

（3）信号传输线路

信号传输线路随系统和传输方式的不同而有不同的要求。当功率放大器与扬声器的距离较近时，通常采用低阻大电流的直接馈送方式，传输线路要求采用专用的喇叭线；当服务区域广、距离长时，往往采用高压传输方式，通常称为定压系统，这种系统对传输线要求不高，通常采用普通音频线，即双绞多股铜芯塑料绝缘软线。

（4）扬声器系统

扬声器系统的作用是将音频电能转换成相应的声能。需要根据不同的功能和服务对象，设置相应的扬声器系统。

2. 公共广播系统的传输方式

公共广播系统的传输方式有三种，即调频信号传输、高电平信号传输和低电平信号传输。

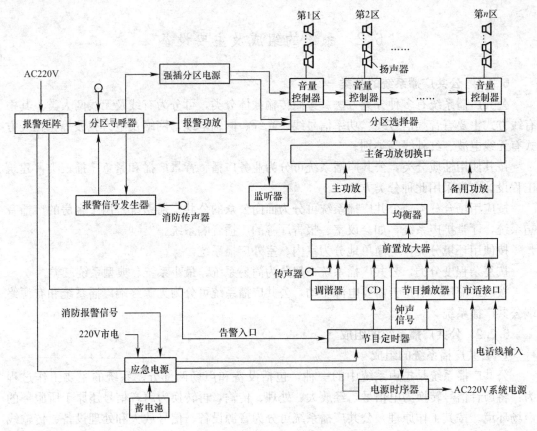

图 6-1 公共广播系统原理图

（1）调频信号传输

调频广播采用频率调制的方法，将音频信号调制到某一特定的频率，经混合放大后与建筑物中的有线电视信号混合到一起，与有线电视共缆传输，在终端利用调频收音机解调，最终输出音频信号。

由于有线调频广播是通过与有线电视共用线路从而使广播线路的费用降低、施工简单、维护方便，一般仅适用于宾馆客房中，不适用于公共区域。采用此种方式，终端需要一台调频收音机，工程造价较高。

（2）高电平信号传输

高电平信号传输也称定压传输，属于无源终端方式。通常，输出电压为70V或100V。定压传输方式中，扬声器是公共广播系统的终端，这些终端由广播传输线路输送的声频信号功率驱动，因此终端无需电源供电，只需把扬声器并联在线路上即可。高电平信号传输系统的特点是结构简单、运行可靠、管理和维护方便，是实际工程应用的首选。但该系统也存在一些弊端，主要问题有三个，一是由于采用功率传输方式，线路损耗较大，当传输距离较大且终端负载功率也较大时，所需用的线路截面也需加大，使得线路投资随之增大；二是当功率传输线路很长时，高音频分量会有很大衰耗，广播扬声器的重放音质将大打折扣；三是功率传输线路不便于复用，当需要同时传送多套节目时，须架设多对线路，线路投资会大大增加。

（3）低电平信号传输

针对高电平信号传输所存在的问题，当公共广播系统服务区很大，或终端功率很大，或需要同时传输多路信号时，通常采用低电平信号传输方式。低电平信号传输也称定阻抗传输、有源终端方式。该传输方式是将前端设备预放大、处理的低电平信号直接通过传输线路送至终端，在各终端再通过功放将信号放大后驱动扬声器。低电平信号传输的原理是将控制中心的大功率放大器的放大部分分解成小的功率放大器分散到各个终端去，这样既可以消除控制中心的能量负担，又避免了大功率远距离传输带来的损耗。

大型广播系统通常采用计算机控制管理的全数字模块化网络广播系统设备，通常也将该类系统称为网络型数字广播系统。网络数字广播系统是最典型的有源终端系统。

在网络数字广播中，所有输入/输出信号都由数字音频矩阵中央管理器进行管理。系统控制功能均可以通过多媒体管理软件在计算机上完成，可以编制播放程序，并在计算机的监视器上以动态图形的方式实时显示系统各部分的工作情况。控制室可以对不同广播分路根据需要播放不同内容的节目。

当工程为有主广播控制室及多个分广播控制室的广播系统，或广播系统在异地有多个广播系统且有集中管理、远距离或异地监控要求时，宜采用具有 TCP/IP 协议以太网网络化管理功能的全数字模块化网络广播系统。系统的网络管理主机通过以太网与各机房连接，提供业务性广播、服务性广播等节目源。各分广播控制室可根据需要设置音源设备。在这种具有主控中心和分控中心的系统中，分控中心通常是主控中心的有源终端；而由某些分控中心管理的子系统则可以采用有源方式或无源方式构建，这种系统是一种有源终端和无源终端相结合的公共广播系统构建方式。

6.2.3 公共广播系统的主要设备

公共广播设备是组成公共广播系统的全部设备的总称，主要有扬声器、功率放大器、传输线路及其他传输设备、管理/控制设备（含硬件和软件）、寻呼设备、传声器和信号源设备。

1. 传声器

传声器也叫微音器、麦克风或话筒，是将声能转换为电能的器件，属于音源设备。传声器的型号按其结构的不同，分为动圈式、晶体式、碳粒式和电容式多种，最常用的是动圈式和电容式，前者耐用且经济，后者特性优良，但价格偏高。动圈式麦克风利用电磁发电原理，将音圈搭载于振动膜上，再置于磁铁的磁场间，将振动膜感应的声音，经由音圈间接转换为电能信号。电容式麦克风利用电容器充放电原理，由超轻薄的振动膜感应的音压，直接改变极间电压，转换成电能信号。图 6-2 为几种传声器。

| 普通传声器 | 会议传声器 | 头戴式传声器 | 领夹式传声器 |

图 6-2　几种传声器

传声器的主要技术指标有灵敏度、频率特性、输出阻抗、指向性和固有频率等。

(1) 灵敏度。灵敏度是指在 1000Hz 的频率下，以 0.1Pa 规定声压从正面主轴上输入时的开路输出电压，单位为 10mV/Pa。灵敏度高，表示传声器的声—电转换效率高，对微弱的声音信号反应灵敏。

(2) 频率特性。频率特性是指传声器在不同频率下的灵敏度。

(3) 输出阻抗。输出阻抗是由传声器引线两端看进去的阻抗。通常，高阻输出为 20kΩ，低阻输出为 600Ω 以下。

(4) 指向性。指向性是指传声器的灵敏度随声波入射方向而变化的特性。常见的曲线图案见图 6-3。其中，圆形适用于室内外一般扩、拾音用；心形与超心形属单指向形，适用于会堂、剧场歌舞厅、体育馆等扩声用；8 字形适用于对话、播音、立体声广播等；强指向形适用于电视剧同期录音等拾音场合。

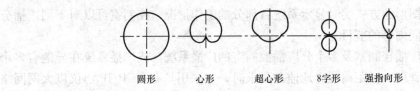

圆形　　心形　　超心形　　8字形　　强指向形

图 6-3　传声器的各种指向性曲线

(5) 固有频率。物体做自由振动时，其位移随时间按正弦规律变化，又称为简谐振动。简谐振动的振幅及初相位与振动的初始条件有关，振动的周期或频率与初始条件无关，而与系统的固有特性有关，称为固有频率或者固有周期。

2. 磁带录音机

磁带录音机即循环放音卡座，是利用磁带进行录音和放音的设备，主要由机内话筒、磁带、录放磁头、放大电路、扬声器、传动机构等部分组成。磁带录音机是一种高品质的声音记录器和编辑器，具有强大的波形显示、录制、编辑、发送功能。

磁带录音机种类繁多，其分类方法也多种多样。按使用磁带形式分为盘式录音机、盒式录音机、卡式录音机；按结构形式分为录音机、收音机和放音机；按功能分为立体声录音机、单放机、跟读机、多用机等；按体积大小分为落地式录音机、台式录音机、录音座、便携式录音机、袖珍式录音机等。

3. 激光唱片机

激光唱片机简称激光唱机、CD 机，又称音频光盘机，它是"综合信号激光盘系统"中的一种。激光唱片机由激光拾音器及唱盘系统、伺服系统、信号处理系统、信息存储系统与控制系统等组成。其主要部分为激光唱片和唱机。激光唱片是一张以玻璃或树脂为材料、表面镀有一层极薄金属膜的圆盘，通过激光束的烧蚀作用，以一连串凹痕的形式将声音信号刻写存储在圆盘上，形成与胶木唱片相似的信号轨迹。激光唱机则是以激光束读取激光唱片上的光信号并转换为电信号，输出给音响播放装置再转换为声音信号。由于采用非直接接触式拾音，唱头与唱机无摩擦，唱片上的节目可以长久保存，同时激光唱片的重放效果远比密纹唱片和磁带要高。

4. 调幅/调频接收机

调幅/调频接收机统称为广播接收机，有调幅（AM）接收机和调频（FM）接收机两类，主要由高频放大器、本地振荡器、混频器、中频放大器、检波器和扬声器组成。

按无线电专业技术术语，把声音"搭载"在无线电波上叫"调制"，而被当作传播交通工具的无线电波则叫"载波"。把声音调制到载波的方式有两种，一种是让载波的幅度随着声音的大小而变化，这种方式叫调幅制；另一种是让载波的频率随声音的大小而变化，这种方式叫调频制。广播收音机作为一种接收工具，其内部线路是根据其所需接收的无线电波的调制方式不同而采取不同的接收电路。现在的收音机通常是调幅与调频两种广播均能接收，用户只需通过拨动收音机上的波段开关进行选择。

通常，AM调幅载波频率范围在503kHz～1060kHz，传输距离较远，受天气因素影响较大，适合省际电台的广播；FM调频载波频率范围在76MHz～108MHz（各国稍有不同），为超短波，音质好，适合城市高保真短距离广播。

5. 调音台

调音台又称调音控制台，它是将多路输入信号进行放大、混合、分配、音质修饰和音响效果加工的一个一体化的设备。在公共广播系统中，一般接在传声器与功率放大器之间。调音台通常包括前置混音放大器、频率均衡器与滤波器、输出网络等几个基本部分。

调音台的主要作用如下：

（1）信号放大。调音台的首要任务是对来自话筒、卡座、电子乐器等声源大小不等的低电平信号按要求进行放大。在放大过程中还必须对信号进行调整和平衡，以达到下一级设备所需要的电平。

（2）信号混合。信号混合是调音台最基本的功能。调音台具有多个输入通道或输入端口，调音台将这些端口的输入信号进行技术上的加工和艺术上的处理后，混合成一路或多路输出。

（3）信号分配。调音台要将混合后的输入信号按照不同的需求分配给各输出通道，为下一级设备提供信号。

（4）音量控制。由于调音台输入和输出都具有多个通道，因此需要对各通道信号进行音量控制，以达到音量平衡。

（5）均衡与滤波。由于放、录音环境对不同频率成分吸收或反射的量不同，话筒拾音或扩声系统放音中会出现"声缺陷"，影响播音的效果。因此，调音台的每一个输入通道都设有均衡器或滤波器，通过调整来弥补话筒拾音或扩声"缺陷"，提高音频信号的质量。

6. 功率放大器

功率放大器，简称"功放"，也称扩音机，是指在给定失真率条件下，将各种方式产生的微弱音频信号加以放大，产生最大功率输出，然后输出至扬声器等用户设备。功率放大器是广播音响系统的重要组成部分，对整个系统能否提供良好的音质输出起着决定性的作用。

（1）功率放大器的主要技术指标

1）动态范围：功率放大器输出最强和最弱的声音之间的声压比。

2）频率响应：功率放大器对声源发出的各种声音频率的放大性能，它标志着功放对原音音色的失真程度。

一般用途的功放，要求频响指标为150Hz～5000Hz，频率畸变≤±2dB。性能优良的功放，其频响指标可达20Hz～20000Hz，频率畸变1±1dB。

3）非线性畸变：音频波形失真的程度。对质量优良的功放，非线性畸变不超过2%，一般功放不超过10%。

4）信噪比：音频信号与杂音信号的比值，一般要求不小于−50dB，即音频信号比杂音信号要大 300 倍。信噪比可按式（6-1）计算得出。

$$S/N = 20\lg \frac{额定输出电压}{噪声电压} \qquad (6\text{-}1)$$

5）额定输出功率：同时满足谐波失真系数和整机频率特性指标下的最大输出功率。

（2）功率放大器的输出形式

功放的输出形式有定阻抗式和定电压式两种。定阻抗式的特点是输出阻抗较高，功放末级输出没有设深度负反馈，输出电压将随负载阻抗而变化，影响输出信号导致非线性失真，因此定阻抗输出要求实现阻抗匹配以提高传输效率。定阻抗式常用在变化不大的中小型扩声系统中。定阻抗式功放产品的输出功率有 25、50、80、100、150W 等。其频率响应通常为 80Hz～8000Hz，输出功率较小的一般为 200Hz～4000Hz。输出功率在 100W 以内的输出阻抗一般为 4、8、16、25Ω 的组合，大于 100W 的输出阻抗一般为 100、150、200、250Ω 等。

定电压式在末级输出电路中设有较深的负反馈，其输出电压及失真度受负载变化的影响很小，因而容许负载在一定范围内变化，以便于扬声器的连接。定电压式功放产品的输出功率有 50、80、100、150、275、300、500、2×275、2×300、2×350、4×250W 等。输出功率在 150W 以下的频率响应范围一般为 150Hz～6000Hz，大于 150W 的频率响应范围一般为 100Hz～10000Hz。

在公共广播系统中，由于要求频响范围大，负载的变化也比较大，通常采用定压式功放。

7. 扬声器

扬声器是将功放输出的电能转换为声能的器件。扬声器的工作原理是音频电能通过电磁、压电或静电效应，使其纸盆或膜片振动并与周围的空气产生共振（共鸣）而发出声音。

（1）扬声器的分类

扬声器的分类方法很多。按照换能机理和结构，分为电动式、静电式、压电式、电磁式、电离子式和气动式等数种；按声辐射材料，分为纸盆式、号筒式、膜片式；按纸盆形状，分为圆形、椭圆形、双纸盆和橡皮折环形；按工作频率，分为低音、中音、高音；按音圈阻抗，分为低阻抗和高阻抗；按效果，分为直辐和环境声等。其中，电动式扬声器具有电声性能好、结构牢固、成本低等优点，应用最为广泛。

（2）扬声器的主要技术参数

1）标称功率：长期工作时的功率（W 或 VA）。

2）效率：扬声器辐射的声功率与输入电功率之比。

3）灵敏度：在规定的标准功率输入时，其轴线上 1m 处测出的平均声压，通常用平均灵敏度表示。

4）输入阻抗：扬声器输入端的测量阻抗，它随输入信号的频率而变化。一般指 400Hz 条件下测定的阻抗。

5）频率响应：输入不同频率的规定电压时，扬声器发出的声压变化的曲线。

6）频率失真：一般以谐波系数表示，其值的大小说明扬声器放声失真的程度，纸盆扬声器的谐波系数一般小于 5%～7%，号筒式扬声器则小于 20%。

7）指向性：扬声器发声时空间各点声压级与声音辐射方向的关系特性。

8. 设备配接

设备配接包括前端配接和末端配接两部分。前端配接指传声器等信号源与前级增音机或功率放大器之间的配接，末端配接则是指功率放大器与扬声设备之间的配接。

（1）前端配接

前端配接包括两个方面的内容，一是阻抗匹配，二是电平配合。为了使信号传输获得高效率，保证频率响应，满足失真度指标的要求，信号源的输出阻抗应与前级增音机或功放的输入阻抗相匹配，其匹配的原则是：信号源的输出阻抗应接近其负载阻抗，但不得高于负载阻抗。电平配合是指信号源输入时应按其输出电平等级接入前级增音机或功放相应的输入端子，否则，如输入电压过低则导致音量不足，输入电压过高则导致过载失真。

（2）末端配接

按功放的输出形式不同，末端配接可分为定阻抗式和定电压式两种。

1）定阻抗式。定阻抗输出功放要求扬声器的总阻抗与功放的输出阻抗相匹配，即两者相等。一般认为阻抗相差不大于 10%，即视为配接正常。

在功率方面，扬声器的额定功率总和必须大于功放的输出功率，以防止扬声器过负荷而损坏。而扬声器所得的实际总功率应等于或稍小于功放额定输出功率，即功放应留有适当的裕量。

定阻输出端子中，一般 16Ω 以下诸档称为低阻输出，16Ω 以上诸档称为高阻抗输出。其中任意两个端子间的阻抗等于两个抽头阻抗平方根差之平方。如 6Ω 与 24Ω 端子间阻抗为 $(\sqrt{24}-\sqrt{6})^2=6\Omega$，$16\Omega$ 与 100Ω 端子间阻抗为 $(\sqrt{100}-\sqrt{16})^2=36\Omega$。

低阻输出宜用于线路不长的情况，此时扬声器可串联、并联或混联。串联接法示例可见图 6-4，并联接法示例可见图 6-5，混联接法示例可参见图 6-6。

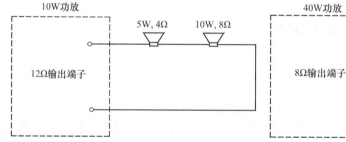

图 6-4　扬声器的串联接法

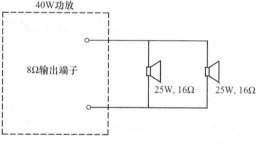

图 6-5　扬声器的并联接法

2）定电压式配接

定电压式功放通常都标明输出电压和输出功率。小功率功放的输出电压较低，一般可直接与扬声器连接。大功率功放输出电压较高，当传输距离大于100m 时，额定传输电压宜选用 70V、100V，当传输距离同传输功率的乘积大于 $1km \cdot kW$ 时，额定传输电压宜选用 150V、200V、250V，与扬声器连接时需加装线间变压器。

扬声器与定压式功放的配接原则是，扬声器的输入电压 U_r，即功放的输出电压，不得高于扬声器的额定工作电压 U_Y，即

$$U_r < U_Y \qquad (6-2)$$

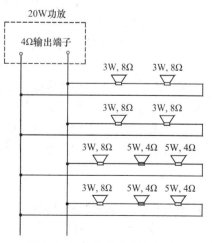

图 6-6　扬声器的混联接法

式中 U_r——扬声器的输入电压，可由扬声器的标称阻抗 Z_r 和标称功率 P_r 按式（6-3）换算得出

$$U_r = P_r \times Z_r \tag{6-3}$$

U_Y——扬声器的额定工作电压。

6.3 工程设计内容及技术要求

公共广播是扩声系统的一种，是涉及电声学、建筑声学和音乐声学三种学科的一个交叉学科。因此，公共广播系统的设计要从电声系统设计、声音传播环境、精确的现场调音三个方面进行综合，才能达到良好的效果。

6.3.1 工程设计基础

1. 声学及电声的基本知识

建筑物的声环境是建筑环境的重要组成部分之一。室内声环境的主要指标有最大声压级、传声增益、声场不均匀度、传输特性频率、系统噪声、系统失真、语言清晰度等。室内声环境的设计及评价涉及以下声学及电声基本知识。

（1）声音

声音是由物体振动而产生的，发声的物体称为"声源"。声源因振动而发声，并以声波的形式沿媒质传播。声波的波长为

$$\lambda = \frac{v}{f} \tag{6-4}$$

式中，f 为声波的频率（Hz）；v 为声波的传播速度（m/s）；λ 为声波的波长（m）。

声波的频率为

$$f = \frac{1}{T} \tag{6-5}$$

式中，T 为周期（s），即声源振动一次所需要的时间。

声音按声波频率的不同，可分为三类，即次声、可听声和超声。其中，次声的频率为20Hz 以下；可听声频率一般在 20Hz～20kHz 之间，是人耳的听觉范围；超声的频率一般在 20kHz 以上。在此仅讨论可听声部分。

（2）混响时间

在室内，声源发出的声波向四周传播，会在墙与墙之间、天花板与地板之间发生多次相互反射，每经过一次反射，就有一部分能量被吸收。这样，当声源停止发声后，声波还会在室内经过多次反射和吸收，最后才消失，人会感觉到声源停止发声后声音还要继续一段时间，这种现象叫做"混响"。混响时间的定义为：在达到稳态声场后，令声源停止发声，自此刻起至声能密度 60dB（即百万分之一）所经历的时间，记作 T_{60}，单位为 s。混响时间可通过测量得到，也可以通过式（6-6），即赛宾公式求得。

$$T_{60} = \frac{0.161V}{S\bar{\alpha}} \tag{6-6}$$

式中 T_{60}——混响时间（s）；

V——房间容积（m³）；

S——室内总表面积（m²）；

$\bar{\alpha}$——平均吸声系数，且

$$\bar{\alpha} = \frac{\alpha_1 S_1 + \alpha_2 S_2 + \cdots + \alpha_n S_n}{S_1 + S_2 + \cdots + S_n} \tag{6-7}$$

式中　S_1、S_2、$\cdots S_n$——室内不同材料的表面积（m²）；

　　　α_1、α_2、$\cdots \alpha_n$——不同材料的吸声系数。

当平均吸声系数 $\bar{\alpha} < 0.2$ 时，赛宾公式近似正确，在 $\bar{\alpha} > 0.2$ 时，则有较大的误差。这时，可用修正公式（6-8）进行计算

$$T_{60} = \frac{0.161V}{-S \ln(1-\bar{\alpha}) + 4MV} \tag{6-8}$$

式中，V、S、$\bar{\alpha}$ 的含义同上，M 为空气吸声系数，与频率有关，当频率低于 100Hz 时，$4MV$ 这一项可忽略不计。

混响时间短，有利于听音的清晰度，但过短则会感到声音干涩、缺少穿透力和亮度。混响时间长，有利于声音的丰满，但过长则会感到声音含糊不清，降低了听音的清晰度。因而在电声设计中，需根据具体需求选择一个最佳的混响时间。表 6-1 是 500Hz 条件下不同类型厅堂的最佳混响时间的推荐值。

不同类型厅堂的最佳混响时间（s）　　　　表 6-1

厅堂用途	混响时间	厅堂用途	混响时间
电影院、会议厅	1.0~1.2	电视演播厅	0.8~1.0
演讲、戏剧、话剧	1.0~1.4	语言录音	0.3~0.4
歌剧、音乐厅	1.5~1.8	音乐录音	1.4~1.6
多功能厅堂	1.3~1.5	多功能体育馆	小于1.8

（3）声速

声速指声波在媒质（空气）中传播的速度

$$v = 330 + 0.6t \tag{6-9}$$

式中　t——媒质（空气）温度（℃）

　　　v——声速（m/s）。在温度为 15℃ 的空气中传播时，声速约为 340m/s。

（4）声压和声压级

声压是指声波传播过程中，在大气中因振动而形成的变化压强，即总压强与大气原始压强之差。由于声压的范围很广，使用起来不太方便，而人耳对声压的感觉是与对数值成正比的，因此在实际应用中，声压常以声压级来表示

$$L_P = 20 \lg \frac{P}{P_0} \tag{6-10}$$

式中　L_P——声压级（dB）；

　　　P——声压（Pa）；

　　　P_0——声压基准值，$P_0 = 0.00002\text{Pa}$。

人耳感知声压级的范围在 1kHz 时为 0dB~120dB 声压级（0.00002Pa~20Pa）。常见声源的声压级见表 6-2。

常见声源的声压级   表 6-2

声压（Pa）	声压级（dB）	生理感受程度	典型声源
200	140	无法忍受	喷气飞机发动机（5m）
20	120	不能忍受、疼痛	气锤（1m）
2	100	震耳欲聋	雷声、汽车喇叭（1m），通风机房
0.2	80	很响	机加工车间，柴油发电机房一级消音后
0.02	60	响	演讲（1m），大百货商店环境噪声
0.002	40	一般	对话（1m），收音机中等音量（1m），影院、剧院演出时的观众噪声
0.0002	20	轻	轻声耳语，手表摆动（10cm）
0.00002	0	轻微	自己呼吸声，最低可听下限

（5）声级

声级是测量声音强弱用的一种物理量，单位为 dB。所闻对应的声级为 0dB，也是可闻声的起点。人的痛阈声级为 120dB，超过 120dB，人耳就会感觉疼痛。

声音的声级可以用声级计测量，表 6-3 是声级大小的参照表。

声音与声级参照表   表 6-3

项目	声压级（dB）
树叶微动	10～20
私语	20～30
很轻的无线电音乐	40～50
小声谈话	50～60
相距数米谈话	60～70
无线电音乐 一般工厂噪声	70～80
无线电大声放音乐 会场扩音	80～90
大的工厂噪音 普通发电厂主厂房内噪音	90～100
锅炉工厂铆钉噪音	100～120
疼痛阈	≥120

（6）声功率与声功率级

声功率是指声源在单位时间内向外辐射的总能量。声功率常用声功率级 L_W 表示

$$L_W = 10 \lg \frac{W}{W_0} \tag{6-11}$$

式中 W——声功率（W）；

      W_0——参考基准声功率，$W_0 = 10^{-12}$ W；

      L_W——声功率级（dB）。

声源声功率有时指的是某个频带声功率，此时需注明所指的频率范围。在噪声检测中，声功率指的是声源总声功率。

（7）声强与声强级

声强为单位时间内通过垂直于声波传播方向的单位面积上所接受的平均声功率级。

$$I = \frac{L_\mathrm{W}}{S} \tag{6-12}$$

式中，L_W 为声功率级（W）；S 为面积（m^2）；I 为声强（$\mathrm{W/m}^2$）。

声音传播时也伴随着能量的传播，人们发声所消耗的能量绝大多数转化为其他形式如热运动的能量，用于发声的仅占 1% 左右。

为了简化，也常用相对对数单位表示声强，称其为声强级，即

$$N = 10\lg\frac{I}{I_0} \tag{6-13}$$

式中　N——声强级（dB）；

　　　I——声强（$\mathrm{W/m}^2$）；

　　　I_0——参考基准声强级，$I_0 = 10^{-12}$（$\mathrm{W/m}^2$），该值是引起人的听觉的最弱声强，也称为"闻阈"。

2. 公共广播系统的设置

公共广播是指由使用单位自行管理，在本单位范围内为公众服务的声音广播，分为业务广播、背景广播和紧急广播三类。工程设计中，通常把前两种广播称为正常广播，后一种称为紧急广播。公共建筑中广播系统的类别设置，应根据建筑规模、使用性质和功能要求确定。

（1）业务广播

业务广播即是公共广播系统向其服务区播送的、需要被全部或部分听众认知的日常广播，包括发布通知、新闻、信息、语声文件、寻呼及报时等。

办公楼、商业楼、院校、车站、客运码头及航空港等建筑物，宜设置业务性广播，满足以业务及行政管理为主的广播要求。

（2）背景广播

背景广播是指公共广播系统向其服务区播送的、旨在渲染环境气氛的广播，包括背景音乐和各种场合的背景音响（包括环境模拟声）等。

星级饭店、大型公共活动场所等建筑物，宜设置背景广播，满足以欣赏性音乐、背景音乐或服务性管理广播为主的要求。

（3）紧急广播

紧急广播是指为突发公共事件而发布的广播。这里，突发公共事件是指突然发生，造成或者可能造成重大人员伤亡、财产损失、生态环境破坏和严重社会危害，危及公共安全的紧急事件，包括自然灾害、事故灾难、公共卫生事件及社会安全事件，如火警、地震、重大疫情传播和恐怖袭击等。紧急广播用于在突发公共事件时引导人们迅速撤离危险场所。

设有火灾自动报警系统的公共建筑内，集中报警系统和控制中心报警系统应设置火灾应急广播。火灾应急广播系统的联动控制信号应由消防联动控制器发出。

火灾发生时，应该在第一时间告知建筑物内的每一个人，同时为避免由于错时疏散而导致的在疏散通道和出口处出现人员拥堵现象，在确认火灾后必须同时向整个建筑进行火灾应急广播。在消防控制室应能监控扩音机的工作状态，监听火灾应急广播的内容，同时为了记录现场应急指挥的情况，应对通过传声器广播的内容进行录音。

火灾应急广播与正常广播合用时，应具有强制切入（强切）火灾应急广播的功能。火灾时，将正常广播系统扩音机强制转入火灾事故广播状态的控制切换一般有下述两种方式：

1）火灾应急广播系统仅利用正常广播系统的扬声器和馈电线路，而火灾应急广播系统的扩音机等装置是专用的。当火灾发生时，在消防控制室切换输出线路，使火灾应急广播系统按照规定播放紧急广播。

2）火灾应急广播系统全部利用正常广播系统的扩音机、馈电线路和扬声器等装置，在消防控制室只设紧急播送装置，当发生火灾时可遥控正常广播系统紧急开启，强制投入火灾应急广播。

以上两种控制方式，都应该注意使扬声器不管处于关闭还是播放状态时，都应能紧急开启火灾应急广播。特别应注意在扬声器设有开关或音量调节器的正常广播系统中的应急广播方式，应将扬声器用继电器强制切换到火灾应急广播线路上。

在宾馆类建筑中，当客房内设有床头柜音乐广播时，不论床头柜内扬声器在火灾时处于何种状态，都应可靠地切换到火灾应急广播线路上，播放火灾应急广播。

强切的基本原理是：在紧急情况下，控制机房通过强切设备发出一个紧急控制信号到区域音控器上，强迫音控器直接接入火灾应急广播，而不受区域用户控制。图 6-5 为火灾应急广播系统强切控制的原理图，适用于正常广播系统与火灾应急广播系统共用扬声器系统的情况。系统中，背景及业务广播信号处于常闭状态，紧急广播信号处于常开状态，系统正在进行背景或业务广播。当火灾发生时，消防控制中心发出火灾应急广播指令，强切信号继电器与强切音控继电器通电，其触点 K_1 断开，K_2 闭合，前者完成了从背景及业务广播到火灾应急广播信号的切换，后者将 R 线与 N 线短接，使音量控制器旁通，扬声器可以以最大音量进行广播，系统转为火灾应急广播状态。这种方法也叫三线强切法。由图 6-7 可见，三线强切法通过传送三条信号线（N、R、COM）到音量控制器上。在一般情况下，R 线与 C 线相连接。区域用户可以自行调节本区域音量。在紧急情况下，R 线与 N 线相连接，把音量控制器内部的变压器头尾短接。取消音量控制器的音量控制功能，强迫音量控制器直接接入火灾应急广播音频上，实现强切功能。由此可见，三线强切法只能适用于变压器分压式的三线强切音控器。

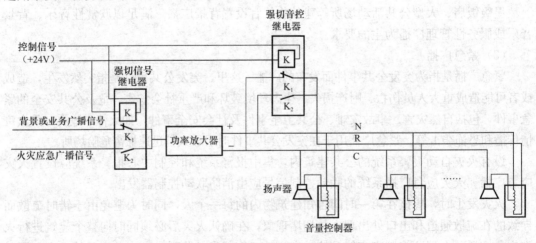

图 6-7　火灾应急广播系统强切控制原理图

由于紧急广播仅用于突发公共事件发生时，因此与用户的人身安全密切相关，其主要特点如下：①消防报警信号在系统中应具有最高优先权，可对背景广播和业务广播等状态具有切断功能。②应便于消防报警值班人员操作。③传输电缆和扬声器应具有防火特性。

④在交流电断电的情况下也要保证火灾应急广播能够正常实施。

3. 公共广播系统的应备功能

公共广播系统分为业务广播、背景广播和紧急广播三类。各类又按其品质分成三个等级，即一级、二级、三级。其中，三级是指最简单的广播系统，一级属于高档系统，功能足够强大，二级则介于一级与三级之间。各类公共广播系统均应能实时发布语声广播，且传声器优先。各类、各级系统的其他应备功能详见表6-4。此处所说的应备功能，即指公共广播系统应该具备的最低限度的功能。

各类广播系统的应备功能 表6-4

用途	级别	应备功能
业务广播	一级	编程管理，自动定时运行（允许手动干预）；矩阵分区；分区强插；广播优先级排序；主/备功率放大器自动切换；支持寻呼台站；支持远程监控
	二级	自动定时运行（允许手动干预）；分区管理；可强插；功率放大器故障告警
	三级	—
背景广播	一级	编程管理，自动定时运行（允许手动干预）；具有音调调节环节；矩阵分区；分区强插；广播优先级排序；支持远程监控
	二级	自动定时运行（允许手动干预）；具有音调调节环节；分区管理；可强插
	三级	—
紧急广播	一级	具有与事故处理中心（消防中心）联动的接口；与消防分区相容的分区警报强插；主/备电源自动切换；主/备功率放大器自动切换；支持有广播优先级排序的寻呼台站；支持远程监控；支持备份主机；自动生成运行记录
	二级	与事故处理系统（消防系统或手动告警系统）相容的分区警报强插；主/备功率放大器自动切换
	三级	可强插紧急广播和警笛；功率放大器故障告警

紧急广播系统的应备功能除应符合表6-4的规定外，还应符合下列规定：

（1）当公共广播系统有多种用途时，紧急广播应具有最高级别的优先权。系统应能在手动或警报信号触发的10s内，向相关广播分区播放警示信号（含警笛）、警报语声文件或实时指挥语声。

（2）以现场环境噪声为基准，紧急广播的信噪比应等于或大于12dB。

（3）紧急广播系统设备应处于热备用状态，或具有定时自检和故障自动告警功能。

（4）紧急广播系统应具有应急备用电源（220V或24V），主/备电源切换时间不应大于1s；应急备用电源应能支持20min以上的紧急广播。如果以电池为备用电源，系统应有自动充电装置。

（5）发布紧急广播时，音量应能自动调节至不小于应备声压级界定的音量。

（6）当需要手动发布紧急广播时，应能一键到位。

（7）单台广播功率放大器失效不应导致整个广播系统失效。

（8）单个广播扬声器失效不应导致整个广播分区失效。

4. 公共广播系统音质的评价方法

公共广播系统的声音质量主要取决于电声学与建筑声学所形成的声学条件。应该说音质评价是一个十分复杂的问题，很难对其做出"好"或"不好"的简单评定。因而，对于电声系统的音质评价，通常采用主观感觉和客观指标相结合的方法。主观感觉通常是指人对音质的主观感受，如响度、清晰度、丰满度、空间感以及噪声水平等；客观指标则是用仪器测量得出的客观参数，也即系统的技术指标。

到目前为止，现行的有关广播音响工程的国家标准和行业标准中，都还没有直接对系统的音质做出简明的规范。通常的做法是用一系列客观指标来映射系统的音质，这些指标包括应备声压级、声场不均匀度、漏出声衰减、系统设备信噪比、扩声系统语言传输指数以及传输频率特性等。其中，应备声压级是指公共广播系统在广播服务区内，应能达到的稳态有效值广播声压级的平均值。

声场不均匀度指公共广播服务区内各测量点测得的声压级的最大差值（dB）。

漏出声衰减即公共广播系统的应备声压级与服务区边界外 30m 处的声压级之差。

系统设备信噪比是指从公共广播系统设备声频信号输入端，到广播扬声器声频信号激励端的信号噪声比。

扩声系统语言传输指数（speech transmission index of public address，STIPA）是语言传输指数的一种简化形式，在公共广播系统中用于客观评价系统语言传输质量。STIPA 取值为 0.00～1.00，其值越大，表示系统的语言可懂度越高。

传输频率特性即公共广播系统在正常工作状态下，服务区内各测量点稳态声压级相对于公共广播设备信号输入电平的幅频响应特性。

《公共广播系统工程技术规范》中规定，公共广播系统在各广播服务区内的电声性能指标应符合表 6-5 的规定。

公共广播系统电声性能指标 表 6-5

	应备声压级	声场不均匀度（室内）	漏出声衰减	系统设备信噪比	扩声系统语言传输指数 STIPA	传输频率特性（室内）
业务广播（一级）	≥83dB	≤10dB	≥15dB	≥70dB	≥0.55	应符合图 6-8 的规定
业务广播（二级）		≤12dB	≥12dB	≥65dB	≥0.45	应符合图 6-9 的规定
业务广播（三级）		—	—	—	≥0.40	应符合图 6-10 的规定
背景广播（一级）	≥80dB	≤10dB	≥15dB	≥70dB	—	应符合图 6-8 的规定
背景广播（二级）		≤12dB	≥12dB	≥65dB	—	应符合图 6-9 的规定
背景广播（三级）		—	—	—	—	—
紧急广播（一级）	≥86dB		≥15dB	≥70dB	≥0.55	—
紧急广播（二级）		—	≥12dB	≥65dB	≥0.45	—
紧急广播（三级）			—	—	≥0.40	—

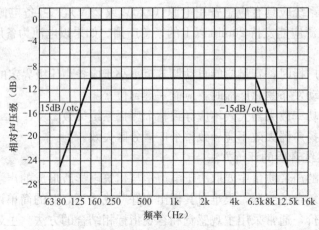

图 6-8　一级业务/背景广播室内传输频率特性容差域

（以实测传输频率特性曲线的最大值为 0dB）

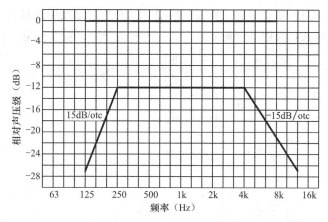

图 6-9 二级业务/背景广播室内传输频率特性容差域
（以实测传输频率特性曲线的最大值为 0dB）

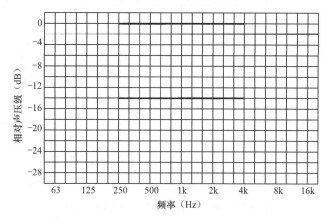

图 6-10 三级业务/背景广播室内传输频率特性容差域
（以实测传输频率特性曲线的最大值为 0dB）

6.3.2 工程设计要求

1. 工程设计基本要求

公共广播系统的方案众多，系统配置、功能要求、设备性能各异，系统的设计应在安全、环保、节能和节约资源的基础上，根据用途和等级要求进行设计，满足用户的合理需求。公共广播一般应是单声道广播。一个公共广播系统可以同时具有多种广播用途，各种广播用途的等级设置可以互相不同。

公共广播系统在进行系统配置设计时，应充分考虑用户近期与远期的实际需要与发展，使之具有通用性和灵活性，尽量避免系统投入正常使用以后，较短的时间内又要进行扩建与改建，造成资金浪费。

公共广播系统工程设计中，通常称背景广播与业务广播为正常广播，称紧急广播为火灾应急广播。正常广播系统与紧急广播系统的设置，主要有以下三种模式：第一种是紧急广播与正常广播合用系统，两套设备、一套扬声器系统（见图 6-11 中方案一）。紧急情况发生时，紧急广播系统设备强切相应的广播分区，进行紧急广播；第二种是紧急广播与正常广播合用，一套设备、一套扬声器系统（见图 6-11 中方案二）；第三种是紧急广播与正常广播系统，有两套设备、两套扬声器系统。紧急情况下，紧急广播系统设备强制切断正常广播相应的广播分区，进行紧急广播。在任何情况下，紧急广播系统都具有优先权。可根据用户需求、设备配置等选择其中的一种实现方式。工程设计中，目前以第一种情况较为常见。

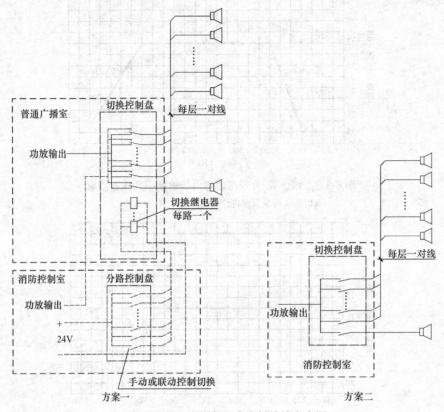

图 6-11　紧急广播与正常广播接线方案图

广播系统的分路，应根据用户类别、播音控制、广播线路路由等因素确定，可按楼层或按功能区域划分。当需要将业务广播系统、背景广播系统和火灾应急广播系统合并为一套系统或共用扬声器和馈送线路时，广播系统分路宜按建筑防火分区设置。

设有有线电视系统的场所，有线广播可采用调频广播与有线电视信号混频传输，并应符合下列规定：音乐节目信号、调频广播信号与电视信号混合必须保证一定的隔离度，用户终端输出处应设分频网络和高频衰减器，以保证获得最佳电平和避免相互干扰；调频广播信号应比有线电视信号低 10~15dB；各节目信号频率之间宜有 2MHz 的间隔；系统输出口应使用具有 TV、FM 双向双输出口的用户终端插座。

功率馈送回路宜采用二线制。当业务广播系统、背景广播系统和火灾应急广播系统合用一套系统时，馈送回路宜采用三线制。有音量调节装置的回路应采用三线制。三线制系统中，扬声器的连接方法可参见图 6-12。图中的 SP 为扬声器接线端子。

航空港、客运码头及铁路旅客站的旅客大厅等环境噪声较高的场所设置广播系统时，应根据噪声的大小自动调节音量，广播声压级应比环境噪声高出 15dB。应从建筑声学和广播系统两方面采取措施，满足语言清晰度的要求。

2. 设备选择

公共广播设备必须按国家质量监督检验检疫总局令（第 5 号）《强制性产品认证管理规定》的要求通过 3C 认证。

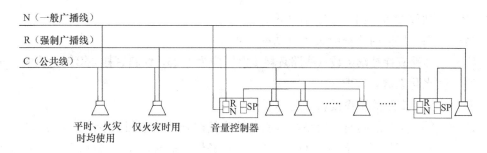

图 6-12 三线制连接方法

（1）传声器

广播传声器及其信号处理电路的特性应符合下列规定：广播传声器应符合语言传声特性；广播传声器及其信号处理电路的频率特性宜符合《应急声系统》GB/T 16851 的规定；广播传声器宜具有发送提示音的功能。

传声器的选择应符合下列规定：

1）传声器的类别应根据使用性质确定，其灵敏度、频率特性和阻抗等均应与前级设备的要求相匹配；

2）在选定传声器的频率响应特性时，应与系统中的其他设备的频率响应特性相适应，传声器阻抗及平衡性应与调音台或前置增音机相匹配；

3）应选择抑制声反馈性能好的传声器；

4）应根据实际情况合理选择传声器的类别，满足语言或音乐扩声的要求；

5）当传声器的连接线超过 10m 时，应选择平衡式、低阻抗传声器；

6）录音与扩声中主传声器应选用灵敏度高、频带宽、音色好、多指向性的高质量电容传声器或立体声传声器。

总之，选择传声器应根据使用的场合和对声音质量的要求，结合各种传声器的特点，综合考虑选用。

（2）调音台

从工程设计的角度，调音台的选用主要考虑两点，一是调音台的输入路数和输出的组数，二是功放的性价比。前者取决于输入音源的数量和系统需要独立调整的扬声器的组数，应根据系统规模确定；后者则需要依照系统的功能要求而定。

（3）功率放大器

功率放大器选择最主要的是额定输出功率的确定。应根据扬声器所需的总功率并考虑留有相当的裕度来确定其额定输出功率。此外，由于系统分布较广、线路较长，应采用专门为公共广播系统设计的功率放大器。公共广播系统所要求的扩声设备具有高清晰度和高可靠性，也即音频放大要高度清晰，同时在满负荷输出且长时间使用时不发生故障。

对于广播系统而言，只要广播扬声器的总功率小于或等于功放的额定输出功率，而且电压参数相同即可。考虑到线路损耗、老化等因素，应适当留有功率裕量。此处介绍两种功率放大器容量的计算方法。

【方法一】 功放设备的容量一般按式（6-14）、（6-15）计算：

$$P = K_1 \cdot K_2 \cdot \sum P_0 \tag{6-14}$$

$$P_0 = K_i \cdot P_i \tag{6-15}$$

式中 P——功放设备输出总电功率（W）；

P_0——每分路同时广播时最大电功率（W）；

K_1——线路衰耗补偿系数（线路衰耗 1dB 时应为 1.26，线路衰耗 2dB 时应为 1.58）；

K_2——老化系数，宜取 1.2～1.4；

P_i——第 i 支路的用户设备额定容量（W）；

K_i——第 i 支路的同时需要系数（服务性广播时，客房节目每套 K_i 应为 0.2～0.4；背景广播系统 K_i 应为 0.5～0.6；业务性广播时，K_i 应为 0.7～0.8；火灾应急广播时，K_i 应为 1.0）。

【方法二】 先计算体积为 V 的空间中的声功率

$$P_s = \frac{V}{283000} \tag{6-16}$$

式中 P_s——声功率（W）；

V——场内空间体积（m³）。

电功率与声功率的关系如式（6-17）所示

$$P_0 = K\frac{P_s}{\eta} \tag{6-17}$$

式中 P_0——电功率（W）；

η——扬声器的电声转换效率，一般取 0.5%～1%；

K——声功率动态系数，一般取 15～20。

总体来说，非紧急广播用的广播功率放大器，额定输出功率应不小于其所驱动的广播扬声器额定功率总和的 1.3 倍。紧急广播用的广播功率放大器，额定输出功率应不小于其所驱动的广播扬声器额定功率总和的 1.5 倍；全部紧急广播功率放大器的功率总容量，应满足所有广播分区同时发布紧急广播的要求。

除确定额定输出功率外，功放的配置与选择还应符合下列规定：

1）功放设备的单元划分应满足负载的分组要求。

2）扩声系统的功放设备应与系统中的其他部分相适应。

3）扩声系统应有功率储备，语言扩声应为 3～5 倍，音乐扩声应为 10 倍以上。

4）广播功放设备应设置备用单元，其备用数量应根据广播的重要程度等确定。备用单元应设自动或手动投入环节，重要广播系统的备用单元应瞬时投入。

5）驱动无源终端的广播功率放大器，宜选用定压式，功率放大器标称输出电压应与广播线路额定传输电压相同。

（4）扬声器

扬声器的选择除满足灵敏度、额定功率、频率响应、指向性等特性及播放效果的要求外，还应符合下列规定：

1）办公室、生活间、客房等可采用 1～3W 的扬声器箱。

2）走廊、门厅及公共场所的背景广播、业务广播等扬声器箱宜采用 3～5W。

3）在建筑装饰和室内净高允许的情况下，对大空间的场所宜采用声柱或组合音箱。

4）扬声器提供的声压级宜比环境噪声大 10～15dB，但最高声压级不宜超过 90dB。

5）在噪声高、潮湿的场所设置扬声器箱时，应采用号筒扬声器。

6）室外扬声器应具有防潮和防腐的特性。

7）广播扬声器布点宜符合下列规定：广播扬声器宜根据分片覆盖的原则，在广播服务区内分散配置。广场以及面积较大且高度大于 4m 的厅堂等块状广播服务区，也可根据具体条件选用集中式或集中分散相结合的方式配置广播扬声器。广播扬声器的安装高度和安装角度应符合声场设计的要求。

8）当广播扬声器为无源扬声器，且传输距离大于 100m 时，宜选用具有线间变压器的定压式扬声器。其额定工作电压应与广播线路额定传输电压相同。

9）用于火灾隐患区的紧急广播扬声器应由阻燃材料制成（或具有阻燃罩）。广播扬声器在短期喷淋的条件下应能工作。

10）用于背景广播的扬声器（或箱）设置应符合下列要求：

扬声器（或箱）的中心间距应根据空间净高、声场及均匀度要求、扬声器的指向性等因素确定。要求较高的场所，声场不均匀度不宜大于 6dB。

扬声器箱在吊顶安装时，应根据场所的性质来确定其间距。门厅、电梯厅、休息厅内扬声器箱间距可采用式（6-18）估算：

$$L = (2 - 2.5)H \tag{6-18}$$

式中　L——扬声器箱安装间距（m）；

　　　H——扬声器箱安装高度（m）。

走道内扬声器箱间距可采用式（6-19）估算：

$$L = (3 - 3.5)H \tag{6-19}$$

会议厅、多功能厅、餐厅内扬声器箱间距可利用式（6-20）估算：

$$L = 2(H - 1.3) \cdot \tan \frac{\theta}{2} \tag{6-20}$$

式中　θ——扬声器的辐射度，宜大于或等于 90°；

1.3——为人体坐姿时，耳朵的平均高度。

此外，扬声器还要考虑以适当的方式与功率放大器配接。扬声器的配接方式主要依功率放大器的输出方式而定。功率放大器采用定压输出方式时，由于负荷变化对输出电压的影响较小，一般只考虑扬声器的总功率不大于功率放大器的输出功率即可，仅当线路较长时需考虑线路消耗的功率。

定阻输出的功率放大器要求与扬声器的总阻抗匹配。即扬声器的总阻抗应等于功放的输出总阻抗。同时，用户负载应与功率放大器设备的额定功率相匹配。

（5）信号源设备

公共广播系统的信号源设备包括广播传声器、寻呼器、警报信号发生器、调谐器、激光唱机、语音文件录放器、具有声频模拟信号录放接口的计算机及其他声频信号录放设备，应根据系统用途、等级和实际需要进行配置。

3. 公共广播系统的线路

（1）一般规定

室内广播线路敷设，应符合下列规定：功放输出分路应满足广播系统分路的要求，不同分路的导线宜采用不同颜色的绝缘线区别；广播线路与扬声器的连接应保持同相位的要求；公共广播系统室内广播功率传输线路，衰减不宜大于 3dB（1000Hz）。

室外广播线路的敷设路由及方式应根据总体规划及专业要求确定。可采用电缆直接埋地、地下排管及室外架空敷设方式，并应符合下列规定：①直埋电缆路由不应通过预留用地或规划未定的场所，宜敷设在绿化地下面，当穿越道路时，穿越段应穿钢导管保护。②在室外架设的广播、扩声馈送线宜采用控制电缆；与路灯照明线路同杆架设时，广播线应在路灯照明线的下面。③室外广播、扩声馈送线路至建筑物间的架空距离超过10m时，应加装吊线。④当采用地下排管敷设时，可与其他弱电缆线共管块、共管群，但必须采用屏蔽线并单独穿管，且屏蔽层必须接地。⑤对塔钟的号筒扬声器组应采用多路交叉配线。塔钟的直流馈电线、信号线和控制线不应与广播馈送线同管敷设。

在常规情况下，公共广播信号通过布设在广播服务区内的有线广播线路、同轴电缆或五类线缆、光缆等网络传输。

公共广播信号也可用无线传输，但不应干扰其他系统的运行，且必须接受当地有关无线电广播（或无线通信）法规的管制。

当传输距离在3km以内时，可用普通线缆传送广播功率；当传输距离大于3km，且终端功率在千瓦级以上时，广播传输线路宜采用五类线缆、同轴电缆或光缆传送广播信号。

（2）传输线缆的选择

公共广播系统的传输线缆应按下述原则选择：

1）室内广播线路一般采用多股铜芯线穿导管或线槽敷设，较为常用的是RVS和RWP，实际工程中铜芯聚氯乙烯绝缘电线（BV）也有应用。RVS的全称是铜芯聚氯乙烯绝缘绞型连接用软电线、对绞多股软线，简称双绞线；RWP为护套屏蔽铜芯软电缆，简称音频屏蔽电缆。

2）各种节目的信号线应采用屏蔽线并穿钢导管敷设，并不得与广播馈送线路同槽、同导管敷设。

3）当正常广播系统和火灾紧急广播系统合用一套系统或共用扬声器和馈送线路时，广播线缆应采用阻燃（ZR）型铜芯电缆或耐火（NH）型铜芯电线电缆，其线槽（或线管）也应使用阻燃材料。

4）从功率放大器设备的输出端至线路上最远端的用户扬声器箱间的线路衰耗不大于0.5dB时，线缆规格可按表6-6选择，RVS或（RVS+RV）电缆的允许传输距离可按表6-7确定。

广播系统线缆推荐规格　　　　　　　　　　　　　　　　表6-6

功能	线缆型号	二线制系统	三线制系统
扩声用	RWP	2×导线截面积	3×导线截面积（RVS+RV）
	RVS		
遥控传声器用	RWP	（控制区域＋6）×导线截面积	—
	RW		
火灾应急广播切换器用	AVPV	（控制区域＋2）×导线截面积	（控制区域＋3）×导线截面积
	SBVPV		
床头电器控制板用	RWP	［节目数×2）＋2］×导线截面积	［（节目数×2）＋3］×导线截面积
	RW		

注：1. 遥控传声器的传输电缆芯线的截面积应大于0.35mm²。
    2. 火灾应急广播主机传输需要两根电缆，一根为AVPV-2×1.5，另一根为RW（n＋30）×0.5为遥控传声器的传输电缆。n为控制区域的数量。
    3. 多芯电缆可用两根以上电缆替代，芯数总和要满足芯数的要求。
    4. 一般情况下导线截面积取1.0～1.5mm²。

扬声器传输电缆允许距离   表 6-7

电缆规格		不同扬声器总功率允许的最大缆线长度（m）			
二线制	三线制	30W	60W	120W	240W
2×0.5mm²	3×0.5mm²	400	200	100	50
2×0.75mm²	3×0.75mm²	600	300	150	75
2×1.0mm²	3×1.2mm²	800	400	20	100
2×1.2mm²	3×1.5mm²	1000	500	250	125
2×1.5mm²	3×2.0mm²	1300	650	325	165
2×2.5mm²	3×2.5mm²	—	1100	550	280

4. 系统构建及设计要点

应根据用户需要、系统规模及投资等因素确定公共广播系统的用途和等级。系统可根据实际情况选择无源终端方式、有源终端方式或无源终端和有源终端相结合的方式构建。

（1）公共广播系统的分区

如图 6-1 所示，一个公共广播系统通常要划分为若干个区域，广播分区设置的基本原则如下：①紧急广播系统的分区应与消防分区相容。②大厦通常按楼层分区，场馆按部门或功能块分区，走廊通道可按结构分区。③管理部门与公众场所宜分别设区。④重要部门或广播扬声器音量有必要由现场人员任意调节的场所，宜单独设区。⑤每一个分区内广播扬声器的总功率不宜太大，应同分区器的容量相适应。

总之，广播分区设置的目的是使用户便于管理，应根据需要区别对待，以便更好地发挥广播的作用。

（2）广播控制室

设有广播系统的公共建筑应设广播控制室。当建筑物中的公共活动场所单独设置扩声系统时，宜设扩声控制室。但广播控制室与扩声控制室之间应设中继线联络或采取用户线路转换措施，以实现全系统联播。

广播控制室的设置应符合下列规定：①业务广播控制室宜靠近业务主管部门；当与消防值班室合用时，应符合《民用建筑电气设计规范》火灾自动报警系统中对消防值班室的有关规定。②背景广播宜与有线电视系统合并设置控制室。

广播控制室的技术用房，应根据工程的实际需要确定，并符合下列规定：①一般广播系统只设置控制室，当录播音质量要求高或者有噪声干扰时，应增设录播室。②大型广播系统宜设置机房、录播室、办公室和库房等附属用房。

当功放设备的容量在 250W 及以上时，应在广播、扩声控制室设电源配电箱。广播设备的功放机柜由单相、放射式供电。

广播系统的交流电源容量宜为终期广播设备容量的 1.5～2 倍。

广播设备的供电电源，宜由不带晶闸管调光设备的变压器供电。当无法避免时，应对扩声设备的电源采取下列防干扰措施：晶闸管调光设备自身具备抑制干扰波的输出措施，使干扰程度限制在扩声设备允许范围内；引至扩声控制室的供电电源线路不应穿越晶闸管调光设备室；引至调音台或前级控制台的电源，应经单相隔离变压器供电；广播系统应设置保护接地和功能接地，并应符合《民用建筑电气设计规范》电子信息设备机房部分的有关规定。

6.3.3 工程设计步骤

1. 明确系统要求

根据用户对公共广播系统的基本需求、建筑物的规模与布局、资金情况等，首先明确下述几点：广播服务的区域范围；广播节目源的种类及数量；背景广播、业务广播与紧急广播之间的关系，即是否需要强切末端设备；广播室的位置和布局。

2. 建筑声学设计

要根据建筑图纸对建筑物的整体布局及空间进行分析，了解建筑物的功能布局及用户需求，确定建筑声学参数要求，如噪声声压级、房间容积和混响时间等，并确定扬声器系统的布局形式。

3. 平面与系统设计

（1）根据用户需求选择系统设备厂家。按照规范的要求确定广播控制室的具体位置。

（2）根据系统的要求进行广播区域划分，根据面积大小及规范的要求确定扬声器的数量、规格型号及具体位置，进行各楼层的平面设计。

（3）根据系统的规模及公共区域的使用情况确定管线的走向、型号规格及接线箱的位置，绘制线路图。

（4）统计各层及整个扬声器系统的设备功率，确定功率放大器的容量；根据系统设备用电量确定电源的容量；绘制广播室的设备平面布置图。

（5）绘制系统原理图，即系统图。

（6）列出设备、材料清单，编制工程预算表。

4. 编制设计文件

公共广播系统工程设计文件主要包括：系统原理图；系统设计说明书；能够完整说明各层设备平面布局的平面图；设备、材料清单及工程预算表。

应根据工程设计规范、标准及用户的要求编制相应的设计文件。

6.4 工程设计实例

【实例1】 某办公楼广播系统设计

1. 工程概况

广播系统图纸

本工程为位于上海市区的一幢涉外型办公楼，其工程概况如下：总建筑面积约56200m²，建筑总高度为99.3m，地下二层，地上二十二层。使用功能为：地下部分为停车库及设备用房，地上部分为办公用房。地下二层设弱电控制中心，为安保、广播及建筑设备自动化系统共用，一层设消防控制室。本工程属于一类高层（办公）建筑。

2. 系统设置及要求

要求大楼内设置正常广播系统及火灾应急广播系统。根据建筑物的布局及实际需要，采用正常广播与火灾应急广播合用系统的方式，正常广播设备设于地下二层弱电控制中心、火灾应急广播设备设于一层消防控制室内，两部分分别使用各自的设备、共用一套线路及扬声器系统。

本工程正常广播系统主要为语音广播，各项性能指标满足语音广播兼播放一般音乐即可。

3. 总体方案

系统采用定电压输出方式，传输电压采用100V。有吊顶处采用扬声器嵌顶安装，无吊顶处采用明挂扬声器箱，扬声器功率选择按不同设置区域分为3W及6W两种，设置在房间内的广播线路均带有音量调节开关。正常广播设于公共走道、电梯厅、餐厅及地下车库等部位，广播配出回路按层及功能分区设置，受广播机房（地下二层弱电控制中心）控制。

火灾应急广播前端设备单独设置，末端利用正常广播线路，楼梯前室单独增设专用火灾应急广播线路，火灾应急广播按消防分区配出回路。

火灾应急广播的联动控制采用广播机房内及各层面相结合的方式，由火灾报警控制模块切换相应的广播线路。凡带音量控制器的回路均为三线制，消防广播控制时强切至最大音量，具体切换按照火灾自动报警系统设计规范要求进行。

用于火灾应急广播的广播线路采用阻燃耐火导线 ZDNBV，正常广播采用普通铜导线 BV。其中 Z 为阻燃、D 为低温、N 为耐火之意。

图 6-13、图 6-14 分别为该工程的正常广播及火灾应急广播系统图、图 6-15 为一层广播平面布置图、图 6-16 为四层广播平面布置图、图 6-17 为十五～十九层广播平面布置图。

设计说明:
1.竖向消防前室处采用暗管敷设布线，其余为弱电间内线槽敷线。
2.线缆敷设：正常广播为普通线，消防专用广播为阻燃耐火线，水平线缆均为阻燃耐火线。竖向线缆：正常广播线为BV-2*2.5，消防专用广播线为ZDNBV-2*2.5；水平线缆均为ZDNBV-2*1.5。
3.带音控开关回路在消防广播时由火灾报警系统强切换至最大音量。
4.本工程中的消防广播采用在消防控制室集中区域与在各平面层末端广播线路切换相结合，每层按一个消防广播区域考虑。
5.消防广播按消防规范要求进行线路切换。
6.本系统待业主落实产品后由系统工程承包方进行深化设计。

平面图图例表

图例符号	图例名称	型号规格	设备安装方式	预埋盒要求	安装高度(mm)
◎	嵌顶式扬声器箱	6W	嵌吊顶	吊顶内明设	
◎	嵌顶式扬声器箱	3W	嵌吊顶	吊顶内明设	
◁	明排音箱	6W	明挂	暗埋	卜口离地 H=2200
◁	壁挂式音箱	3W	壁挂	暗埋	
⊡	音量开关				

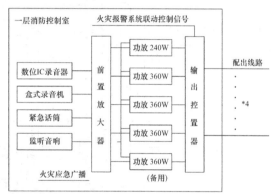

设备材料表

名 称	型号及规格	单位	数量
盒式录音机		台	1
紧急话筒		台	1
数位IC录音器		台	1
收录机(带卡座)		台	1
数码播放机		台	2
话筒		台	1
监听装置		台	2
定时控制器		台	1
输出控制器		台	2
前置放大器		台	2
功率放大器	240W	台	2
	360W	台	10
嵌顶扬声器	3W	只	379
明挂扬声器箱	3W	只	51
明挂扬声器箱	6W	只	61
音量控制器	带消防音量强切	只	6
机柜	19"2米	台	2

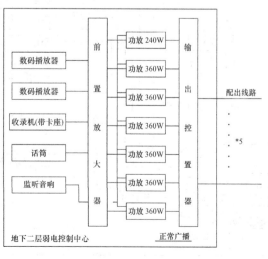

图 6-13 正常广播及火灾应急广播前端系统图

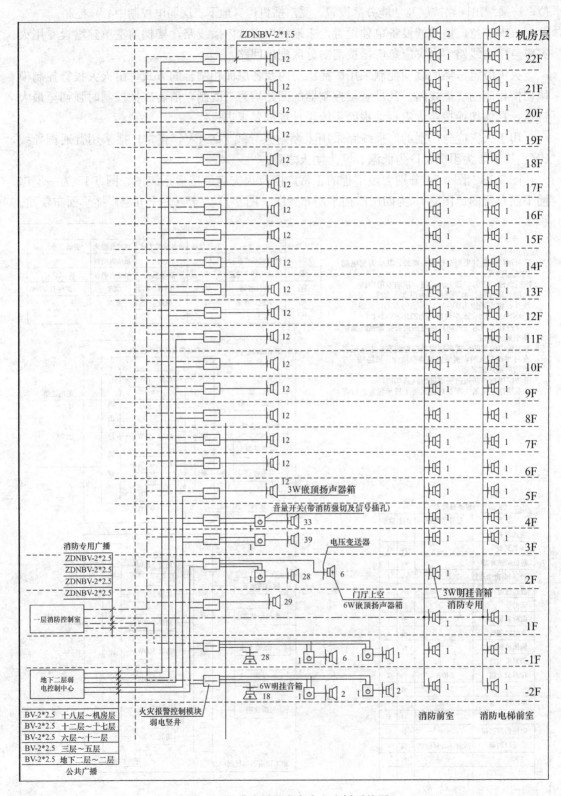

图 6-14　正常广播及火灾应急广播系统图

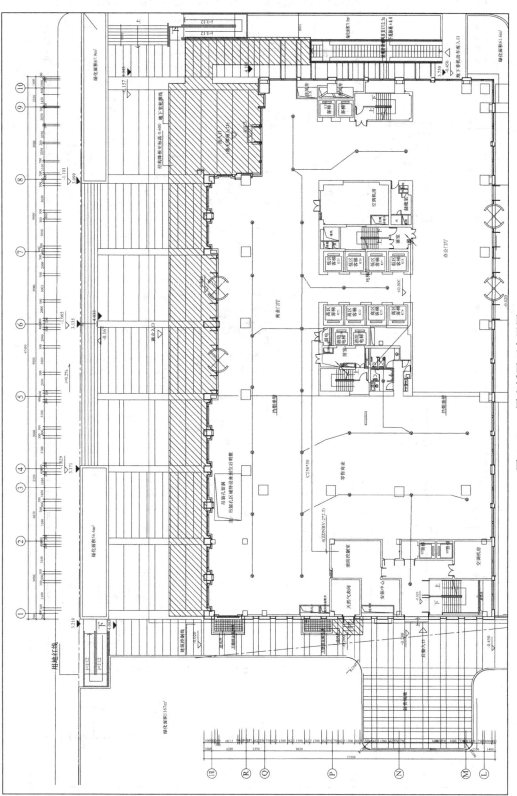

图 6-15　一层广播平面布置图

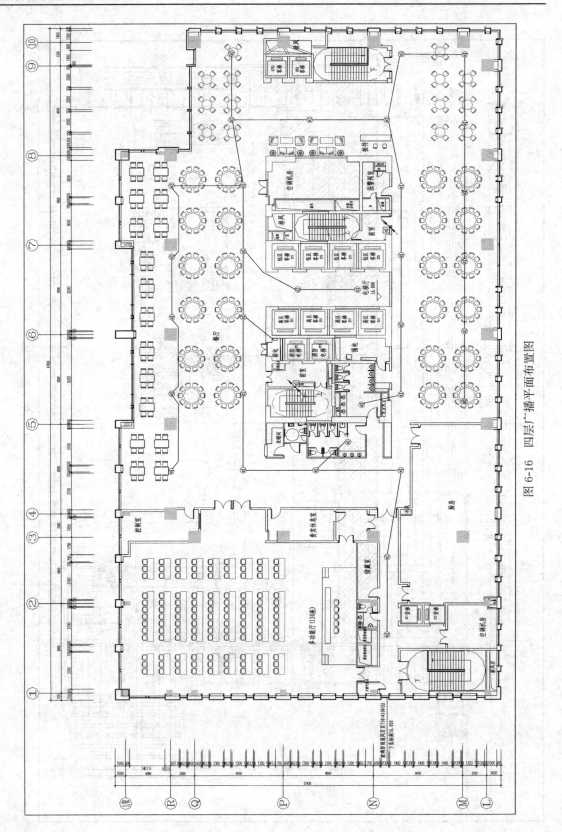

图 6-16 四层广播平面布置图

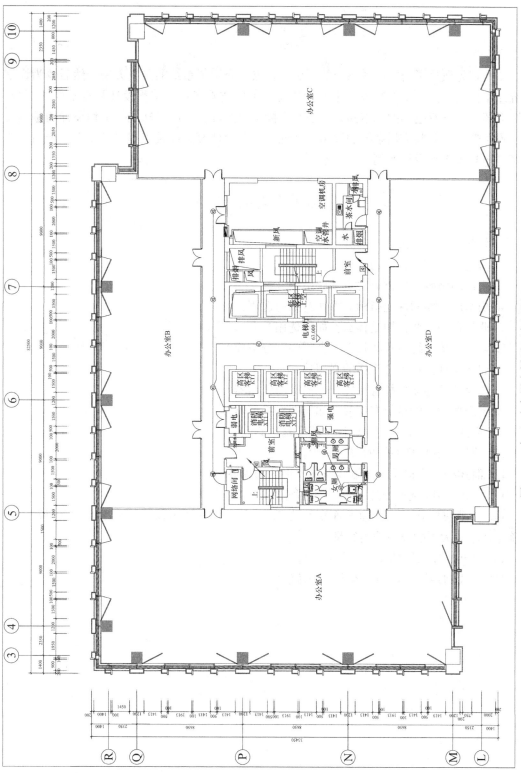

图 6-17 十五~十九层广播平面布置图

本 章 小 结

本章首先概述了公共广播系统的历史及特点，介绍了系统的分类方法。然后较为详细地介绍了公共广播系统的组成、主要设备及其主要技术指标。工程设计及技术要求部分，主要介绍了声学及电学的基本知识、公共广播系统的设置及应备功能、工程设计的基本要求、设备选择、公共广播系统的线路、系统构建及设计要点以及工程设计步骤。最后，给出了2个具体工程设计实例。

思考题与习题

1. 公共广播系统由哪些部分组成？

2. 简述有源广播系统的特点。

3. 简述网络数字广播的特点及应用场合。

4. 功率放大器的性能指标有哪些？如何选用？

5. 调音台的主要作用是什么？如何选用？

6. 紧急广播系统有哪些特点？由哪些部分组成？

7. 如何实现火灾紧急广播的强切功能？

8. 传声器的性能指标有哪些？如何选择传声器？

9. 扬声器的性能指标有哪些？如何选择扬声器？

10. 简述公共广播系统的设计步骤及基本原则。

11. 简述公共广播系统的分区原则。

12. 简述公共广播系统传输线缆及规格的选择原则。

13. 简述公共广播系统控制室的设置原则。

14. 一个宾馆建筑，其建筑面积约为 5.6 万 m^2，其扬声器系统总电功率为 1789W，试确定功率放大器的设备输出容量。

15. 公共广播系统的设计文件有哪些？

16. 三线制系统中，扬声器有几种接法？

第7章 有线电视及卫星电视接收系统

7.1 系统概述

在智能建筑中，卫星电视和有线电视接收系统是适应人们使用功能需求而普遍设置的基本系统，该系统将随着人们对电视收看质量要求的提高和有线电视技术的发展，在应用和设计技术上不断提高。从目前我国智能化大楼的建设来看，此系统已经成为必不可少的部分。

7.1.1 有线电视的发展历程

1. 公共天线系统（Master Antenna Television，MATV）：这一期间技术的发展集中在信息处理技术（如何使多个频道相混合时相互之间的影响减小）和较远距离传输技术（如何提高放大器性能，增加放大器的串接级数）等方面。

2. 有线电视系统（Cable Television，CATV）：在这一发展阶段，CATV 的信号传输方式经历了从全频道传输方式到隔频道传输方式到邻频道传输方式的历史性变迁。传输手段也在发生着变化，从过去纯粹使用同轴电缆，发展到开始使用光纤。

3. 现代双向交互系统：有线电视系统具有双向传输能力和交互功能成为技术发展的主要方向。

中国有线电视的发展走的是一条由上至下，由局部到整体的路线。各地有线电视的发展一般都是由最初的居民楼闭路电视，发展到小区有线电视互连，进而整个城域（行政辖区）的有线电视互连。自 1990 年以后，中国有线电视从各自独立的、分散的小网络，向以部、省、地市（县）为中心的部级干线、省级干线和城域联网发展，并已成为全球第一大有线电视网。目前中国有线电视体系结构存在着调整趋势，这主要体现在"网台分离"和"有线电视产业化"两个方面。

目前，我国的有线电视网有两大优势：带宽很宽；覆盖率高于电信网。而且 CATV 的同轴电缆带宽很容易可以做到 800Mbps，就现在的带宽要求而言，CATV 网的能力绰绰有余。

近年来，我国一些省市有线电视台进行了多功能业务先导网实验。现已实验开通的业务有高速因特网接入、计算机联网、视频点播、音频点播、网上购物、可视电话、电视会议等内容。实验验证了有线电视网的关键技术，如回传噪声的客服、Cable Modem 应用等的可行性，为多项功能的全部铺开积累了经验。

7.1.2 有线电视网络的特点

有线电视网络的优势主要体现在以下几个方面：

1. 实现广播电视的有效覆盖。

2. 图像质量好，抗干扰能力强。

3. 频道资源丰富，传送的节目多。

4. 宽带入户，便于综合利用。

5. 能够实现有偿服务。

7.1.3 有线电视网络的发展趋势

未来的有线电视网络应该是一个全方位的服务网。它必须完美地将现有通信、电视和计算机网络融合在一起，在一个统一的平台上承载着包括数据、语音、图像、各种增值服务、个性化服务在内的多媒体综合业务，并智能化地实现各种业务的无缝连接。

从技术上讲，有线电视发展趋势可以概括为：

1. 数字化：数字化处理、传输、存储和记录。

2. 综合化：数据、语音、视频于一体的宽带综合业务平台。

3. 网络化：形成统一有线电视网络体系，与其他网络互通互联。

7.2 有线电视系统结构及设备

7.2.1 有线电视系统简介

有线电视系统采用一套专用接收设备，用来接收当地的电视广播节目，以有线方式（目前一般采用光缆）将电视信号传送到建筑或建筑群的各用户。这种系统克服了楼顶天线林立的状况，解决了接收电视信号时由于反射而产生重影的影响，改善了由于高层建筑阻挡而形成电波阴影区处的接收效果。但是，在智能建筑中，人们并不满足于有线电视系统仅接收传送广播电视信号这种单一的功能，还需要它传送其他信号，例如用录像机和影碟机自行播放教育节目、文娱节目以及调频广播等。

7.2.2 有线电视系统的结构

有线电视系统一般可分为前端系统、干线传输系统及用户分配系统三个部分。系统中各组成部分依据所处的位置不同，在系统中所起的作用也各不相同，在进行系统设计时需要考虑的侧重点也不相同。

1. 前端系统

前端系统由信号源部分和信号处理部分组成。

（1）信号源部分

该部分为系统提供各种电视信号，以满足用户的需要。由于信号源部分获取信号的途径不同，输出信号的质量必然存在差异，有的电平高，有的电平低，有的干扰大，有的干扰小。而信号源处于系统的最前端，若某一个信号源提供的信号质量不高，则后续部分将很难提高该信号的质量。所以，对于不同规模、功能的系统，必须合理地选择各种信号源，在经济条件许可的情况下，应尽可能选择指标高的器件。信号源部分的主要器件有：电视接收天线、卫星天线、微波天线、摄像机、录像机、字幕机、计算机、导频信号发生器等。

（2）信号处理部分

该部分是对信号源提供的各路信号进行必要的处理和控制，并输出高质量的信号给干线传输部分，主要包括信号的放大、信号频率的配置、信号电平的控制、干扰信号的抑制、信号频谱分量的控制、信号的编码、信号的混合等。前端信号处理部分是整个系统的心脏，在考虑经济条件的前提下，尽可能选择高质量器件，精心设计，精心调试，才能保证整个系统有比较高的质量指标。前端信号处理部分的主要器件有：天线放大器、频道放大器、宽带放大器、频道变换器、信号处理器、解调器、调制器、卫星接收机、制式转换器、微波接收机、混合器等。

2. 干线传输系统

该部分的任务是把前端输出的高质量信号尽可能保质保量地传送给用户分配系统，若是双向传输系统，还需把上行信号反馈至前端部分。根据系统的规模和功能的大小，干线部分的指标对整个系统指标的影响不尽相同。对于大型系统，干线长，因此干线部分的质量好坏对整个系统质量指标的影响大，起着举足轻重的作用；对于小型系统，干线很短（某些小系统可认为无干线），则干线部分的质量对整个系统指标的影响就小。不同的系统，必须选择不同类型和指标的器件，干线部分主要的器件有：干线放大器、电缆或光缆、斜率均衡器、电源供给器、电源插入器等。

干线及分支分配网络部分包括干线传输电缆、干线放大器、线路均衡器、分配放大器、线路延长放大器、分支电缆、分配器、分支器以及用户输出端。

3. 用户分配系统

该部分是把干线传输来的信号分配给系统内所有的用户，并保证各个用户的信号质量，对于双向传输还需把上行信号传输给干线传输部分。用户分配系统的主要器件有：线路延长放大器、分配放大器、分支器、分配器、用户终端、机上变换器等，对于双向系统还有调制器、解调器、数据终端等设备。

7.2.3　有线电视系统分类

有线电视系统的分类方法有很多，可按系统的工作频率分类，也可按系统规模大小、传输方式等分类。

1. 按系统规模大小分类

A 类：用户数 10000 户以上，传输距离 1km 以上；

B 类：用户数 2000~10000 户，传输距离 500~1000m；

C 类：用户数 300~2000 户，传输距离 500m 以下；

D 类：用户数 300 户以下，单幢楼无干线系统。

2. 按频道范围分类

根据我国的相关标准，分配给电视广播的无线电频段有 VHF 和 UHF 两部分，如图 7-1 所示，频段内和频段之间都有不等的间隔。早期的开路式电视广播系统，为避免相邻频道信号间的干扰，采用的是隔频传输方式；如果同时传输 VHF 和 UHF 频段的信号，称为全频道传输。有线电视系统出现后，由于是闭路传输，可以充分利用电缆的频率资源，将原频段中的间隔用于传输电视信号，这就是增补频道的由来。此外，由于电缆传输的信号频道间的均衡性好，信号的电平可以有效控制，使得相邻频道的信号可以同时传输，而不会产生干扰，被称为邻频传输方式。相同带宽时，邻频传输的节目套数远高于全频道传输（隔频）。

3. 按传输方式分类

根据不同的传输介质，可以分为同轴电缆单向传输、同轴电缆双向传输、光缆传输（主干）、光纤和同轴电缆混合传输（HFC）等网络系统。根据传输的信号类型，又可分为模拟信号传输网络、数字/模拟混合传输网络和数字信号传输网络。

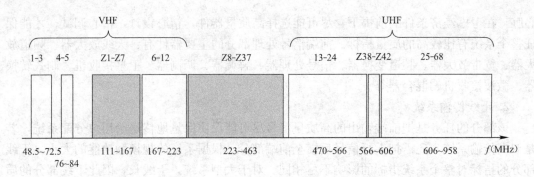

图 7-1　电视频道频谱

7.2.4　有线电视系统的主要设备

7.2.4.1　前端系统主要设备

1. 电视接收天线

电视接收天线是空间电视信号电磁波进入电视机的门户。一副天线接收电视信号的过程，也就是用该副天线发射电视信号的反过程。所以说天线具有"可逆性"，既能有效地辐射电磁能量作为发射天线，同样也能作为接收天线有效地接收电磁能量，并且天线用做发射天线的参数与用作接收天线时的参数保持一致，这就是天线的互易原理。

（1）电视接收天线的作用

1）把自由空间传播的，载有电视信号的电磁波转换为高频电流。

2）有选择地接收给定频率的电视信号，有选择地接收给定极化的电视信号。

3）抑制无用的干扰信号。

4）提高电视机的灵敏度，即可放大所接收的电视信号。

（2）电视接收天线的分类

电视接收天线的种类有许多，从形状到尺寸，从结构到机理各不相同。例如，按结构划分有半波振子天线、折合振子天线、扇形振子天线、V 形天线、八木天线、环形天线、背射天线和对数周期天线等类型。

引向天线又称八木天线或八木—宇田天线，既可以单频道使用，也可以多频道共用，既可作 VHF 接收，也可作 UHF 接收，其工作频率范围是 30～300MHz。引向天线具有结构简单、馈电方便、易于制作、成本低、风载小等特点，是一种强定向天线，在 CATV 系统电视接收中被广泛采用。

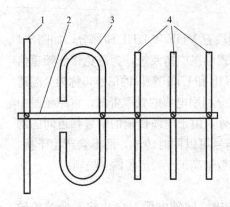

图 7-2　引向天线的结构图

1—反射器；2—横担；

3—折合振子；4—引向器

引向天线的结构如图 7-2 所示。它是由一个半波长的折合振子和一个稍长于半波长的反射器，以及若干个稍短于半波长的引向器组成。所有振子都平行配置在一个平面上，各振子中心点均为零电位，用一根称为横担的金属横杆固定。折合振子称为有源振子，其两个馈电点与天线馈线或通过匹配器与馈线相连。其他振子称为无源振子，它们与有源振子均没有直接的电联系，位于折合振子前面的称引向器，位于后面的称反射器。引向天线的反射器与最远一根引向器之间的距离称为天线长度。具有一个反射器、一个有源振子、一个引向器的天线称为三单元引向天线；而有一个反射器、一个有源振子、两个引向器的天线称为四单元引向天线，以此类推。

2. 混合器

将两个或多个输入端上的信号馈送给一个输出端的装置称为混合器。

混合器在 CATV 系统中能将多路电视（天线接收的电视节目、调制在不同频道的卫星节目和自办节目等）信号和声音（FM 波段）信号混合成一路，共用一根射频同轴电缆进行传输，实现多路复用的目的。同时，混合器能够滤除干扰杂波，具有一定的抗干扰能力。分波器和混合器的功能作用是相反的，具有可逆性。通常将无源混合器的输入端和输出端互换使用，则混合器就可作为分配器。因此，只要掌握了混合器的工作原理，也就自然掌握了分配器的工作原理。

混合器按电路结构可分为两大类：一类是滤波器式；另一类是宽带传输线变压器式。前者为带通滤波器构成的频道混合器或由高通和低通滤波器组成的频段混合器，这类混合器的特点是插入损耗小，抗干扰性能强，但调试较麻烦，要根据不同的前端系统、不同的频道或频段要求，分别进行设计调试，不适于超前批量生产。由于其电路的固有特点，这类混合器不适用于相邻频道的混合，在目前大、中城市的有线电视网（邻频传输系统）中均不使用这类混合器。而宽带传输线变压器式混合器属于功率混合方式，对频率没有选择性，可对任意频道进行混合。它在电路结构上，相当于分配器或定向耦合器反过来运用，结构简单，不需调整。但插入损耗比较大，且随混合路数的增加而增加。宽带传输线变压器式混合器具有相互隔离好、反射损耗大的优点。基于以上宽带传输线变压器式混合器的特点，在信号混合之前应采用具有高输出电平、良好的抗干扰特性的信号处理器对信号进行处理。

在实际使用中，习惯将混合器按输入信号的路数分为二混合器、三混合器等。

3. 频道转换器

频道转换器也称为频率变换器，它可以将一个或多个信号的载波频率加以改变。距电视发射台较近的 CATV 系统在接收电视信号时，由于场强较高，开路电视信号会直接进入电视机，比 CATV 系统送来的信号提前到达，在图像左面形成重影干扰，虽然加大CATV 系统的输出电平会使情况有所改变，但根本办法是改变频道后，再在 CATV 系统中传输，以提高信号质量，避免产生重影。另外，由于同轴电缆在传输高频段的电视信号时衰减很大，故也需通过降低电视信号的频率，减小电缆损耗，以提高传输距离。

4. 调制器

电视调制器通常在自办节目的播出并有卫星电视接收和微波中继等情况下使用。调制器是将本地制作的摄像节目信号、录像节目信号及由卫星电视接收、微波中继传来的视频信号及音频信号变换成射频已调制信号的装置。它是具有自办节目功能的 CATV 系统必不可少的设备。

调制器的种类根据调制方式的不同可分为中频调制和射频调制两大类。凡是电气性能要求比较高的场合都采用中频调制方式，而一些简易的调制器则采用直接射频调制。

5. 衰减器

衰减器是用来调整各频道、频段在混合前的输入电平，使其保持基本一致，从而达到设计要求。在 CATV 系统中，有些设备的输入或输出电平超出了规定的范围，影响接收效果，可以使用衰减器适当调节电平，使其保持在合适的范围内。在放大器的输入、输出端也常接入衰减器，用来控制放大器的输入、输出电平。在分支器中，为了获得更大的分支耦合衰减量，也要使用衰减器。

衰减器分为无源衰减器和有源衰减器。无源衰减器因为电路简单、制作方便、可靠性高，因而得到广泛应用。

6. 均衡器

射频电视信号在射频同轴电缆中传输的损耗与频率的平方根成正比，均衡器就是用来补偿射频同轴电缆衰减倾斜特性的。要求均衡器的频率特性与电缆的频率特性相反，即低频段信号电平得到较大的衰减，高频段信号电平得到较小的衰减。均衡器是 CATV 系统中使用的一种无源器件，由电感、电容和电阻元件构成。

7. 滤波器

在 CATV 系统的前端设备中，如天线放大器、混合器、频道转换器、调制器等器件的电路中都会使用不同的滤波器。可以说，滤波器是 CATV 系统中极其重要的器件之一。

滤波器可分为有源滤波器和无源滤波器两类，在 CATV 系统中主要使用的是无源滤波器。无源滤波器的种类也很多，如 LC 滤波器、石英晶体滤波器、机械滤波器、陶瓷滤波器、螺旋滤波器、声表面波滤波器等，它们各有不同的特点。例如 LC 滤波器，插入损耗大，电感电容精合调整（即寄生参数的影响）难以控制，但结构简单，设计灵活；石英晶体滤波器体积小，幅频特性稳定，但成本较高，生产工艺要求高，且仅适用于 100MHz 以下的频率；螺旋滤波器插入损耗小，带外衰减特性好，结构较复杂，适用于整个电视频道的频率范围；声表面波滤波器性能更好，其延迟失真小，波形陡，设计及生产工艺要求高。目前，在 CATV 系统中较常用的滤波器为 LC 滤波器和螺旋滤波器。

7.2.4.2 信号放大器

有线电视放大器是 CATV 系统中的重要器件之一，其主要作用是补偿有线电视信号在电缆传输过程中造成的衰减，以使信号能够稳定、优质、远距离地传输。它还具有平衡带内曲线的作用，被广泛用于系统的传输和用户分配网络，其作用是放大射频电视信号，提高信号电平，弥补系统中的电缆、分支器、分配器等无源器件对电视信号造成的衰减。放大器的工作状态直接影响有线电视网络的质量，尤其是在模拟电视与数字电视混合传输的情况下，正确设计和调试它的工作状态、保证它在系统网络中稳定运行，对于提高系统质量指标的稳定性至关重要。

1. 有线电视放大器的重要参数

（1）放大器的最大输出电平 V_{OM}：放大器在满负荷（对于 750MHz 系统为 78 个 PAL 频道）时，在一定的失真指标下所输出的上限电平。

（2）放大器的噪声系数 N_F：由于放大器是一个有源器件，自身也会产生噪声，放大器在对信号进行放大的同时也将噪声叠加到信号的输出端，输出信号的载噪比必然低于输入信号的载噪比，噪声系数是输入载噪比和输出载噪比的比值。

（3）CTB 与 CSO：这两个参数都是放大器的失真参数。CTB 称为组合三次失真，CSO 称为组合二次失真，它反映了满负荷下放大器在最大输出电平时所产生的失真状况。

（4）增益 G：放大器对信号的放大能力。

2. 有线电视放大器的种类

放大器可以根据不同的特性有多种分类，比如按照系统中使用的位置来分，有前端和线路放大器；按照在系统中放大器的频率来分，有单频道、宽频带和多波段放大器；按放大器的结构来分，有分支放大器、分配放大器等。而在前端系统中使用的放大器一般有天线放大器、频道放大器和宽带放大器。

（1）天线放大器

天线放大器是安装在接收天线上用于放大空间微弱信号的低噪声放大器。通常当接收天线输出的信号电平低于 60dB 时，一般需考虑安装天线放大器。天线放大器又可以分为单频道放大器和宽带放大器两类。

一般在有线电视系统中，多采用单频道型天线放大器，它只对某一特定频道信号进行放大，可有效地抑制邻频干扰；而在边远山区，由于远离电视台，则需使用宽带天线同时接收若干个频道节目，因接收信号比较弱而采用天线放大器，使收到的信号质量相对改善。

由于天线放大器位于系统的最前面，而第一级放大器的噪声对系统载噪比的影响最大，为了提高系统的载噪比，要求天线放大器的噪声系数在 5dB 以下，有些高品质的天线放大器的噪声系数可以做到 1~2dB。天线放大器一般都是安装在天线杆上，离天线大约1m 的距离。要求其有较强的防水、防潮、防晒等性能，而且还要注意防止供电电源同高频信号的互相干扰。

（2）频道放大器

一般用在进入混合器前，对每一个频道的信号分别进行放大。在前端系统中，频道放大器只放大一个特定频道的信号，其工作原理与天线放大器类似，但又有自己的特点：

1）输入电平低（约 $60\text{dB}\mu\text{V}$），而输出电平较高，要达到 $120\text{dB}\mu\text{V}$ 左右，需要用 3~4 级放大电路来完成 60dB 增益；

2）只对一个频道信号进行放大，则要求带通滤波器的滤波特性要好，具有选择性高、抑制邻频干扰能力强的特点。

（3）干线放大器

干线放大器的指标主要有增益 G、输出电平 V_{OM} 和噪声系数 N_F。增益一般在 20~30dB 之间，其电源通常采用低压工频交流电，利用专用供电器经同轴电缆供电。

干线放大器通常是露天安装的，因而在结构上一定要防雨密封，用密封橡皮圈保护，还要求能防腐蚀，所以采用外表面不加工的铸铝外亮。外壳的连接罩要保证良好的电气接触，以防止电波外泄和干扰侵入。干线放大器和干线的连接要采用防雨的密封接插件，这种接插件是专门设计的。电缆的内导体由放大器上的螺钉压住，外导体用插头紧紧压在机壳上，最外面用橡皮套防水。为了保证能有更好的防雨效果，常将全频道干线放大器放在防雨箱内，输入输出可使用标准接插件，要求做好电屏蔽。

（4）分支放大器和分配放大器

分支放大器又称桥接放大器。它除一个干线输出端外，还有几个定向耦合（分支）输出端，将干线中信号的一小部分取出，然后再经放大送往用户或支线。分配放大器有多个分配输出端，各端输出电平相等。它通常处于干线末端，用以传输几条支线。

分支放大器和分配放大器的性能要求与干线放大器相同，只是增益比较高，一般约为30~34dB；输出电平也比较高，一般为 $105~110\text{dB}\mu\text{V}$。

（5）线路延长放大器

线路延长放大器只有一个输入端和一个输出端，通常安装在支干线上，用来补偿分支损耗、插入损耗和电缆传输损耗。它的输出不再有分配器，因而输出电平一般为103～105dBμV。

7.2.4.3 传输网与分配系统主要设备

1. 同轴电缆

在CATV系统中，各种信号都是通过传输线（又称馈线）进行传输的，掌握传输线的基本性能参数、结构、种类等，对于合理进行系统的工程设计具有重要的意义。在CATV系统中传输线主要是同轴射频电缆和光缆。

（1）同轴射频电缆的结构

同轴电缆是用绝缘介质使内、外导体绝缘且保持轴心重合的电缆，一般由内导体、绝缘体、外导体、护套四个部分构成，如图7-3所示。

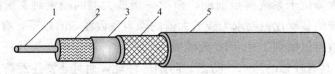

图7-3 同轴电缆结构
1—内导体；2—物理发泡；3—铝复合膜；4—铜网；5—外皮（护套）

（2）同轴电缆的基本参数

同轴电缆具有很重要的一些基本参数，主要有以下五种：

1）特性阻抗：用Z_c表示，它主要取决于电缆的内、外导体的直径和绝缘介质的材料和形状，与电缆的长度无关。在CATV系统中常用的两种规格的同轴电缆特性阻抗为75Ω和50Ω。

2）衰减常数

电视信号在同轴电缆中传输时存在着传输损耗，其损耗的大小用衰减常数β表示，单位为：dB/km或dB/m均可。通过微波传输理论的分析可以得知，同轴电缆对所传输电视信号的衰减是由内、外导体的损耗和绝缘材料的介质损耗共同作用所引起的。这两种损耗分别都与所传输电视信号的频率有一定的关系，在目前城市CATV系统的工作频率范围内，电缆的衰减常数可以近似看做与所传输信号频率的平方根成正比。

由于电缆的频率特性，当传输系统中同时传输多个频道的电视信号时，高频率的频道电视信号的衰减量大，低频率的频道电视信号的衰减量小。对于一定长度的电缆，同样电平的各频道信号经过传输后，必然会出现高低频道电平存在差值，这种差值称为斜率。

3）温度系数

信号在电缆中传输的损耗除了与频率有关外，还随着环境温度的变化而变化，这种特性就称为电缆的温度特性。当电缆很长时，电缆温度特性的影响更加明显。衡量电缆的温度特性通常用温度系数表示，一般情况下，温度每变化1℃，电缆损耗变化约0.2%，即温度系数为0.2%/℃。电缆的温度特性除了导致电缆损耗变化，还会导致电缆斜率随温度而变化。

4）波速因数

电视信号在电缆中传输时，由于绝缘介质的影响，使得信号的传输速度要发生变化。已知信号在空气中传输的速度近似为光速 c，波长为 λ_0，则有：$\lambda_0 = \dfrac{c}{f}$，其中 f 为信号频率。

设信号在同轴电缆中的传输速度为 v，波长为 λ，根据微波传输理论有：$v = \dfrac{c}{\sqrt{\varepsilon_\gamma}}$，$\lambda = \dfrac{\lambda_0}{\sqrt{\varepsilon_\gamma}}$，其中 ε_γ 为相对介电常数。

信号在同轴电缆中传输的波长与在空气中传输的波长的比值称为波速因数（又称为波长缩短系数），用 K 表示，有

$$K = \frac{\lambda}{\lambda_0} = \frac{1}{\sqrt{\varepsilon_\gamma}} \tag{7-1}$$

国产物理发泡同轴电缆的波速因数为 0.89。

5）屏蔽系数

屏蔽系数 S 表示电缆屏蔽作用的大小，设被屏蔽空间内某一点电场强度为 E（或磁场强度为 H），无屏蔽层时该点的电场强度为 E'（或磁场强度为 H'），则屏蔽系数为：

$$S = \frac{E}{E'} = \frac{H}{H'} \tag{7-2}$$

由上式可见，屏蔽系数的绝对值在 $1 \sim 0$ 之间，S 越小，屏蔽效果越好，当屏蔽系数为 0 时，说明有理想的屏蔽效果。在 CATV 系统传输信号的过程中，电缆的屏蔽性能也是一项重要指标，它既防止周围环境中各种高频信号干扰本系统，又防止本系统的传输信号泄漏干扰其他系统，采用金属管状外导体具有最好的屏蔽特性。

（3）同轴电缆的型号

我国同轴电缆型号的组成方法如图 7-4 所示。同轴电缆型号字母代号及其意义见表 7-1。

图 7-4　同轴电缆型号组成

同轴电缆型号字母代号及其意义　　　　　　　　　　　表 7-1

分类代号		绝缘		护套		派生	
符号	意义	符号	意义	符号	意义	符号	意义
S	同轴射频电缆	Y	聚乙烯	V	聚氯乙烯	P	金属丝编织或屏蔽
SE	对称射频电缆	X	橡皮	M	棉纱编织	Z	综合性
SJ	弹力射频电缆	W	稳定聚乙烯	H	橡胶	C	自承
SG	高压射频电缆	F	氟塑料	Y	聚乙烯		
ST	特种射频电缆	B	聚苯乙烯	B	玻璃丝编织		
SZ	延迟射频电缆	I	聚乙烯空气绝缘	W	稳定聚乙烯		
SS	电视电缆	U	氟塑料空气绝缘	L	铝包		
		N	聚苯乙烯空气绝缘	TW	皱纹铜管		
		D	稳定聚乙烯空气绝缘	F	氟塑料		
		YW	聚乙烯物理高发泡	LY	铝管聚乙烯		
		YK	聚乙烯半空气绝缘	VY	聚氯乙烯聚乙烯		
		IO	藕芯	YY	聚乙烯		
		IZ	竹管				

例如某电缆的型号为：SYWV-75-9，其含义为：绝缘体为物理高发泡聚乙烯，护套为聚氯乙烯，特性阻抗为75Ω，芯线绝缘外径为9mm的同轴射频电缆。

2. 光缆

光缆主要是由光导纤维和塑料保护套管及塑料外皮构成，光纤结构示意如图7-5所示。

按光在光纤中的传输模式可将光纤分为单模光纤和多模光纤。单模光纤信号传输损耗小，传输距离远，因此有线电视网络主要采用单模光纤。

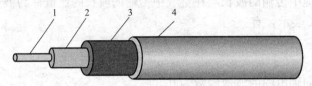

图7-5 光纤结构示意图

1—纤芯；2—包层；3—覆层；4—保护套层

3. 分配器

分配器是一种可以将一路高频信号的能量平均分成二路或二路以上的输出装置。它主要用于前端经混合后的总信号的分配、干线分支或用户分配。通常有二分配器、三分配器、四分配器和六分配器，其表示符号见图7-6。

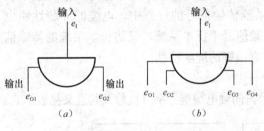

图7-6 分配器表示符号

(a) 二分配器；(b) 四分配器

分配器的主要作用如下：

（1）分配作用

它将输入信号平均分配给各路输出线，且插入损耗不超过规定范围，这就是分配器完成的主要任务，即分配作用。

（2）隔离作用

分配器的隔离作用是指分配输出端之间应有一定的隔离，相互不影响。

（3）匹配作用

输入信号传输线阻抗为75Ω，经分配器分配为多路后，各输出线的阻抗也应为75Ω。因此，分配器还应起到阻抗匹配的作用，使输入阻抗与输入线路匹配，各输出端的输出阻抗与输出线路阻抗匹配。

4. 分支器

分支器是从干线上取出一小部分信号传送给电视用户端的部件。其作用是以较小的插入损耗从传输干线或分配线上分出部分信号经衰减后送至各个电视用户。其表示符号见图7-7。

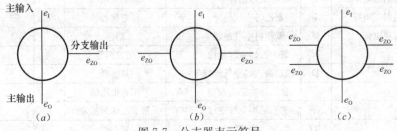

图7-7 分支器表示符号

(a) 一分支器；(b) 二分支器；(c) 四分支器

分支器的主要性能指标如下：

（1）分支损耗

分支损耗是指分支器主输入端信号电平传递到分支输出端信号电平的损失。设分支输出端信号电平为 e_{ZO}，则分支损失 L_Z 可写为：

$$L_Z = e_1 - e_{ZO}(dB) \tag{7-3}$$

分支损失一般在 $7\sim35$dB 范围内。

（2）插入损耗

分支器的插入损耗是指从主输入端输入的信号电平传输到主输出端信号电平的损失，若主输入信号电平为 e_1，主输出信号电平为 e_O，则插入损耗用 L_n(dB) 表示为：

$$L_n = e_1 - e_O(dB) \tag{7-4}$$

在使用频率范围内，分支器插入损耗的大小与所传输的信号频率无关，只与分支器的分支损耗有关，分支损耗越大，插入损耗越小。插入损耗一般在 $0.3\sim4$dB 之间。

（3）反向隔离

反向隔离又称反向耦合衰减量，它是指从分支器一个分支输出端加入的信号电平传输到其主输出端信号电平的损失。一般要求分支器的反向隔离度应大于 25dB。

（4）分支隔离

分支隔离也称分支输出间耦合衰减量，它是指在分支器一个分支输出端加入信号电平传输到其他分支输出端信号电平的损失。它表示了分支器各输出端之间相互干扰的程度，故要求分支器的分支隔离度愈大愈好，一般要求大于 20dB。

（5）阻抗

分支器的输入、输出阻抗均应为 75Ω。

（6）电压驻波比

分支器的电压驻波比说明分支器输入端和各输出端阻抗的准确度。分支器不像分配器那样，输入端和各输出端之间相互影响那么大，特别是主输入、主输出与各分支输出端之间相互影响较小。因此，对分支损耗较大的分支器，在某种情况下分支输出端可以开路而不会影响系统的信号质量。一般要求分支器的电压驻波比小于 1.6。

7.2.5　有线电视传输网络

早期的有线电视网络是完全基于同轴电缆的网络，后来网络规模扩大，由于信号在电缆中损耗较大，一般要每隔 $200\sim300$m 的距离上加入放大器中继，但是在加入放大器的同时也引入了噪声，经过多级放大器后，信号的载噪比下降到使用户的收视质量不能接受，因此靠纯粹的同轴电缆不能将信号送得太远。随着有线电视产业和信息技术的发展和光纤技术的成熟，由于光纤具有损耗小、不受电磁干扰、传输带宽宽等优点，被引入到有线电视网络。20 世纪 90 年代初开始，在原有的同轴电缆传输系统的基础上，将一部分同轴电缆改造为光纤，带宽多为 450/550MHz，就是我们通常所说的光纤同轴混合网，即 HFC 网（Hybrid Fiber Coax）。其原本含义指采用光传输系统代替 CATV 中的干线传输部分，而用户分配网仍保留同轴电缆网络结构。

到 20 世纪 90 年代末期，HFC 网掀起了一次改造浪潮，原因在于：原有 HFC 网络的老化需要更新；用户数的急剧增加导致网络需要调整；双向高速数据业务的驱动；数字电视的发展对网络提出了更高的要求，交互式数字视频也提出了双向化的需求。

新改造网络的带宽多为750M/860MHz，同时，光节点越来越接近用户，光纤距离变长，同轴电缆距离缩短，更重要的是，单向的HFC网络逐步被改造为双向HFC网，增加前端CMTS（Cable Modem Terminal Systems）和终端CM（Cable Modem），即可以提供宽带接入服务。

1. HFC网络的结构

HFC网络一般由前端、干线和分配网络组成。其结构如图7-8所示，各部分的功能如下：

（1）前端：前端设备完成有线电视信号的处理，从各种信号源（天线、地面卫星接收站、录像机、摄像机等）解调出视频和音频信号，然后将视/音频信号调制在某个特定的载波上，这个过程称为频道处理。开展数据业务后，前端设备中又加入了数据通信设备，如路由器、交换机等。

（2）干线：光传输系统的作用是将射频信号（RF）调制到光信号上，在光缆上实现远距离传输，在远端光节点上从光信号中还原出RF信号。光传输系统中的光发射机一般放置在前端机房，光接收机放置在小区。对于传输距离特别远的线路，可以在线路中加中继，将光放大后再续传。

反向信号（上行的数据载波信号）的传输路径与正向信号相反。各用户的上行数据载波信号在远端光节点上汇聚后，调制到反向光发射机，从远端光节点传送到前端机房，在前端机房从反向光接收机还原出RF信号，送入CMTS。

正向信号和反向信号一般采用空分的形式在不同的光纤上传送。反向光发射机与正向接收机可以构置在同一个机壳中，称之为光站。

（3）分配网：用户分配网不仅完成正向信号的分配，还完成反向信号的汇聚。

正向信号从前端通过光传输系统传送到小区后，需要进行分配，以便小区中各用户都能以合适的接收功率收看电视。从干线末端放大器或光接收机到用户终端盒的网络就是用户分配网，用户分配网是一个由分支分配器串接起来的网络。

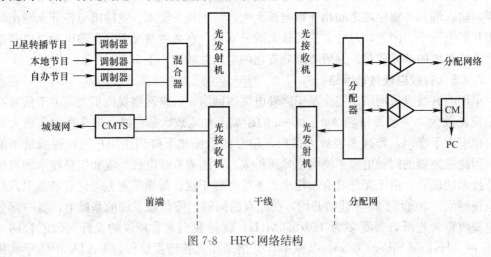

图7-8　HFC网络结构

各用户的上行数据信号在CM中被调制，上行数据载波信号沿着正向信号相反的路径汇聚到光站上。分支分配器的输出输入端口具有互易性，对正向信号起分支分配的作用，对反向信号起混合汇聚的作用。尽管上行数据载波信号从用户端到光站的线路与下行载波信号从光站到用户的线路相同，但由于下行信号工作在高端频率，上行信号工作在低端频率，在同轴电缆上的损耗不同而使两者在同样的线路上损耗不一致。

2. 双向有线电视系统

双向有线电视网络传输有三种方式：

（1）空间分割方式：由两个单方向系统组合而成，分别传送上、下行信号。

（2）时间分割方式：在一个系统内通过时间的错开，分别传送双向传输信号。

（3）频率分割方式：在一个系统中将传输频率划分出上行和下行频段，分别用于传输上、下行信号。有线电视系统的双向传输通常是以频率分割方式实现的，参见 5.3.1 介绍及表 5-2。

7.2.6　数字有线电视系统

数字电视就是指从演播室到发射、传输、接收的所有环节都是使用数字电视信号或对该系统所有的信号传播都是通过由 0、1 数字串所构成的数字流来传播的电视类型。其具体传输过程是：由电视台送出的图像及声音信号，经数字压缩和数字调制后，形成数字电视信号，经过卫星、地面无线广播或有线电缆等方式传送，由数字电视接收后，通过数字解调和数字视音频解码处理还原出原来的图像及伴音。因为全过程均采用数字技术处理，因此信号损失小，接收效果好。

1. 数字电视的原理

将电视的视、音频信号数字化后，其数据量是很大的，不利于传输，因此数据压缩技术成为关键。实现数据压缩技术的方法有两种：一是在信源编码过程中进行压缩，IEEE 的 MPEG 专家组已制订了 ISO/IEC13818（MPEG-2）国际标准，MPEG-2 采用不同的层和级组合即可满足不同电视质量的要求，其应用面很广，支持分辨率 16∶9 宽屏及高清晰度电视等多种格式，从进入家庭的 DVD 到卫星电视、广播电视微波传输都采用了这一标准。二是改进信道编码，发展新的数字调制技术，提高单位频宽数据传送速率。如欧洲 DVB 数字电视系统，数字卫星电视系统（DVB-S）采用正交相移键控调制（OPSK）；数字有线电视系统（DVB-C）采用正交调幅调制（QAM）；数字地面开路电视系统（DVB-T）采用更为复杂的编码正交频分复用调制（COFDM）。

2. 数字有线电视系统的组成

目前，我国的有线电视系统一般都是由信号源和机房设备、前端设备、传输网络、分配网络、用户终端五个部分组成的。

（1）信号源和机房设备：有线电视节目来源包括卫星地面站接收的模拟和数字电视信号，本地微波站发射的电视信号，本地电视台发射的电视信号等。为实现信号源的播放，机房内应有卫星接收机、模拟和数字播放机、多功能控制台、摄像机、特技图文处理设备、编辑设备、视频服务器、用户管理控制设备等。

（2）前端设备：前端设备是接在信号源与干线传输网络之间的设备。它把接收来的电视信号进行处理后，再把全部电视信号经混合器混合，然后送入干线传输网络，以实现多信号的单路传输。前端设备输出信号频率范围可在 5MHz～1GHz 之间。前端输出可接电缆干线，也可接光缆和微波干线。

（3）传输网络：传输网络处于前端设备和用户分配网络之间，其作用是将前端输出的各种信号不失真地、稳定地传输给用户分配部分。传输媒介可以是射频同轴电缆、光缆、微波或它们的组合，当前使用最多的是光缆和同轴电缆混合（HFC）传输。

（4）分配网络：有线电视的分配网络都是采用电缆传输，其作用是将放大器输出信号按一定电平分配给楼栋单元和用户。

（5）用户终端：用户终端是接到千家万户的用户端口，俗称机顶盒。用户端口与电视机相连。目前，用户端口普遍采用单口用户盒或双口用户盒，或串接一分支。

3. 数字有线电视的分类

（1）按清晰度分类：可以分为低清晰度数字电视（图像水平清晰度大于 250 线）、标准清晰度数字电视（图像水平清晰度大于 500 线）、高清晰度数字电视（图像水平清晰度大于 800 线，即 HDTV）。VCD 的图像格式属于低清晰度数字电视（LDTV）水平，DVD的图像格式属于标准清晰度数字电视（SDTV）水平。

（2）按显示屏幕幅型分类：可以分为 4：3 幅型比和 16：9 幅型比两种类型。

（3）按扫描线数（显示格式）分类：可以分为 HDTV 扫描线数（大于 1000 线）和SDTV 扫描线数（600～800 线）等。

4. 数字有线电视的发展前景

世界通信与信息技术的迅猛发展将引发整个电视广播产业链的变革，数字有线电视是这一变革中的关键环节。伴随着电视广播的全面数字化，传统的电视媒体将在技术、功能上逐步与信息、通信领域的其他手段相互融合，从而形成全新的、庞大的数字电视产业。这一新兴产业已经引起广泛的关注，各国根据自己的国情，已分别制定出由模拟电视向数字电视过渡的方案和产业目标。数字电视被各国视为新世纪的战略技术。数字电视成了继电信引爆 IT 之后的又一大"热点"。

电视数字化是电视发展史上又一次重大的技术革命。数字电视不但是一个由标准、设备和节目源生产等多个部分相互支持和匹配的技术系统，而且将对相关行业产生影响并促进其发展。

7.3 卫星电视接收系统

7.3.1 卫星电视接收系统简介

所谓卫星广播电视系统，就是利用卫星来直接转发电视信号的系统，卫星的作用相当于一个空间转发站。主发射站把需要广播的电视信号以 f_1 的上行频率发射给卫星，卫星收到该信号，经过放大和变换，以 f_2 的下行频率向地球上的预定服务区发射。主发射站也接收该信号做监视用。

卫星电视覆盖面积大，一颗卫星就几乎可以覆盖地球表面的 40%，即三颗同步卫星便能覆盖全球，如图 7-9 所示。使用卫星电视系统相对使用地面电视台的投资少，如与微波中继线路相比，可节约投资 60%。

卫星电视采用的载频高，频带宽，传输容量大，是微波中继不可比拟的。由于卫星居高临下，电波入射角大，又是直播，

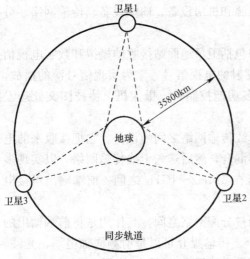

图 7-9　同步地球卫星示意图

传播线路大部分是外层空间，所以噪声干扰小，信号强度稳定，信号信噪比高，图像质量好。

卫星电视的信号很弱，虽然直播电视卫星转发器的功率一般都在 100W 以上，但由于传播距离太远，致使到达地面的场强仅约 $10\sim100\mu V/m$，而一般电视机的灵敏度为 $50\mu V/m$（VHF）和 $300\mu V/m$（UHF），因此为了正常收看卫星直播电视，须采用强方向性的天线和高灵敏度的接收机。

7.3.2　卫星电视接收系统的设备组成

卫星电视接收系统设备主要包括卫星电视接收天线、高频头、功分器、卫星电视接收机、调制器、混频器、干线放大器、分配器和电视机组成。

1. 卫星电视接收天线

卫星电视接收天线是有线电视前端重要组成部分，主要用于接收电视节目信号，对卫星电视接收系统的接收效果有着决定性影响，其原理是利用电波的反射原理，将电波集焦后，辐射到馈源上的高频头，然后通过馈线将信号传送到卫星接收机并解码出电视节目。卫星接收天线形式有多种多样，但最常见的有以下几种：

（1）正馈（前馈）抛物面卫星天线

正馈抛物面卫星接收天线由抛物面反射面和馈源组成。它的增益和天线口径成正比，主要用于接收 C 波段的信号。由于它便于调试，所以广泛应用于卫星电视接收系统中。它的馈源位于反射面的前方，故又称它为前馈天线，如图 7-10 所示。

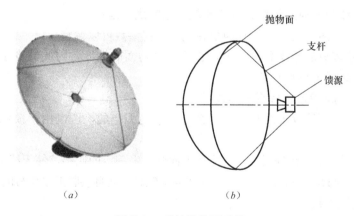

（a）　　　　　　　　　　　（b）

图 7-10　前馈抛物面天线

（a）外观图；（b）示意图

正馈抛物面卫星天线的缺点是：

正馈抛物面卫星天线的反射面的直径一般为 $1.2\sim3m$，优点是便于安装，容易调试。正馈抛物面卫星天线的缺点是：

1）馈源是背向卫星的，反射面对准卫星时，馈源方向指向地面，会使噪声温度提高。

2）馈源的位置在反射面以上，要用较长的馈线，这也会使噪声温度升高。

3）馈源位于反射面的正前方，它对反射面产生一定程度的遮挡，使天线的口径效率会有所降低。

（2）卡塞格伦（后馈式抛物面）天线

卡塞格伦是一个法国物理学家和天文学家，他于 1672 年设计出卡塞格伦反射望远镜。

1961 年，汉南将卡塞格伦反射器的结构移植到了微波天线上。卡塞格伦天线克服了正馈式抛物面天线的缺陷，由一个抛物面主反射面、双曲面副反射面和馈源构成，是一个双反射面天线，多用作大口径的卫星信号接收天线或发射天线。抛物面的焦点与双曲面的虚焦点重合，而馈源则位于双曲面的实焦点之处，双曲面汇聚抛物面反射波的能量，再辐射到抛物面后馈源上，如图 7-11 所示。由于卡塞格伦天线的馈源是安装在副反射面的后面，因此人们通常称它为后馈式天线，以区别于前馈天线。

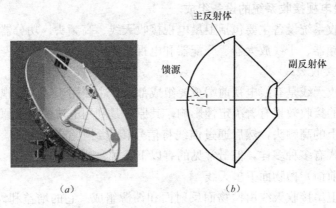

（a）　　　　　　　　　　　（b）

图 7-11　卡塞格伦天线

（a）外观图；（b）示意图

卡塞格伦天线与普通抛物面天线相比较，它的优点是：

1）设计灵活，两个反射面共有四个独立的几何参数可以调整。

2）利用焦距较短的抛物面达到了较长焦距抛物面的性能，因此减少了天线的纵向尺寸，这一点对大口径天线很有意义。

3）减少了馈源的漏溢和旁瓣的辐射。

4）作为卫星地面接收天线时，因为馈源是指向天空的，所以由于馈源漏溢而产生的噪声温度比较低。

卡塞格伦天线的缺点是副反射面对主反射面会产生一定的遮挡，使天线的口径效率有所降低。由于其口径都在 4.5m 以上，所以制造成本较高，而且接收卫星信号时调试较复杂。

（3）格里高利天线

格里高利是 17 世纪苏格兰的一位数学家，他于 1663 年设计出了格里高利望远镜，格里高利天线就是从格里高利望远镜演变而来的。格里高利天线由主反射面、副反射面和馈源组成，是一种双反射面天线，也属于后馈天线，通常在上行地球站中作为卫星信号发射天线使用。其主面仍然是抛物面，而副反射面为凹椭球面。格里高利天线可以安装两个馈源，这样接收和发射就能够同时共用一副天线，通常接收馈源安放在焦点 1 处，而发射馈源则安放在焦点 2 处。格里高利天线优、缺点和卡塞格伦天线基本相同，它最主要的优点就是有两个实焦点，因此可以安装两个馈源，一个用于发射信号，一个用于接收信号。

（4）偏馈天线

偏馈天线又称 OFF SET 天线，主要用于接收 Ku 波段的卫星信号，是截取前馈天线或后馈天线一部分而构成的，这样馈源或副反射面对主反射面就不会产生遮挡，从而提高了天线口径的效率，如图 7-12 所示。偏馈天线的工作原理与前馈天线或后馈天线是完全一样的。一般来说相同尺寸的偏馈和正馈天线接收同一颗卫星时，因反射的角度不同，偏馈天线的盘面仰角会比正馈天线盘面增大约 $25°\sim$ $30°$。

偏馈天线的优点是：

1）卫星信号不会像正馈天线一样被馈源和支架所阻挡而有所衰减，所以天线增益略比正馈高。

2）在经常下雪的区域因天线较垂直，所以盘面比较不会积雪。

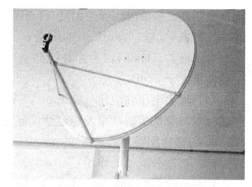

图 7-12　偏馈天线外形图

3）在阻抗匹配时，能获得较佳的"驻波系数"。

4）由于口径小、重量轻，所以便于安装、调试。

偏馈天线的缺点是在赤道附近的国家，如使用正馈一体成型的天线来接收自己上空的卫星信号，天线盘面必须钻孔，才不致天线盘面积水。

此外，还有球形反射面天线和微带天线。所谓球形反射面就是球面的一部分，在卫星接收系统中使用球形反射面天线的目的就是使用一副天线来同时接收多颗卫星信号。由于球形反射面具有完全对称的几何结构，因此它是一种比较理想的接收不同方向卫星信号的接收天线。

图 7-13　微带天线外形图

微带天线是 20 世纪 70 年代出现的一种新型天线形式，外形是一块平板，故人们又称它为平面天线，主要用于接收 Ku 波段节目，其外形如图 7-13 所示。根据具体尺寸的不同，这种直线阵可以接收圆极化电波，也可以接收线极化电波。微带天线优点是重量轻、安装方便、价格较低，因此比较适合家庭安装使用。

2. 高频头

高频头属于卫星电视接收系统的室外单元，连接在天线输出端，一般兼有放大和变频的功能。高频头的学名叫做高频调谐器（Low Noise Block Down Converter，LNB），由馈源和高放两部分组成，作用是把 C 波段（频率范围 3.4GHz～ 4.2GHz）和 Ku 波段（频率范围 10.75GHz～12.75GHz）卫星传送下来的微弱信号放大再与其中的本振作用后输出卫星接收机所需要的 950MHz～2150MHz 中频信号。

高频头的内部结构包括低噪声放大器、本振、混频器、第一中频放大器和稳压电源等部分。

高频头的主要参数：

（1）输入频率（INPUT）：高频头接收卫星发射信号的下行频率。

（2）输出频率（OUTPUT）：输入信号的下行频率经高频头内部电路降频后，再由自身端口输出的中频频率。

（3）本振频率（L_O）：高频头内部的本机振荡器产生的固定频率。

（4）噪声（Noise Figure）：为放大器输入端和输出端信噪比的比值，表示信号经高频头后损失的信噪比，它对接收系统整体性能起着重要的作用。噪声特性以噪声系数或噪声温度来描述，C 波段用噪声温度 TLNB（K）表示，如 25K、17K 等；Ku 波段用噪声系数 N_F（dB）表示，如 0.8dB、0.6dB 等，其数值越小越好。

（5）增益（Gain）：为弥补线路衰减及噪声影响，高频头必须具有较高的功率增益。一般要求大于 60dB。

（6）输出电压驻波比（Output VSWR）：表示匹配传输情况。驻波比过大，会引起较强的反射，降低传输功率及稳定性，通常要求比值小于 2.5。

3. 功率分配器

（1）功率分配器的作用

功率分配器的功能是将输入的一路卫星中频信号均等分成几路输出的一种多端口的装置。通常有二功分器、四功分器、六功分器等。功率分配器的工作频率是 950MHz～2150MHz。卫星电视接收系统中的多台卫星接收机，共用一面抛物面天线时，就需要用到功率分配器。根据所用接收机的多少选用功率分配器，如接两台接收机可以选用二功率分配器，接四台接收机就选用四功率分配器。

（2）功率分配器的技术指标

1）频率范围：这是各种射频/微波电路的工作前提，功率分配器的设计结构与工作频率密切相关。必须首先明确分配器的工作频率，才能进行下面的设计。

2）承受功率：在大功率分配器/合成器中，电路元件所能承受的最大功率是核心指标，它决定了采用什么形式的传输线才能实现设计任务。

3）分配损耗：主路到支路的分配损耗实质上与功率分配器的功率分配比有关。如二功分器的分配损耗是 3dB，四功分器的分配损耗是 6dB。

4）插入损耗：一般是由于传输线（如微带线）的介质或导体不理想等因素，考虑输入端的驻波比所带来的损耗。

5）隔离度：支路端口间的隔离度是功率分配器的另一个重要指标。如果从每个支路端口输入功率只能从主路端口输出，而不应该从其他支路输出，这就要求支路之间有足够的隔离度。

6）驻波比：每个端口的电压驻波比越小越好。

4. 卫星电视接收机

卫星电视接收机是卫星电视接收系统的重要设备之一，它是将卫星降频器 LNB 输出信号转换为音频视频信号的电子设备。

（1）卫星电视接收机的分类

卫星接收机的种类很多，可分为模拟卫星接收机、数字卫星接收机和多功能卫星接收机，此外还有数字卫星接收卡（盒）。模拟卫星接收机是早期为接收卫星上发射的模拟节目而设计的，接收的是模拟信号，目前因为大部分信号均已经数字化，基本已经绝迹。数字卫星电视接收机接收的是数字信号，是目前比较常用的接收机，又分插卡数字机、免费机、高清机等。

（2）卫星电视接收机的电路组成

卫星电视接收机，通常应包括以下几个部分：电子调谐选台器、中频放大与解调器、信号处理器、伴音信号解调器、前面板指示器、电源电路。插卡数字机还包括卡片接口电路等。

1）电子调谐选台器，其主要功能是从 950～1450MHz 的输入信号中选出所要接收的某一电视频道的频率，并将它变换成固定的第二中频频率（通常为 479.5MHz），送给中频放大与解调器。

2）中频放大与解调器，将输入的固定第二中频信号滤波、放大后，再进行频率解调，得到包含图像和伴音信号在内的复合基带信号，同时还输出一个能够表征输入信号大小的直流分量送给电平指示电路。

3）图像信号处理器，从复合基带信号中分离出视频信号，并经过去加重、能量去扩散和极性变换等一系列处理之后，将图像信号还原并输出。

4）伴音解调器，从复合基带信号中分离出伴音副载波信号，并将它放大、解调后得到伴音信号。

5）面板指示器，将中频放大解调器送来的直流电平信号进一步放大后，用指针式电平表、发光二极管陈列式电平表或数码显示器，来显示接收机输入信号的强弱和品质。

6）电源电路，将市电经变压、整流、稳压后得到的多组低压直流稳压电源，为本机各部分及室外单元（高频头）供电。

7.4 有线电视及卫星电视接收系统工程设计

7.4.1 工程设计基础

1. 电平

定义：信号功率 P_1 与基准功率 P_0 之比的分贝值，即：$10\lg\dfrac{P_1}{P_0}$。

有时也用 $dB\mu V$ 表示，即以在 75Ω 上产生 $1\mu V$ 电压的功率（0.0133pW）为基准，即：

$$20\lg\frac{U}{1\mu V} \tag{7-5}$$

例如，系统中某点的电压分别为 $10\mu V$、$100\mu V$、$1mV$ 和 $1\mu V$，其对应的电平值分别为：

$$20\lg\frac{10}{1} = 20(\text{dB}\mu V)$$

$$20\lg\frac{100}{1} = 40(\text{dB}\mu V)$$

$$20\lg\frac{1000}{1} = 60(\text{dB}\mu V)$$

$$20\lg\frac{1}{1} = 0(\text{dB}\mu V)$$

2. 增益

增益是衡量有线电视系统中放大器等有源器件放大信号能力大小的参数。有两种表示增益的方法，一种为功率增益，一种为电压增益。通常 CATV 系统中的增益均取对数表示。图 7-14 所示为某一放大器，其输入、输出端各参数符号如图所示。

功率增益的定义：

输出功率与输入功率的比值，再对其取 10 倍常用对数，就得到功率增益的分贝

图 7-14 放大器输入、输出端参数

值（dB）即：

$$功率增益 = 10\lg \frac{P_\mathrm{o}}{P_\mathrm{i}}(\mathrm{dB}) \tag{7-6}$$

电压增益的定义：

输出电压与输入电压的比值，再对其取 20 倍常用对数，就得到电压增益的分贝值（dB）即：

$$电压增益 = 20\lg \frac{U_\mathrm{o}}{U_\mathrm{i}}(\mathrm{dB}) \tag{7-7}$$

在 CATV 系统中，已知各个器件的输入阻抗、输出阻抗、电缆的特性阻抗均为 75Ω，则：

$$功率增益 = 10\lg \frac{P_\mathrm{o}}{P_\mathrm{i}} = 10\lg \frac{U_\mathrm{o}^2/R_\mathrm{o}}{U_\mathrm{i}^2/R_\mathrm{i}} = 10\lg \frac{U_\mathrm{o}^2}{U_\mathrm{i}^2} = 20\lg \frac{U_\mathrm{o}}{U_\mathrm{i}} = 电压增益$$

所以，CATV 系统中器件的增益，既可用功率比表示，也可用电压比表示，二者的比值是相等的。

3. 载噪比

为了衡量系统中噪声干扰对电视图像质量的影响程度，一般用载噪比 $\left(\frac{C}{N}\right)$ 来衡量。其定义为：

$$载噪比\left(\frac{C}{N}\right) = \frac{载波功率}{噪声功率}(倍)$$

用分贝值表示：

$$\frac{C}{N} = 10\lg\left(\frac{C}{N}\right)(\mathrm{dB}) \tag{7-8}$$

由于 CATV 系统中器件的输入、输出阻抗均为 75Ω，式（7-8）也可写成：

$$\frac{C}{N} = 20\lg \frac{载波电压}{噪声电压}(\mathrm{dB}) \tag{7-9}$$

一般为了计算方便，用 $\left(\frac{C}{N}\right)$ 表示倍数，用 $\frac{C}{N}$ 表示分贝值。系统的 $\frac{C}{N}$ 越高，表明电视图像越清晰。按照系统载噪比的大小，我国将图像划分成 5 个等级，见表 7-2，并规定 CATV 系统图像质量必须达到 4 级以上。

图像质量等级 表 7-2

图像等级	载噪比（dB）	电视画面的主观评价
5	51.9	优异的图像质量（无雪花等）
4	43	良好的图像质量（稍有雪花）
3	36.3	可接受的图像质量（稍令人讨厌的雪花）
2	31.8	差的图像质量（令人讨厌的雪花）
1	29.5	很差的图像质量（很令人讨厌的雪花）

4. 噪声

在 CATV 系统中存在着放大器、调制器等有源器件。这些器件中的晶体管等电子元器件会不同程度地产生噪声功率。当电视信号在系统中传输时，这些噪声功率也同样要在系统中传输。当这些噪声功率传输至用户端时，在电视机的屏幕上将会出现雪花状或杂乱无章的信号，从而影响到整个 CATV 系统的收视质量，所以必须尽量控制整个系统的噪声。

系统内的噪声包含两个方面：一是由电阻产生的热噪声，用噪声源电压表示；二是由放大器中的晶体管等器件产生的噪声，用噪声系数表示。

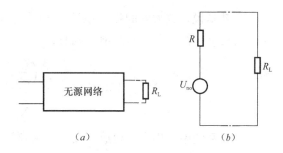

图 7-15　无源网络等效电路

(a) 无源四端网络；(b) 等效电路

（1）热噪声源电压

一个无源网络如图 7-15（a）所示，可用一个等效电阻 R 来表示。无源网络的热噪声就等于其等效电阻 R 的热噪声。而热噪声的电阻可以用一个电阻值与其相等的无噪声电阻 R 和与之串联的热噪声电压源 U_{no} 的等效电路来表示，见图 7-15（b），这个热噪声电压源 U_{no} 与产生它的电阻 R 有如下关系：

$$U_{no} = 2\sqrt{KTBR} \tag{7-10}$$

式中　U_{no}——热噪声源电压（V）；

$\quad\quad K$——波兹曼常数［W/(Hz·K)］，取 1.38×10^{-23}；

$\quad\quad T$——绝对温度值，常温取 293K；

$\quad\quad B$——图像的噪声频带宽度，我国 PAL-D 制为 5.75MHz；

$\quad\quad R$——噪声源内阻，该电阻已是无噪声的理想电阻，CATV 系统为 75Ω。

将上述数据代入式（7-10）得：$U_{no} = 2.64(\mu V)$

由于 CATV 系统中各个器件的输入、输出阻抗均为 75Ω，所以外接匹配负载 R_L 上产生的噪声电压的分贝值为：

$$U_{ni} = 20\lg(U_{no}/2) = 20\lg1.32 = 2.4(dB\mu V)$$

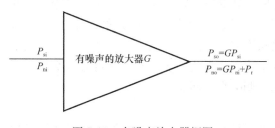

图 7-16　有噪声放大器框图

（2）噪声系数

CATV 系统中的噪声，除了上述无源器件中电阻产生的热噪声源电压为 $2.4dB\mu V$ 以外，更主要的噪声源是来自于放大器等有源器件。在图 7-16 所示的放大器中 P_{si} 和 P_{so} 分别为输入和输出载波功率，P_{ni} 和 P_{no} 分别为输入和输出噪声功率。P_{si}、P_{no} 和放大器内部产生的噪声功率 P_r 有如下关系：

$$P_{no} = GP_{ni} + P_r \tag{7-11}$$

将放大器输出端的总噪声功率 P_{no} 与输入端噪声功率 P_{ni} 经放大后产生的噪声功率 GP_{ni} 之比，定义为放大器的噪声系数，用 F 表示，有：

$$F = \frac{P_{no}}{GP_{ni}} \tag{7-12}$$

即：$P_{no} = F \cdot G \cdot P_{ni}$

$$\frac{输入端载噪比\left(\dfrac{C}{N}\right)_入}{输出端载噪比\left(\dfrac{C}{N}\right)_出} = \frac{P_{si}/P_{ni}}{P_{so}/P_{no}} = \frac{P_{si}/P_{ni}}{G\cdot P_{si}/F\cdot G\cdot P_{ni}} = F \tag{7-13}$$

也就是说，放大器的噪声系数 F 也可定义为放大器输入端载噪比与输出端载噪比之比。若用 N_F 表示 F 的对数值，则有：

$$N_F = 10\lg F = 10\lg \frac{\left(\frac{C}{N}\right)_入}{\left(\frac{C}{N}\right)_出} = \left(\frac{C}{N}\right)_入 - \left(\frac{C}{N}\right)_出 \text{(dB)} \tag{7-14}$$

如果系统中只用了一台放大器，放大器输入端为无源器件（如接收天线）时，放大器输出端的载噪比为：

$$\left(\frac{C}{N}\right) = \frac{P_{so}}{P_{no}} = \frac{G \cdot P_{si}}{F \cdot G \cdot P_{ni}} = \frac{P_{si}}{F \cdot P_{ni}} = \frac{\frac{U_a^2}{R}}{\frac{FU_{ni}^2}{R}} = \frac{U_a^2}{FU_{ni}^2} \tag{7-15}$$

上式中 U_a 为放大器输入端的电压，U_{ni} 为前级无源器件输出的热噪声源电压。对式（7-14）两边取对数 $10\lg$，得：

$$10\lg\left(\frac{C}{N}\right) = 10\lg U_a^2 - 10\lg F - 10\lg U_{ni}^2$$

即：

$$\frac{C}{N} = 20\lg U_a - 10\lg F - 20\lg U_{ni} = S_a - N_F - 2.4 \text{(dB)} \tag{7-16}$$

式中，S_a 为输入载波电平，N_F 为放大器噪声系数，$2.4\text{dB}\mu\text{V}$ 为基础热噪声电平。

上式具有很实用的意义，它表明了放大器输出端的载噪比与输入电平之间的关系。

5. 非线性失真

在整个 CATV 网络系统中，使用了大量的有源器件，如放大器、光收发机等，这些有源器件都会产生非线性失真，结果是会在系统上产生很多新的频率分量，称之为产物。如果这些产物落在播出频道带内，就会对这些频道的图像产生干扰，如图像拉丝、网纹干扰、"雨刷"干扰、"串像"等。根据对图像的干扰表现方式，非线性失真可分为交扰调制干扰（又称交调失真）和相互调制干扰（又称互调失真）两类。

（1）交扰调制干扰

CATV 系统中放大器放大多个频道的电视信号时，由于放大器中非线性器件的影响（主要是三次项），使所欲接收频道的图像载波受到其他（干扰）频道的调制波的幅度变化干扰，这就称为交扰调制或交叉调制，简称交调。常见的现象是在欲接收的图像背景上出现干扰频道图像的负像。有时干扰频道的水平同步信号在欲接收的图像画面上翻转，成为一个垂直白条，而且左右移动（在行频一致时是固定的），好像汽车前窗的雨刷，因而也称为"雨刷"干扰。

交扰调制是干扰信号的调制转移到了有用信号的载波上。交扰调制比用 CM 表示，其定义为：

$$CM = 20\lg \frac{被测载波上需要调制的峰-峰值}{被测载波上转移调制的峰-峰值} \text{(dB)} \tag{7-17}$$

《有线电视广播系统技术规范》（GY/T 106—1999）中规定 $CM \geqslant 46\text{dB}$，设计时应取

48dB。

（2）相互调制干扰

CATV 系统中放大器放大多个频道的电视信号时，由于放大器的非线性作用（主要是二次项），使传送信号彼此混频，产生的和频或差频落到欲接收频道的频率范围内和有用信号一起进入电视接收机，就会产生干扰，称为相互调制干扰，简称互调。相互调制干扰与频率有密切关系，它产生网纹或斜纹干扰。

互调用 IM 表示，其定义为：

$$IM = 20\lg \frac{载波电平有效值}{互调产物有效值}(dB) \tag{7-18}$$

《有线电视广播系统技术规范》GY/T 106—1999 中规定 $IM \geqslant 57dB$，设计时应取 58dB。

在当今的大型有线电视系统中，由于传输的频道数多，交调干扰会因为相位的不同而和主观感觉不一样，给测量带来误差，因此用一个称为复合三次差拍比来取代交扰调制比，用 CTB 来表示。电视频道的特点是它们的间隔大多数是相同的，因此频道数量多时相互形成的三次差拍成分同时落入某一个频道的可能性很大，这些差拍分量还有集聚性，往往都集中在图像载波频率附近 $\pm 15kHz$ 的频带内形成簇，在一个频道内可能有几个簇，但在图像载波频率上的一簇往往是最大的，测量一个簇的电平也就是测量三次差拍成分的总和，这个电平称为复合三次差拍电平。载波电平与它的比称复合三次差拍比。其实二次差拍也要复合，其要求和三次差拍相同，用 CSO 表示。

6. 前端技术指标计算

（1）接收场强的计算

电视信号在空间传输时，要受到地面障碍物的阻挡和反射，根据电视信号的传输特点，到达地面某点的场强，除了直射波为主要能量外，还会有其他途径到达的能量，空间某点的电场强度计算公式为：

$$E = \frac{4.44 \times 10^5 \sqrt{P}}{D} \sin\left(2\pi \times 10^{-3} \times \frac{h_1 h_2}{\lambda D}\right)(\mu V/m) \tag{7-19}$$

式中　P——发射台的有效辐射功率（kW）；

　　　D——收发点之间的距离（km）；

　　　λ——某频道电磁波的中心波长（m）；

h_1、h_2——发射天线和接收天线的高度（m）。

在实际工程中，由于任何一点的场强是电视台发射的信号经过各种途径到达该点信号的叠加，这当中包含了很多的干扰信号，如反射、绕射等，应用上式进行计算，所得结果往往与实际数值相差较大。因此，实际工程中一般是以实测的场强值作为设计的依据，当没有条件实测时，才应用公式计算的理论值作参考。

（2）天线输出电平的计算

CATV 系统中，若八木引向接收天线，其输出电平的计算公式如下：

$$S_a = E + 20\lg \frac{\lambda}{\pi} + G_a - L_f - L_m - 6(dB\mu V) \tag{7-20}$$

式中　　S_a——接收天线的输出电平（dBμV）；

$\qquad$ G_a——接收天线的相对增益（dB）；

$\qquad$ E——接收点场强（μV/m）；

$20\lg\dfrac{\lambda}{\pi}$——波长修正因子（dB），其中$\lambda$为接收频道的中心波长，其数值见表7-3；

$\qquad$ L_f——馈线的损耗（dB）；

$\qquad$ L_m——失配损耗、匹配器损耗等，取1dB；

$\qquad$ 6——安全系数。

波长修正因子　　　　　　　　　　　　表7-3

频道	1	2	3	4	5	6	7	8	9	10	11
$20\lg\dfrac{\lambda}{\pi}$	+5.7	+4.4	+3.2	+1.8	+1.0	−4.9	−5.3	−5.7	−6.1	−6.4	−6.8
频道	13	15	20	25	30	35	40	45	50	55	60
$20\lg\dfrac{\lambda}{\pi}$	−13.9	−14.1	−14.9	−16.1	−16.6	−17.2	−17.2	−18.1	−18.6	−18.9	−19.4

（3）前端载噪比计算

目前，中、大型CATV系统普遍采用邻频传输技术。对于卫星、微波、录像等输出的视频信号源，都要用调制器转换成射频信号，然后从前端输出。对于开路射频信号源，要先经过解调—调制方式的处理，使之成为符合邻频传输的射频信号后，再从前端输出。像这一类由调制器组成的前端电路，只要天线的输出电平在解调器的输入电平范围之内，则解调器输出的视频信噪比均比较高，因此这类前端的载噪比主要取决于调制器自身的载噪比，生产厂家提供的调制器载噪比通常有带内载噪比、带外载噪比等。由于调制器输出的噪声是宽带的，带外的噪声与其他频道混合后会影响其他频道。因此对于某一频道而言，除调制器的带内载噪比外，还要加上其他频道调制器的带外载噪比。载噪比的计算公式如下：

$$\frac{C}{N}_{总带外} = \frac{C}{N}_{带外} - 10\lg(C-1)\,(\mathrm{dB}) \tag{7-21}$$

式中　　$\dfrac{C}{N}_{总带外}$——总的带外载噪比（dB）；

$\qquad$ $\dfrac{C}{N}_{带外}$——调制器的带外载噪比（dB）；

$\qquad$ C——前端调制器的数量。

任一频道调制器输出的载噪比为$\dfrac{C}{N}_{带内}$和$\dfrac{C}{N}_{总带外}$的叠加，即：

$$\frac{C}{N} = -10\lg\left(10^{\frac{C/N_{带内}}{10}} + 10^{\frac{C/N_{总带外}}{10}}\right)(\mathrm{dB}) \tag{7-22}$$

系统前端的有源器件均是频道型器件，主要考虑的指标是载噪比。当由于混合器输出端电平较低，需要在前端设置一台宽带的驱动放大器（一般均为前馈型放大器，非线性指标高）时，则前端需要适当考虑非线性指标。

7. 干线系统指标计算

（1）只有一台放大器：

1)
$$\frac{C}{N} = S_{\mathrm{a}} - N_{\mathrm{F}} - 2.4(\mathrm{dB}) \tag{7-23}$$

式中　$\dfrac{C}{N}$——载噪比（dB）；

$\quad\ S_{\mathrm{a}}$——放大器的输入电平（dBμV）；

$\quad\ N_{\mathrm{F}}$——放大器的噪声系数（dB）；

$\quad\ 2.4$——热噪声源电压的分贝值（dBμV）。

2)
$$CM = \left(CM_{\mathrm{ot}} + 20\lg\frac{C_{\mathrm{t}} - 1}{C - 1}\right) + 2(S_{\mathrm{ot}} - S_{\mathrm{o}})(\mathrm{dB}) \tag{7-24}$$

式中　CM——在 C 个频道输入时，放大器输出电平为 S_{o} 时的交调比（dB）；

$\quad CM_{\mathrm{ot}}$——厂家给出的在 C_{t} 个频道测试信号同时输入、输出为 S_{ot} 时的交调比（dB）；

$\quad\ C_{\mathrm{t}}$——厂家测试频道数量；

$\quad\ C$——系统实际频道数量；

$\quad\ S_{\mathrm{ot}}$——厂家给出的放大器输出端的测试电平值（dB）；

$\quad\ S_{\mathrm{o}}$——放大器的实际工作电平（dB）。

3)
$$CTB = \left(CTB_{\mathrm{ot}} + 20\lg\frac{C_{\mathrm{t}} - 1}{C - 1}\right) + 2(S_{\mathrm{ot}} - S_{\mathrm{o}})(\mathrm{dB}) \tag{7-25}$$

式中　CTB——在 C 个频道输入时，放大器输出电平为 S_{o} 时的组合三次差拍比（dB）；

$\quad CTB_{\mathrm{ot}}$——厂家给出的在 C_{t} 个频道测试信号同时输入、输出为 S_{ot} 时的组合三次差拍比（dB）；

$\quad\ C_{\mathrm{t}}$——厂家测试频道数量；

$\quad\ C$——系统实际频道数量；

$\quad\ S_{\mathrm{ot}}$——厂家给出的放大器输出端的测试电平值（dB）；

$\quad\ S_{\mathrm{o}}$——放大器的实际工作电平（dB）。

4)
$$CSO = \left(CSO_{\mathrm{ot}} + 20\lg\frac{C_{\mathrm{t}} - 1}{C - 1}\right) + 2(S_{\mathrm{ot}} - S_{\mathrm{o}})(\mathrm{dB}) \tag{7-26}$$

式中　CSO——在 C 个频道输入时，放大器输出电平为 S_{o} 时的组合二次失真（dB）；

$\quad CSO_{\mathrm{ot}}$——厂家给出的在 C_{t} 个频道测试信号同时输入、输出为 S_{ot} 时的组合二次失真（dB）；

$\quad\ C_{\mathrm{t}}$——厂家测试频道数量；

$\quad\ C$——系统实际频道数量；

$\quad\ S_{\mathrm{ot}}$——厂家给出的放大器输出端的测试电平值（dB）；

$\quad\ S_{\mathrm{o}}$——放大器的实际工作电平（dB）。

（2）n 台放大器串联时

一般情况下，串联的 n 台放大器都是输出电平及型号相同的，而且是等间隔设置的，此时其技术指标的计算如下式：

$$\frac{C}{N} = \frac{C}{N_i} - 10\lg n(\mathrm{dB}) \tag{7-27}$$

$$CM = CM_i - 20\lg n(\mathrm{dB}) \tag{7-28}$$

$$CTB = CTB_i - 20\lg n(\mathrm{dB}) \tag{7-29}$$

$$CSO = CSO_i - 20\lg n (\text{dB}) \tag{7-30}$$

上式中的 $\dfrac{C}{N_i}$、CM_i、CTB_i、CSO_i 分别为单台放大器的载噪比、交调比、组合三次差拍比和组合二次失真。

8. 分配系统指标计算

（1）技术指标计算

分配系统的载噪比、交调比、组合三次差拍比和组合二次失真依据分配系统中选用放大器的情况分别计算，方法与干线系统的计算相同。

（2）用户端电平的计算

用户端的电平又称为系统输出口电平，在《有线电视广播系统技术规范》GY/T 106—1999 中明确规定：在 VHF 和 UHF 段，用户电平为 $60\sim80\text{dB}\mu\text{V}$。用户电平过高、过低都会影响电视机的接收效果。当用户电平低于 $60\text{dB}\mu\text{V}$ 时，在电视屏幕上会出现"雪花"状噪声干扰；当用户电平高于 $80\text{dB}\mu\text{V}$ 时，会超过电视机的动态范围，从而易产生非线性失真，出现"串台"、"网纹"等干扰。考虑到用户电平波动等因素，用户电平的设计值一般要留有较大的裕量，全频道系统用户电平通常取 $70\pm5\text{dB}\mu\text{V}$ 左右，邻频传输系统一般取 $65\pm4\text{dB}\mu\text{V}$。

当分配网络的组合形式确定后，需要计算各个用户端电平值。用户电平的计算有两种方法，顺算法和倒算法。

顺算法是根据设计确定的放大器输出电平，从前往后顺次选定各器件的参数，从而求出各用户电平。计算公式如下：

$$L_k = S_o - L_d - L_f (\text{dB}\mu\text{V}) \tag{7-31}$$

式中　L_k——第 k 个用户端的电平（$\text{dB}\mu\text{V}$）；

　　　S_o——设计确定的分配系统放大器的输出电平（$\text{dB}\mu\text{V}$）；

　　　L_d——分配器的分配损耗、分支器的接入损耗、分支损耗等的总和（dB）；

　　　L_f——电缆的总损耗（dB）。

倒算法是首先初定最末端的用户电平，从后往前推算得出放大器应提供的输出电平 S_o'（应小于计算得到的 S_o）。在此基础上，重新确定放大器的输出电平 S_o，再采用顺算法，精确计算各用户电平。若经倒算得到的放大器输出电平 $S_o' > S_o$，则需要做调整：调整无源分配网络的结构形式；重新选择某些无源器件的参数、型号；调整放大器的位置，或改变放大器型号等。倒算法计算公式如下：

$$S_o' = L_d + L_f + L (\text{dB}\mu\text{V}) \tag{7-32}$$

式中　S_o'——推算得出的分配系统放大器的输出电平（$\text{dB}\mu\text{V}$）；

　　　L_d——分配器的分配损耗、分支器的接入损耗、分支损耗等的总和（dB）；

　　　L_f——电缆的总损耗（dB）；

　　　L——最末端初定的用户电平（$\text{dB}\mu\text{V}$）。

【例 7-1】　有一个 550MHz 的 CATV 系统，其分配系统的组成形式如图 7-17 所示。已知放大器输出电平为 $100/105\text{dB}\mu\text{V}$，分配干线电缆型号如图所示，用户电缆采用 SY-WV-75-5，四分配器的分配损失为 8dB，二分配器的分配损失为 4dB，用户电平设计值为 $65\pm4\text{dB}\mu\text{V}$。计算各用户电平。

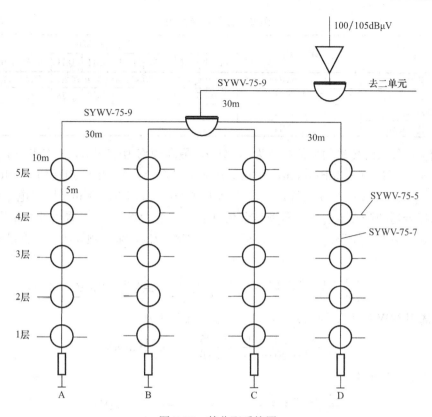

图 7-17 某分配系统图

同轴电缆特性参数 表 7-4

	电缆型号	SYWV-75-5	SYWV-75-7	SYWV-75-9	SYWV-75-12
电缆结构	内导体直径（mm）	1.02	1.63	2.15	2.8
	绝缘直径（mm）	4.6	7.05	9.0	11.5
	外导体直径最大值（mm）	6.1	8.6	10.3	12.5
	护套直径（mm）	7.5	10.6	12.3	15
	最小弯曲半径（mm）	40	50	120	210
	典型弯曲次数（mm）	15	15	15	15
	抗张强度	27.5	55	81	120
电气参数	特征阻抗（Ω）	75±3	75±3	75±3	75±3
	波速因数	0.83	0.83	0.86	0.87
	峰值功率（W）	323	511	875	1300
	衰减常数（dB/100m） 50MHz	5.2	3.1	2.3	1.9
	200MHz	9.8	6.1	4.5	3.9
	550MHz	16.1	10.0	8.0	6.7
	750MHz	18.5	12.0	9.4	7.8
	800MHz	19.0	12.7	9.9	8.2
	1000MHz	21.3	14.3	11.5	9.3

迈威二分支器参数表 表 7-5

项目	频率范围	型号规格 MW-172-								
		8H	10H	12H	14H	16H	18H	20H	22H	24H
插入损耗（dB）	47～750MHz	≤4.0	≤3.3	≤2.5	≤2.3	≤2.0	≤2.0	≤1.2	≤1.2	≤1.2
反向隔离（dB）	47～750MHz	≥20	≥22	≥22	≥24	≥26	≥28	≥30	≥30	≥30
相互隔离（dB）	47～750MHz	≥20								
反射损耗（dB）	47～750MHz	≥14								

【解】 已知系统传输的最低频率为 50MHz，最高频率为 550MHz，查表 7-4 得：SY-WV-75-9 电缆损耗为 2.3dB/100m，8.0dB/100m；SYWV-75-7 电缆损耗为 3.1dB/100m，10.0dB/100m；SYWV-75-5 电缆损耗为 5.2dB/100m，16.1dB/100m。用户电平的计算，关键是选择合适的分支器（分支器型号参数见表 7-5），由图 7-17 可看出此系统图为对称图形，只要计算某一支路的用户电平即可。以 A 支路为例，采用顺算法，计算过程如下：

（1）5 层入口电平：

$$\frac{100-4-8-(30+30)\times0.023}{105-4-8-(30+30)\times0.08}=\frac{86.62}{87.2}(dB\mu V)$$

5 层选用 MW-172-20 的二分支器，5 层用户端电平为：

$$\frac{86.62-20-10\times0.052}{87.2-20-10\times0.16}=\frac{66.1}{65.6}(dB\mu V)$$

（2）4 层入口电平：

$$\frac{86.62-1.2-5\times0.031}{87.2-1.2-5\times0.1}=\frac{85.27}{85.5}(dB\mu V)$$

4 层选用 MW-172-18 的二分支器，4 层用户端电平为：

$$\frac{85.27-18-10\times0.052}{85.5-18-10\times0.16}=\frac{66.75}{65.9}(dB\mu V)$$

（3）3 层入口电平：

$$\frac{85.27-2-5\times0.031}{85.5-2-5\times0.1}=\frac{83.01}{83}(dB\mu V)$$

3 层选用 MW-172-16 的二分支器，3 层用户端电平为：

$$\frac{83.01-16-10\times0.052}{83-16-10\times0.16}=\frac{66.49}{65.4}(dB\mu V)$$

（4）2 层入口电平：

$$\frac{83.01-2-5\times0.031}{83-2-5\times0.1}=\frac{80.75}{80.5}(dB\mu V)$$

2 层选用 MW-172-14 的二分支器，2 层用户端电平为：

$$\frac{80.75-14-10\times0.052}{80.5-14-10\times0.16}=\frac{66.23}{64.9}(dB\mu V)$$

（5）1 层入口电平：

$$\frac{80.75-2.3-5\times0.031}{80.5-2.3-5\times0.1}=\frac{78.3}{77.7}(dB\mu V)$$

1 层选用 MW-172-12 的二分支器，1 层用户端电平为：

$$\frac{78.3-12-10\times0.052}{77.7-12-10\times0.16}=\frac{65.78}{64.1}(dB\mu V)$$

由以上的计算结果可以看出，此分配系统的用户端电平满足规范规定的 $65\pm4\mathrm{dB}\mu\mathrm{V}$ 要求，因此该分配系统的设计方案成立。

7.4.2　工程设计步骤及方法

CATV 系统是一种将各种电子设备、传输线路组合成一个整体的综合网络。按照系统的规模大小、功能的不同，要立足现状、规划长远，用技术先进、经济合理等指标来设计 CATV 系统工程。

1. 技术方案设计

（1）方案制定的依据

CATV 系统必须严格按照国家现行规范所规定的各项技术指标来进行设计，所依据的规范主要有：

《有线电视系统工程技术规范》GB 50200—1994

《有线电视广播系统技术规范》GY/T 106—1999

《电视和声音信号的电缆分配系统设备与部件》GB/T 11318.1～14—1996

《智能建筑设计标准》GB 50314—2015

《建筑物防雷设计规范》GB 50057—2016

（2）确定系统模式

根据系统的规模、功能、用户的经济承受能力等因素，首先要确定采用什么模式的系统。如一个城市或集镇的系统，是采用 300MHz 系统，还是采用 450MHz 或 550MHz 系统。对于单位内部，或宾馆类的小型系统，是采用全频道系统，还是标准 VHF 邻频传输系统（12 个标准频道）等。

（3）确定系统的网络结构和传输方式

目前，CATV 系统的传输方式主要有：同轴电缆传输、同轴电缆—光缆—同轴电缆传输、同轴电缆—AML（或 MDSS）—同轴电缆传输等方式。同轴电缆传输方式一般为树状网络结构，其余的传输方式常为星—树状或星型网络结构。当传输距离小于 10km 时，按目前的性能价格比，大多采用同轴电缆传输方式，此外还要根据系统的长远规划，确定是采用单向传输还是双向传输系统。

（4）系统技术指标的设计与分配

根据系统的规模大小，合理设计技术指标。如小系统，主要考虑的是 $\frac{C}{N}$、CM；中、大型系统主要考虑的是 $\frac{C}{N}$、CTB（CM 也可考虑）；采用光缆的系统，需要考虑 $\frac{C}{N}$、CTB、CSO 等。此外，还要确定整个系统的总体技术指标。当总体指标确定后，根据系统各组成部分的规模大小合理分配这些技术指标。

2. 绘制设计图

（1）系统图

1）前端系统图

该图应包含前端中所有器件的配接方式、设备型号、主要部位的电平等内容。

2）干线系统图

该图应包含干线放大器的输入、输出电平、间距，各分支点、分配点的电平，放大器、电缆等的型号等。必要时应进行回路编号。

3）分配系统图

该图应包含放大器的输入、输出电平、间距，各分支点、分配点的电平，所有器件、电缆的型号等，还应有代表性的用户电平的计算值。

（2）其他图纸

1）前端机房平面布置图应包含机房各设备柜、箱等之间的平面布局、配接关系等。

2）干线平面布置及路线图，应包含干线上器件的平面位置，重要的建筑场所、线路的走线方式、距离等。

3）施工平面图，对于正在建设的建筑，由该图给施工单位提供管线的暗敷方式、走向、预留孔洞等内容。

4）施工说明。

5）设备材料表。

6）技术计算书。

7）图例。

7.5 有线电视工程设计实例

工程概况：某国际广场总建筑面积约为 18.3 万 m²，塔楼地上共 58 层，地下 6 层，裙房地上 6 层，总建筑高度 258.15m。该项目主要由五星级宾馆、甲级写字楼、商业房（以餐饮业为主）组成。作为现代化的智能大厦，设置多频道多信息的有线电视系统是一种必不可少的接收信息的方法，通过有线电视及卫星电视，人们可以及时了解现时经济、新闻、科技知识，还可以在工作之余收看到丰富多彩的娱乐、教育等综合性多样化的节目，满足平时客人和办公人员的一般休闲娱乐要求。

7.5.1 总体技术方案规划

整个有线电视系统采用双向邻频传输设计，带宽设计为 5～860MHz，其中上行频段为 5～45MHz，47～550MHz 为电视广播信号传输，550～750MHz 为数据信号传输，750MHz 以上用于卫星节目和以后节目的预留传输信道，邻频广播频段为 87～108MHz。系统具备可扩性。宽频带放大器、混合器等设备带宽都达到 860MHz 或以上；分配器、分支器、终端出口等设备带宽都达到 1GHz；用户分支分配器隔离度＞30dB。充分满足日后扩容及双向传输的需要。

根据招标文件的要求将本工程分为酒店和办公两部分分别做设计，由于两部分的系统设计有很多相似之处，故下面只介绍该工程的酒店部分系统设计过程。

7.5.2 技术要求

根据招标文件的要求，本工程前端系统除了接收来自城市的有线光节点的信号外，还要求接收卫星电视信号。不需要接收开路电视信号，故不需要架设引向天线。在本建筑的裙房 7 层屋面设置了 1 台 1.8m 卫星接收天线，用于接收亚太六号卫星节目，接收卫星节目数量暂定为 18 套，卫星电视机房位于酒店 7 层，根据酒店宾馆的要求，在接收卫星电视的同时，还预留了 3 套自办节目所需的 DVD 机和邻频调制器，用于酒店自办节目的播出和信号调制。经过接收调制后的卫星节目、自办节目和当地有线电视节目在机房混合后再传送到酒店有线电视终端。酒店有线电视终端主要设置在酒店会议室、酒店客房等区域内。

根据《有线电视广播系统技术规范》(GY/T 106—1999)的规定，要求用户电平达到 $60\sim80dB\mu V$，相邻频道电平差$\leqslant2dB\mu V$，任意频道电平差$\leqslant10dB\mu V$。

7.5.3 总体设计方案

酒店部分的前端设在酒店 7 层有线电视机房内，该前端将来自有线电视光节点的信号转换成电信号，和前端设备接收并处理过的信号混频后送入分配器，然后根据各个电视终端点位的分布情况，规划了 4 个功能区，电视终端点位的分布设计将按照功能区进行分配：

(1) 客房层 F28～F22 层高区功能区；

(2) 客房层 F21～F14 层中区功能区；

(3) 客房层 F13～F8 层低区功能区；

(4) F7～B1 层混合功能区。

1. 传输模式

根据上述功能分区，从前端机房内分配 4 条电视主干线，干线通过各层弱电间路由分别敷设至各功能分区。7 层有线电视机房内设置双向干线放大器 1 只，将混合器混合后的电视节目信号进行放大，通过四分配器引出 4 条主干线。干线部分按双向传输方式配置，干线放大器具有 860MHz。在主干线上设置一只干线一分支器，将混合好的信号分出接入彩色监视器，供工作人员实时了解混合后的电视节目内容。

2. 系统技术指标分配

根据《有线电视广播系统技术规范》GY/T 106—1999 的规定，CATV 系统射频信号的三项主要指标应符合以下要求：

载噪比：$\dfrac{C}{N}\geqslant43dB$；

交扰调制比：$CM\geqslant48dB$；

组合三次差拍比：$CTB\geqslant54dB$。

在本设计中，系统正向总技术指标及各个组成部分分配指标见表 7-6。

系统技术指标分配表　　　　　　　　　　　　　　　　　　　表 7-6

项目	总指标（dB）	各部分分配指标（dB）		
		前端	传输干线系统	分配系统
$\dfrac{C}{N}$	43	5/10　47	4/10　48	1/10　54
CM	48		4/10　56	6/10　52.4
CTB	54		4/10　62	6/10　58.4

7.5.4 前端系统设计

前端接收部分主要负责电视信号的接收与处理。主要设备包括：卫星接收天线、卫星接收机、卫星节目解码器、870M 电视节目调制器、功分器、混合器等。前端系统图见图 7-18。

1. 前端系统主要设备

卫星信号接收设备选用某卫星通信技术公司的卫星电视接收天线，选用天线口径为 1.8m 的高质量抛物面天线 KWT2。卫星天线室外高频头选用 PBI Gold2050PF（Prime Focus）工程专用 Ku 波段双极化双输出馈源一体化高频头。卫星信号接收机也选用 PBI 工程专用数字卫星电视接收机 DVR-1000，C 波段、Ku 波段全兼容，支持双本振 LNB。

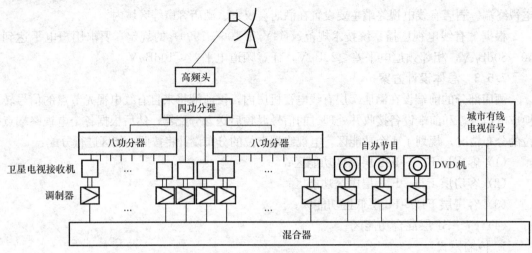

图 7-18　前端系统图

调制器选用电视调制器 PBI-4000MUV，其具有标准视、音频信号输入，45～870MHz 范围的所有系统和电视频道。功分器选用 PBI1000LD-08A 和 PBI1000LD-04A，其工作频率范围 800～2500MHz，带宽 1700MHz，电压驻波比≤1.4，标称阻抗 50Ω，最大功率 25W，接头型号为英制 F 头，插入损耗≤3.5dB，隔离度≥20dB。混合器选用 PBI 的 4016C，频率范围：5～860MHZ，输入口之间相互隔离度＞30dB，输入口/输出口阻抗 75Ω。

2. 前端技术指标计算

本前端设备绝大部分采用中频处理邻频前端传输频道型器件，带外抑制均可达到 60dB 以上，理论上无非线性失真，所以 CM、CTB 指标在前端可以基本不考虑，主要考虑的指标是载噪比。

$$\frac{C}{N}_{带内} = 61.4\text{dB}, \quad \frac{C}{N}_{带外} = 72 - 10\lg(101 - 1) = 52.8\text{dB}$$

$$\frac{C}{N}_{前端} = -10\lg(10^{-\frac{61.4}{10}} + 10^{-\frac{52.8}{10}}) = 52.3\text{dB} > 47\text{dB}$$

由上可见，前端部分的技术指标符合设计要求。

7.5.5　干线传输系统

在 7 层有线电视机房内设置双向干线放大器 1 只，将混合器混合后的电视节目信号进行放大，再通过四分配器引出 4 条主干线，传输到分配系统。干线部分按双向传输方式配置，干线放大器具有 860MHz。建议在混合器输出干线上设置一个一分支器，将混合好的信号分出接入彩色监视器，供工作人员实时了解混合后的电视节目内容。干线传输系统如图 7-19 所示。

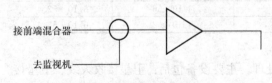

图 7-19　干线传输系统示意图

1. 干线传输系统主要设备

干线放大器选用的是 MW-BLE-L21，其工作频带为 45～862MHz，双向平台设计，由 60V 开关电源供电（35～90V），噪声系数≤10dB，同时选用与其配套的干线放大器电源 MW-P-10B。

电缆的选择应该针对电缆的损耗量、频响曲线、温度系数、寿命长短等性能来选择。近几年来，国产优质物理发泡电缆也越来越多。本工程选用招标文件要求的优质物理发泡电缆。垂直主干线采用 SYWV-75-9 同轴电缆，沿弱电竖井敷设，敷设在钢管内。

2. 干线传输系统指标计算

本干线传输系统只有一台放大器，其 $\frac{C}{N}$、CN、CTB 的计算如下式所示：

$$\frac{C}{N}_{干线} = S_a - N_F - 2.4 = 72 - 10 - 2.4 = 59.6\text{dB} > 48\text{dB}$$

$$CM_{干线} = CM_{ot} + 20\lg\frac{C_t - 1}{C - 1} + 2(S_{ot} - S_o) = 88 + 20\lg\frac{77 - 1}{101 - 1} + 2(97 - 93)$$

$$= 93.6\text{dB} > 56\text{dB}$$

$$CTB_{干线} = CTB_{ot} + 20\lg\frac{C_t - 1}{C - 1} + 2(S_{ot} - S_o) = 88 + 20\lg\frac{77 - 1}{101 - 1} + 2(97 - 93)$$

$$= 93.6\text{dB} > 62\text{dB}$$

由上可见，干线部分的技术指标符合设计要求。

7.5.6　分配系统设计

本工程分配系统如图 7-20 所示。

本酒店部分有线电视终端按照招标文件的要求主要分布在以下区域：

（1）在酒店职工餐厅、男女水疗、风味餐厅、宴会厅、西餐厅、国际会议厅等房间考虑设计 2 个电视终端点。

（2）在酒店每个标准间内设置 1 个电视终端点，套房内设置 2 个电视终端点，总统套房根据卧室、客厅等实际数量，按需设置。

（3）在酒店美容美发中心、休闲娱乐室、宴会厅前厅等区域考虑设计 1 个电视终端点。

（4）其他区域按照酒店需要考虑电视点的设置。

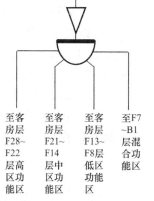

至客房层 F28~F22 层高区功能区　至客房层 F21~F14 层中区功能区　至客房层 F13~F8 层低区功能区　至F7~B1层混合功能区

图 7-20　分配系统图

按照以上标准，电视终端数量共计为 618 个，所有电视终端按照墙面式安装考虑。详细点位分布参见表 7-7。

酒店部分卫星电视和有线电视系统设计点表　　　　表 7-7

楼层	有线电视终端数量	楼层	有线电视终端数量
1F	2	16F	28
4F	7	17F	28
5F	27	18F	28
6F	22	19F	28
7F	5	20F	28
8F	28	21F	28
9F	28	22F	28
10F	28	23F	28
11F	28	24F	28
12F	28	25F	24
13F	28	26F	27
14F	14	27F	27
15F	28	28F	15
总计			618

用户分配系统设计依据招标文件要求及平面点位的实际情况，设计出本工程用户分配网络。本次设计的用户分配网络采用分配—分支的邻频传输方式。

1. 分配系统主要设备

分配放大器选用 MW-BLE-M，工作频带 1.5～862MHz，双向平台设计，正向通路采用单级推挽模块放大。

水平干线采用 SYWV-75-7（4 屏蔽）同轴电缆，分支器到终端电视插座均采用 SY-WV-75-5（4 屏蔽）同轴电缆。这两种电缆均能满足系统传输信号的要求。

按照平面图纸，水平支干线 SYWV-75-7 沿走廊吊顶内敷设，敷设在钢管内。分支器到终端电视插座的支线电缆 SYV-75-5 沿墙暗敷，敷设在钢管内。

分配器选用迈威 MW-77 系列，分支器选用迈威 MW-17 系列的产品。

2. 分配系统设计要点

（1）网络结构采用分配分支方式，终端用户盒采用双孔豪华型。

（2）网络共设 13 个楼内放大器、18 个分配器、194 个分支器、25 个放大器箱，52 个分支、分配器箱。

（3）线路放大器分布在各弱电竖井内，分支分配器就近安装。铁箱要接地。放大器箱大于或等于 500mm×400mm×300mm，内配有 220V 电源插座。分支、分配器箱大于或等于 300mm×200mm×150mm。有设备的地方，吊顶要留检修孔，以便安装器件和维修。

3. 分配系统指标计算

（1）分配放大器输入电平计算

输入电平：

$$S_a \geqslant \frac{C}{N}_{分放} + N_F + 2.4 = 54 + 10 + 2.4 = 66.4 dB\mu V$$

取放大器输入电平为 70dBμV。

输出电平：

$$S_{omax} \leqslant S_{ot} - \frac{1}{2}\left[CTB_{分放} - \left(CTB_{ot} + 20lg\frac{C_t-1}{C-1}\right)\right]$$

$$= 108.5 - \frac{1}{2}\left[58.4 - \left(57 + 20lg\frac{59-1}{101-1}\right)\right] = 105.4 dB\mu V$$

取分配放大器输出电平为 $S_o = 100 dB\mu V$，放大器增益 $G = 100 - 70 = 30$（dB）。

（2）分配网络用户端电平计算

在分配网络的结构形式确定好后，合理选择无源器件，并计算用户端电平，必须满足《有线电视广播系统技术规范》GY/T 106—1999 中的规定。规范中规定：在 VHFH 和 UHF 频段，用户电平为 60～80dBμV。考虑到用户电平波动等因素，用户电平的设计值一般要留有较大的余量，邻频传输系统一般取 65±4dBμV。

具体计算方法，如 7.4 节中所述。

（3）分配系统技术指标计算

$$\frac{C}{N}_{分配} = S_a - N_F - 2.4 = 70 - 10 - 2.4 = 57.6(dB) > 54dB$$

$$CM_{分配} = CM_{ot} + 20lg\frac{C_t-1}{C-1} + 2(S_{ot} - S_o) = 57 + 20lg\frac{59-1}{101-1} + 2(108.5 - 100)$$

$$= 66.2(\text{dB}) > 52.4\text{dB}$$

$$CTB_{\text{分配}} = CTB_{\text{ot}} + 20\lg\frac{C_{\text{t}} - 1}{C - 1} + 2(S_{\text{ot}} - S_{\text{o}}) = 57 + 20\lg\frac{59 - 1}{101 - 1} + 2(108.5 - 100)$$

$$= 66.2(\text{dB}) > 58.4\text{dB}$$

由上可见，分配部分的技术指标符合设计要求。

7.5.7　系统总指标计算

$$\frac{C}{N}_{\text{总}} = -10\lg(10^{-\frac{C/N_{\text{前端}}}{10}} + 10^{-\frac{C/N_{\text{干线端}}}{10}} + 10^{-\frac{C/N_{\text{分配}}}{10}}) = -10\lg(10^{-\frac{52.3}{10}} + 10^{-\frac{59.6}{10}} + 10^{-\frac{57.6}{10}})$$

$$= 50.6(\text{dB}) > 43\text{dB}$$

$$CM_{\text{总}} = -20\lg(10^{-\frac{CM_{\text{干线}}}{20}} + 10^{-\frac{CM_{\text{分配}}}{20}}) = -20\lg(10^{-\frac{93.6}{20}} + 10^{-\frac{66.2}{20}}) = 65.8(\text{dB}) > 48\text{dB}$$

$$CTB_{\text{总}} = -20\lg(10^{-\frac{CTB_{\text{干线}}}{20}} + 10^{-\frac{CTB_{\text{分配}}}{20}}) = -20\lg(10^{-\frac{93.6}{20}} + 10^{-\frac{66.2}{20}}) = 65.8(\text{dB}) > 54\text{dB}$$

由上可见，总技术指标符合设计要求。

7.5.8　设备清单

本工程主要设备和材料清单详见表7-8。

酒店部分有线电视系统主要设备清单　　　　　　　　　　　表7-8

项目	说明	数量	单位	供应价包含内容名称		
				品牌产地	规格	参数
1	1.8m 卫星天线	1	台	航天部/中国	KWT2	工作频率：C-Band：3.7～4.2GHz；Ku-Band：10.75-12.95GHz
2	KU 波段高频头	1	台	PBI/中国	GOLD-2050PF	输出频率范围：950～2150MHz
3	8 路功分器	3	台	PBI/中国	1000LD-08A	频率范围：800～2500MHz 带宽：1700MHz 电压驻波比：≤1.4 标称阻抗：50Ω 最大功率：25W 接头型号：英制 F 头插入损耗：≤3.5dB 隔离度：≥20dB
4	4 路功分器	1	台	PBI/中国	1000LD-04A	频率范围：800～2500MHz 带宽：1700MHz 电压驻波比：≤1.4
5	16 路混合器	5	台	PBI/中国	4016C	频率范围：5～860MHz，输入口之间相互隔离度：>30dB；输入口/输出口阻抗：75Ω
6	卫星数字接收机	19	台	PBI/中国	DVR-1000	C/KU 波段全兼容，支持双本振 LNB
7	870M 调制器	53	台	PBI/中国	4000MUV	标准视、音频信号输入，45～870MHz 范围的所有系统和电视频道
8	DVD 机	4	台	国产优质	DVP530K	220V、60W
9	电视墙	1	套	国产优质	定制	钢板厚度1.5mm
10	21 寸彩色纯平监视器	12	台	国产优质	21 寸	输入电压：200～240V 功率：80W
11	干线放大器	1	台	PBI/中国	MW-BLE-L	45～862MHz 双向平台设计；开关电源供电 60V（35～90V）
12	干线放大器电源	1	台	PBI/中国	MW-P-10B	60V、10A

续表

项目	说明	数量	单位	供应价包含内容名称		
				品牌产地	规格	参数
13	楼内放大器	13	台	PBI/中国	MW-BLE-M	1.5～862MHz 双向平台设计，正向通路采用单级推挽模块放大
14	四分配器	28	个	PBI/中国	MW-774H	插入损耗：3.3～4.2dB 反射损耗：20dB
15	三分配器	10	个	PBI/中国	MW-773H	插入损耗：3.3～4.2dB 反射损耗：20dB
16	二分配器	2	个	PBI/中国	MW-772H	插入损耗：3.3～4.2dB 反射损耗：20dB
17	四分支器	258	个	PBI/中国	MW-174-＊H	插入损耗：3.3～4.2dB 反射损耗：20dB
18	三分支器	14	个	PBI/中国	MW-173-＊H	插入损耗：3.3～4.2dB 反射损耗：20dB
19	二分支器	94	个	PBI/中国	MW-172-＊H	插入损耗：3.3～4.2dB 反射损耗：20dB
20	终端电阻	96	个	PBI/中国	4C	75Ω
21	分支分配器箱	100	个	国产优质	定制	300×200×150
22	放大器箱	30	个	国产优质	定制	500×400×300
23	用户终端面板	1236	个	PBI/中国	MW-D02	75Ω 接口，符合 IEC169-2，9.5mm 标准（TC-Z，TC-T），隔离度大于 22dB
24	同轴电缆	50000	m	江苏天诚	SYWV75-5	屏蔽衰减（1000MHz）≥100dB，无卤、低烟、阻燃
25	同轴电缆	400	m	江苏天诚	SYWV75-7	屏蔽衰减（1000MHz）≥101dB，无卤、低烟、阻燃
26	同轴电缆	400	m	江苏天诚	SYWV75-7	屏蔽衰减（1000MHz）≥101dB，无卤、低烟、阻燃
26	安装辅材	2	批		定制	
27	机柜	5	个	国产优质	19′机柜	42U 19′标准机柜
28	SC25 穿线管	24000	m	国产优质	SC25	管径 25

＊代表分支器的分支衰减值。

本 章 小 结

本章内容主要包括：有线电视及卫星电视接收系统的结构、类型及主要组成设备；电视频道的划分方法；有线电视及卫星电视接收系统工程设计基础、各工程设计指标的基本概念和计算方法、工程设计步骤及方法；有线电视及卫星电视接收系统工程主要检测仪器、工程验收规定、主要检测内容。最后通过某个有线电视工程设计实例，介绍了有线电视系统的设计步骤、设计依据规范和技术要求，从总体设计方案入手，描述了系统技术指标的分配，前端系统的设计过程，干线传输系统的方案选择和系统指标的计算，分配系统的设计要点、主要设备选型、技术指标的计算。

思考题与习题

1. 电视广播的频率范围是多少？波长范围是多少？

2. 电缆对不同频率信号的损耗特性与哪些因素有关？

3. 同轴电缆的结构由哪些部分组成？

4. 信号在电缆中与空气中的传播速度有何异同？

5. 2 频道的电视信号在 75-5 的聚乙烯电缆中的波长是多少？在真空中的波长是多少？

6. 简述反射损耗形成的原因。

7. 分支损耗与插入损耗之间有何关系？

8. 均衡器衰减特性如何？

9. 什么是均衡器的均衡量？如果一个均衡器在工作带宽是 45～550MHz，均衡量是 15dB，高频插入损耗 1.5dB，它的低频损耗是多少？

10. 2 频道的场强是 50dB，天线的增益是 6dB，其后串有一天线放大器和一频道放大器，天线放大器的噪声系数是 5dB，频道放大器的噪声系数是 13dB，求频道放大器输出端的电平和载噪比。

11. 交扰调制产生的原因有哪些？交扰调制发生时的现象是什么？消除交扰调制的方法有哪些？

12. 相互调制产生的原因有哪些？相互调制发生时的现象是什么？消除相互调制的方法有哪些？

13. 一台宽频带放大器的增益是 30dB，后面接一根 SYWV-75-9 的电缆，输入相同电平的 50MHz 和 550MHz 两种频率，当电缆末端 50MHz 信号电平＝宽频带放大器输入的 50MHz 信号电平时，求（1）电缆的长度；（2）宽频带放大器 550MHz 的输出电平比 50MHz 的低多少。

14. 如图 7-21 所示，每一个分支器的主输出端与下一个分支器的主输入端的电缆（SYWV-75-7）长度是 3m，每一个分支器的分支输出端与用户终端的电缆长度（SYWV-75-5）也是 3m，输入电平：50MHz/85dB，550MHz/83dB，要求每个用户终端的电平在 70±5dB 内，试选择分支器的型号并计算用户终端的实际电平。

15. 如图 7-22 所示，电缆对低频信号的损耗是 5dB/100m，对高频信号的损耗是 15dB/100m，各串接单元的间距是 3m，输入端高低频电平均为 98dB，分支器的插入损耗是 1dB，分支损耗是 12dB，计算 a、b、c、d、e、f 各点的电平（分配器与分支器的损耗对不同频率视为相同）。

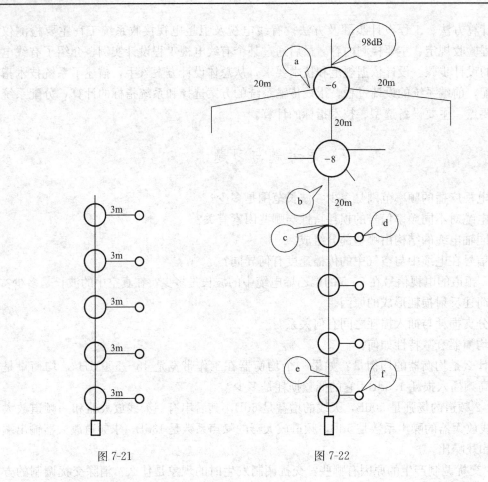

图 7-21   图 7-22

第8章　电子会议系统

在科技与社会飞速发展的今天，人们在日常生活和工作中占有和接触的信息量越来越大，因此人们之间的信息交流和沟通也就变得越来越频繁，越来越重要。商务谈判、产品演示、来宾会见、政令下达等都是人与人之间的交流，要更好地达到目的就需要用借助"会议"的手段来解决问题。

一个话筒和两只音箱就能开一场大会，这是早年间一直沿用的会议模式。在人类的交流过程中，单单是一个声音的表现，远远不能满足现代会议的要求。现代会议要的是简洁明快地表达自己的意思，生动清晰地展示自己的产品和灵活方便地控制现场环境等。用专业化的词语阐述以上内容就是现代会议需要高质量的音频信号、高清晰的视频动态画面及图像、实物资料、准确无误的数据表达及一套简单实用的控制系统，以方便实现所有操作。

电子会议系统主要包括数字会议系统和会议电视系统。数字会议系统是一种集计算机、通信、自动控制、多媒体等技术于一体的会务自动化管理系统。会议电视系统是指两个或两个以上不同地方的个人或群体，通过现有的各种通信传输介质，将静、动态图像、语音、文字、图片等多种资料分送到各个用户的终端（电视、计算机）上，使得在地理上分散的用户可通过实时图像、声音等多种方式在一起交流的会议系统。

8.1　数字会议系统

8.1.1　概述

随着国际上信息技术和国内经济及社会快速发展，人们对会议的效率和质量要求愈来愈高，数字会议系统也经历了从简单的会议扩声到现在的综合了高清视频、高保真音频、高速计算机网络、高性能计算机软硬件的多媒体会议系统。其中最主要的也是最基本的会议音频和数据传输技术也经历了从模拟化到数字化的发展过程。

从技术发展的进程来看，数字会议系统的发展已经历了三代，正在向第四代过渡。第一代会议系统采用全模拟技术；第二代数字会议系统在原有模拟技术的基础上，引入了数字控制技术，即"模拟音频传输＋数字控制技术"；第三代则采用全数字化技术，即"数字音频传输＋数字控制技术"；第四代为无纸化多媒体会议系统。

第一代会议系统是全模拟技术的会议讨论系统，系统结构和功能都较为简单，音频以模拟信号的方式进行传输和处理，使用者只需按动一个开关即可发言，系统中没有智能化的中央控制器，主要适用于小型会议室。

第二代数字会议系统在保留音频模拟传输的基础上，引入了数字控制技术，实现了发言管理、投票表决、会议签到、同声传译和视像跟踪等功能。由于采用了数字控制技术，第二代数字会议系统的智能化水平明显提高，系统的功能也日益丰富，大大提高了会议的效率。

会议系统作为特殊的专用电子系统，无论采用何种功能结构，其最基本的声音采集和还原功能（即能清晰且高保真地播放发言人的声音）是最重要的，因此会议系统设备应能够稳定清晰地传送和播放声音，并有效消除干扰、杂音、失真、串音的影响，而模拟音频传输会议系统存在干扰、杂音等问题，在现代会场中逐渐被全数字化的会议系统所取代。

第三代数字会议系统是全数字化会议系统，系统中的音频信号和控制信号都以数字信号的方式进行传输和处理。其核心技术是多通道数字音频传输技术，即通过采用模/数（A/D）和数/模（D/A）转换技术，将会议设备采集到的音频信号进行数字化处理，并将数字信号编码后在通信线路上传输，实现在一条物理线路上同时传输多路音频信号。系统从根本上解决了音频信号模拟传输存在的设备干扰、失真、串音、长距离传输信号衰减等问题，抗干扰能力显著增强，可以长距离、无损耗、低噪声地传输会议音频信号，系统频响好，保真度高。同时，会议系统设备之间更易于通过标准接口连接，可广泛应用于各类型会议室、大型会议场馆、体育场馆等多种场合。

目前第四代无纸化多媒体会议系统已经面市，无纸化多媒体会议终端配备 LCD 触摸屏，并内置摄像头，可实现交互式会议控制管理（发言、表决、同传）、无纸化会议（电子文档代替纸质文件）、视频对话、多种视频服务以及会议服务等功能，有效解决了现有技术在会议功能、系统安全性、可靠性、操作体验等方面存在的缺陷，具有"环保、高效、安全"的特点，符合现代高级别会议的使用要求。

8.1.2 数字会议系统结构

数字会议系统主要包括中央控制系统、发言表决系统、同声传译系统、多媒体显示系统、扩声系统及多媒体周边设备等，系统结构如图 8-1 所示。

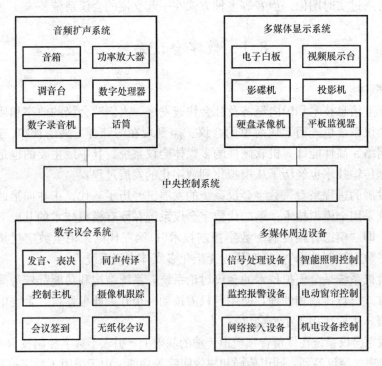

图 8-1 数字会议系统结构图

系统将会议报到、发言、表决、摄像、音响、显示、网络接入等各自独立的子系统有机地连接成一体，由中央控制计算机根据会议议程协调各子系统工作，可根据不同性质的会议要求，选用其中部分子系统或全部系统以满足会议现场的实际需求。

8.1.3 各子系统组成及功能

1. 数字会议发言、表决及同声传译系统

最新的数字会议发言、表决及同声传译系统利用数字处理和传输技术，把先进的数字技术、网络技术和音频技术充分地结合起来。不仅如此，全数字会议系统与会议签到系统、智能中央控制系统实现了无缝连接，安装简单而又实现了连接双备份功能。会议控制主机、发言单元、语言分配单元、翻译单元都采用以高速 CPU 为核心的硬件架构，完成对各种规模会议的基本控制，即基本的话筒管理、电子表决、多语种的同声传译等。原理如图 8-2 所示。

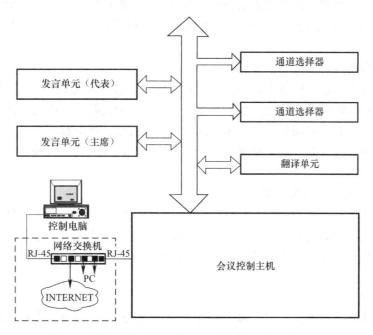

图 8-2 数字会议发言、表决及同声传译系统原理框图

与会代表通过发言设备参与会议。发言设备通常包括有线话筒（主席机和代表机）、投票按键、LED 状态显示器和会议音响，并且还有其他设备可供选择，如鹅颈会议话筒、无线领夹式话筒、LCD（Liquid Crystal Display）状态显示器、语种通道选择器、代表身份卡读出器等。同声传译设备主要有译员台、译员耳机和内部通信电话。

发言及同声传译子系统可实现会议的听/说请求、发言登记、接收屏幕显示资料、参加电子表决、接收同声传译和通过内部通信系统与其他代表交谈等功能。根据与会代表身份的不同，他们所获得的设备和分配到的权力也相应有所不同。旁听代表以申请方式加入会议后可获得听/看的权力，但无权发言。

特别需要指出的是，会议主席所使用的发言设备可控制其他代表的发言过程，可选择允许发言、拒绝发言或终止发言。它还具有话筒优先功能，可使正在进行的代表发言暂时静止。

2. 多媒体显示系统

显示系统，就是将信息内容通过视频影像直观表达出来。由于数字显示技术的飞速发展，投影机的亮度和分辨率越来越高，所以大屏幕显示系统已成为多媒体电子会议系统建设的重要组成部分。它不但可以投影 DVD 影碟、录像等视频信号，还可以投影实物和图文以及计算机画面，成为传播信息最广泛、最直观、最主要的图形信息载体之一。

（1）投影机

投影机从 CRT（Cathode Ray Tube）三枪投射方式到现在的 LCD 液晶投影及 DLP（Digital Light Procession）数码投影机，虽然只经历了短短的数年，但这项科技的发明却给人们带来了太多的方便与实惠。以投影方式区分，有正投、背投、组合拼接三种方式。正投又分为吊装、坐装两种，其优点是场地利用率高、安装简单；背投方式抗环境光线干扰能力强、气派、美观，缺点是要求场所要有足够的纵深；组合拼接是目前大幅面投影方式的首选，其优点是亮度高、画面组合方式灵活、屏幕尺寸大，但同时需要有足够的投资。

（2）投影屏幕

投影屏幕是投影显示设备中最常使用的产品之一。投影屏幕如果与投影机搭配得当，可以得到优质的投影效果。投影屏幕从功能上一般可分为反射式、透射式两类。反射式主要用于正投，透射式主要用于背投。正投幕又分为平面幕、弧形幕。平面幕增益较小，视角较大，环境光必须较弱；弧形幕增益较大，视角较小，环境光可以较强，但屏幕反射的入射光在各方向不等。

（3）LED 光源大屏幕拼接屏

随着大功率 LED 光源技术的日臻成熟，在大屏幕显示单元中采用 LED 光源的技术已经可以应用于实际的设计中。LED 是一种能够将电能转化为可见光的固态半导体器件，可以直接把电转化为光。作为一种理想的固态结构光源，LED 为 DLP 显示屏结构带来了革新性的变化。

（4）边缘融合

近几年，大屏幕显示领域又出现了新技术——边缘融合。边缘融合技术就是将一组投影机投射出的画面进行边缘重叠，并通过融合技术显示出一个没有缝隙，更加明亮、超大、高分辨率的整幅画面，画面的效果就好像是一台投影机投射的画质。当多台投影机组合投射一幅多面时，会有一部分影像灯光重叠，边缘融合的最主要功能就是把多台投影机重叠部分的灯光亮度逐渐调低，使整幅画面的亮度一致。

边缘融合的应用来源于模拟仿真系统，是适应人们追求亮丽的超大画面、纯真的色彩、高分辨率的显示效果这一需求而产生的，它在增大画面、提高亮度和分辨率等方面有着十分明显的优势：

1）增加图像尺寸与画面的完整性。多台投影机拼接投射出来的画面一定比单台投影机投射出来的画面尺寸更大；鲜艳靓丽的画面，能带来不同凡响的视觉冲击。

2）增加分辨率。每台投影机投射整幅图像的一部分，这样展现出的图像分辨率被提高了。比如，一台投影机的物理分辨率是 1400×1050，两台投影机融合 200 像素后，图像的分辨率就变成了 2600×1050。

3）超高分辨率。利用带有多通道高分辨率输出的图像处理器和计算机，可以产生每通道为 1600×1200 像素的三个或更多通道的合成图像。如果融合 200 像素，可以通过减去多余的交叠像素产生 3000×1200 分辨率的图像。其解决办法为使用投影机矩阵，每个投影机都以其最大分辨率运行，合成后的分辨率是减去交叠区域像素后的总和。目前，国内外市场上还没有可在如此高的分辨率下操作的独立显示器。

4）缩短投影距离。随着无缝拼接的出现，投影距离的缩短变成必然。比如，原来 200 英寸（4000mm×3000mm）的屏幕，如果要求没有物理和光学拼缝，将只能采用一台投影机，投影距离＝镜头焦距×屏幕宽度，采用广角镜头 1.2：1，投影距离也要 4.8m。现在采用了边缘融合技术，同样画面没有各种缝痕，距离只需要 2.4m。

5）特殊形状的屏幕上投射成像。比如，在圆柱或球形的屏幕上投射画面，单台投影机就需要较远投影距离才可以覆盖整个屏幕，而多台投影机的组合不仅可以使投射画面变大、投影距离缩短，而且可使弧弦距缩短到尽量小，对图像分辨率、明亮度和聚集效果来说是一个更好的选择。

6）增加画面层次感。由于采用了边缘融合技术，画面的分辨率、亮度得到增强，同时配合高质量的投影屏幕，就可使得整个显示系统的画面层次感和表现力明显增强。

3. 音频扩声系统

音响系统在会议场合有着举足轻重的地位，音响效果的好坏甚至决定一场会议或一堂教学的成功与否。音响扩声系统主要由调音台、数字处理器、功放、音箱等部分组成。

调音台又称调音控制台，它将多路输入信号进行放大、混合、分配、音质修饰和音响效果加工，是现代广播、舞台扩音、音响节目制作等系统中进行播送和录制节目的重要设备。调音台分为模拟式调音台和数字式调音台。

数字处理器集合了几乎所有的音频处理能力，包括音频信号路由、混音、图示均衡、参量均衡、动态处理器、延时、增益调节等。它可以实现实时的调控，同时具有实时的记忆能力。只需前期对整个会场的扩声设备进行调节设置，上载设置到数字处理器，之后就可以不必调节了。

功放，即功率放大器，俗称"扩音机"。功放是音响系统中最基本的设备，它的任务是把来自信号源（专业音响系统中则是来自调音台）的微弱电信号进行放大以驱动扬声器发出声音。一套良好的音响系统功放的作用功不可没。

音箱，是指将音频信号变换为声音的一种设备，是指音箱箱体对经放大处理后的音频信号由音箱本身回放出声音。音箱的发声部件是扬声器，俗称喇叭，是转换电子信号成为声音的换能器，可以由一个或多个组成音箱。音箱有很多种，按使用场合分为专业音箱与家用音箱；按放音频率可分为全频带音箱、低音音箱和超低音音箱；按用途可分为主放音音箱、环绕音箱、监听音箱和返听音箱等。

4. 多媒体周边设备

现代会议需要多种视频信号及现场环境调控，如要播放一些产品演示光碟、录像带这就需 DVD 和录像机，如现场环境调控所需的调光灯、日光灯及电动窗帘等。我们把以上设备统称为多媒体周边设备。下面列举一些我们现代会议必需的一些多媒体周边设备及其功能。

信号处理设备：系统所有声音、图像信息的调度、切换是由音视频矩阵统一管理。多媒体会议系统的扩声系统，除满足一般厅堂扩声的要求以外，还必须能够达到与视频信号同步切换。当有多个音视频信号源时，应首先输入音视频矩阵，再做声音处理和显示输出，这样才能保证开会过程中信号源的音像同步。音像信号要采用独立端口输出，这是由于每个音视频终端的独立性。为获得完美的声场，每个扬声器所需的音频信号不同，会议模式不同，每个显示器显示的图像不同，因此在多音视频源的场所，要依据音视频源的数量，选用不同输入/输出端口的音视频矩阵，并且将音视频源信号首先输入音视频矩阵，通过集中控制系统实现音视频源信号切换，并解决音视频同步问题。

DVD机：播放高密光盘，提供高质量的音视频信号源。

录像机：播放录像资料，提供音视频信号源。

视频展示台：将现场实物转换成视频信号，在显示设备上播出。

磁带卡座：播放磁带的音频信号及会议现场录音。

电视机：接收电视射频信号及各种视频播放的信号。

计算机：演示计算机软件及其产品。

电子白板：使用就像用黑板一样方便，并可把书写的内容直接打印出来。

现场灯光：配合会议进行现场环境调控。

电动窗帘：配合会议进行现场环境调控。

5. 中央控制系统

随着科技的不断进步，人们对各种多功能的会议室、学术交流中心、培训中心、多媒体教室、监控中心提出了越来越高的要求，各种先进的音视频设备、电子设备被许多高要求的用户采用，以期达到理想的效果。但是随着设备数量的增加，遥控器会越来越多，控制方法也会越来越多，叫人无所适从，同时对于环境的控制，很难根据需要及时改变以达到理想的效果。

中央集中控制系统可通过触摸式有线/无线液晶显示控制屏对几乎所有的电气设备进行控制，包括投影机、屏幕升降、影音设备、信号切换，以及会场内的灯光照明、系统调光、音量调节等。简单明确的中文界面，只需用手轻触触摸屏上相应的界面，系统就会自动实现相应的功能，它不仅能控制DVD、录像的播放、快进、快倒、暂停、选曲等功能，而且可以控制投影机的开关、信号的切换，还有屏幕的上升、下降，灯光的调光、开关等功能，免去了复杂而数量繁多的遥控器。

现代的会议室集成化程度越来越高，控制设备越来越多，操作越来越繁复，为了简化使用者的操作和控制，提高效率和操作的准确性，需要选用一套实用、功能强大、工作稳定、使用方便的中央控制系统，实现对各设备的统一控制和管理。

中央集中控制系统的构成包括用户操作平台（人机界面）、控制系统主机（控制信息处理中心）和传递控制信息的接口设备等。

（1）用户操作平台

用户操作平台基本上有三种类型：按键式控制面板、有线LCD触摸屏和无线LCD触摸屏。其中按键式因连接方式传统、造价低廉，广泛应用于教育系统的多媒体电教室；而无线LCD触摸屏因控制灵活、基本不受空间限制、技术成熟，在高档会议室中应用广泛。

（2）控制系统主机

控制系统主机预存用户程序，响应用户的操作信息，实现对具体设备终端的控制。控制系统主机一般分为可编程主机和不可编程主机。不可编程主机提供一些固定的控制接口和信息接口，实现简单的会议设备进行控制、管理，基本上没有扩展性，主要应用于教育系统的多媒体电教室；而可编程主机提供一些控制接口，系统设计可以充分利用这些接口，灵活调配系统资源，针对会议室的具体电气设备进行控制，广泛应用于高端会议室。

（3）接口设备

接口设备一般分为两种：一种是由于系统受控设备终端比较多，控制系统接口满足不了环境需求，用于扩展控制系统主机接口，例如串行口扩展模块、数字 I/O 扩展模块等，一般直接连接主机与设备终端；另一种则用于信息通道中对信息进行处理、控制，如无线接收器、继电器控制模块、音量控制模块、灯光调光器等。

6. 视频监控及摄像跟踪系统

监控设备包括前端的摄像机、拾音设备和后端的监视器、硬盘录像机或长时间录像机。它可以对会场进行音、视频的采集和录制，一方面可以监视会场内部情况以备后用，另一方面还可以把部分信号送到译音室，以提高译员翻译的准确性。摄像机具有声像联动功能，可自动追踪会场内正在被使用的会议话筒，将发言者摄入画面，满足实况转播及同声传译的需求。

7. 网络接入系统

网络接入系统利用普通通信网或计算机网络为运行环境，连接主会场和分会场的中央控制设备，实现局部和广域范围内的多点数字会议功能，从而可以在开会期间支持电子白板对话，支持语音、数据和图像文件传送。网络接入方式不同，所采用的技术和传输速度也不相同。

8. 无纸化多媒体会议系统

无纸化多媒体会议系统的工作原理是，将视频信号经多媒体服务器（视频服务器）进行压缩编码处理，同时将文件和数据经多媒体服务器（文件和数据服务器）进行处理，然后利用会议专用千兆网交换机将处理后的视频信号、文件和数据，与会议单元的会议音频及控制信号复用成一路码流——GMC-STREAM 千兆会议媒体流在以太网上进行传输。会议单元将接收到的 GMC-STREAM 码流经解复用及转发模块进行处理，将解复用后的视频信号经多媒体处理模块进行解码、解压缩并送显示模块显示；将解复用后的文件和数据经多媒体处理模块处理后送显示模块显示；将解复用后的会议音频及控制信号送会议音频及控制模块处理；将解复用后的基准时钟信号送基准时钟提取及时钟校准模块处理，并用于分别控制会议音频及控制模块实现会议音频信号的同步性和实时性，以及控制多媒体处理模块实现视频信号的同步性和实时性；会议单元同时将接收到的 GMC-STREAM 码流经解复用及转发模块转发给下一台会议单元，形成多媒体信号和会议音频及控制信号，通过同一根线缆以"手拉手"连接方式传输。

如图 8-3 所示，无纸化多媒体会议系统包括会议系统控制主机、无纸化多媒体会议终端、多媒体服务器——即图中的视频服务器、文件服务器（包括文件、海量数据库、外部Internet 数据等）、会议管理电脑（控制 PC）和会务支持电脑（包括安装在服务间的服务请求控制单元、秘书处的电脑）和会议专用千兆网交换机。

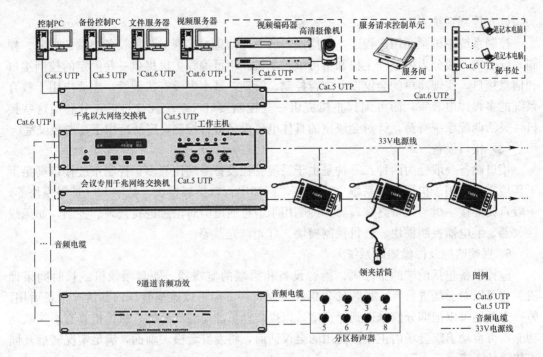

图 8-3　无纸化多媒体会议系统连接图

无纸化多媒体会议终端包括会议音频及控制模块、显示模块、触摸屏及驱动控制模块、多媒体处理模块和解复用及转发模块。其中，多媒体处理模块包含视频解码、解压缩及文件和数据处理功能。无纸化多媒体会议终端还包括一个摄像头及驱动控制电路，用于拍照和视频对话。会议终端可利用 POE（Power Over Ethernet）技术通过连接会议终端的线缆供电，也可用独立的供电器为会议终端供电。无纸化多媒体会议终端的结构如图 8-4 所示。

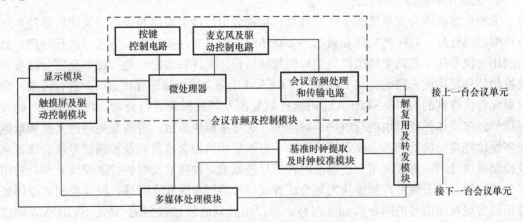

图 8-4　无纸化多媒体会议终端的结构框图

无纸化多媒体会议终端还包括分别与解复用及转发模块和会议音频及控制模块相连接的基准时钟提取及时钟校准模块。基准时钟提取及时钟校准模块用于保证会议音频信号的同步性和实时性；视频服务器也包括基准时钟提取及时钟校准模块，用于保证视频信号的同步性和实时性。

无纸化多媒体会议系统的主要特点是：

环保：无需发放纸质会议资料，可节约大量会议用纸张；终端单元耗电远小于电脑，更充分体现环保理念。

高效：节省准备和发放纸质会议资料的时间，应变资料更改等突发事件也更高效；会议中查询资料更方便，设备操作更简便；视频对话、会议服务等功能使得参会人员之间、参会人员与随员及服务人员间的沟通更方便。

安全：无纸化避免了分发打印材料可能造成的泄密，还具有重要会议的代表图像确认及记录功能，表决过程拍照功能。

8.1.4 数字会议系统设计实例

1. 工程概况

某大剧院兼会议中心是一座多功能建筑，总建筑面积 3.3 万 m^2。该中心除了有剧场兼会堂外，还包括 1 个 300 座的剧院式报告厅，200 座的会议厅，120 座的圆形国际会议厅，9 个 70 座的中型会议厅和 6 个 50 座的小型会议厅，以及新闻发布厅、贵宾休息厅、会见厅等。

2. 系统要求

（1）为保证会议中信号传输的高稳定性和高可靠性，会议的即席发言、表决与同声传译均要求为数字系统。

（2）应多元化、多媒体化和无纸化的要求，会议系统应该满足高集成化设计。无纸化多媒体会议系统在具备原有会议系统基本功能的基础上，融视频点播、视频播放、文件分发、文件导读、会务请求等多种功能于一体，实现会务高集成化、桌面简洁化的需求。

（3）音频设备须具有防静电（8000V 以上）功能（包括即席发言单元、数字系统主机）。由于北方气候比较干燥，容易产生静电，人触摸到话筒、即席发言单元、数字式调音台等一些音频设备后，容易产生杂音，后果严重的话可导致一些音频设备死机，造成系统瘫痪。

（4）系统的多种保护措施。在重要会议中，要具备两套系统的应急应对的能力。双机热备能够在会议主机出现故障的情况下，自动切换工作，保证会议的顺利进行。

（5）无线会议系统要求具备良好的保密性。某些重要会议，涉及内部的机密讨论内容，不允许外界的人员通过各种方式获取会议的内容。数字红外无线会议系统的应用还更侧重于房间拉线不方便或档次更高的场合，也利于保密安全需要，以及防止电磁泄密并抗击现场采用的对讲机、手机等大功率射频（RF）干扰。

（6）多功能厅要求灵活使用。选用数字红外无线系统的发言单元，以其移动的方便性、信号覆盖的稳定性、音质的高保真性来满足需求。

（7）系统设备的安装应牢固可靠，保证运行安全。

3. 主要厅堂系统设计

（1）120 座的圆形国际会议厅

国际会议厅按高端会议室设计，具备国际性会议应该具备的所有需求。该会议室的全景图如图 8-5 所示，会议厅配备有多媒体会议系统主机 2 台，具备 64 通道同声传译能力。100 台无纸化多媒体系统会议单元，能够实现会务的可视化、无纸化、多媒体化。HCS-8300 系列会议单元能够实现发言、表决、64 通道同传、签到、会议文件管理、讲稿导读、会议文档的查看与编辑、文件批注、会议记录、桌面共享、代表信息和会议日程的显示、拍照、上网、视频对话、视频播放、多通道视频点播、短消息、内部通话、服务呼叫等功能。内置300万像素摄像头与非接触式读卡器。

同声传译3个翻译间，装备6台翻译台。可动态选择所需要的翻译语种，进行同声传译。

1台会议专用矩阵，能够动态自动跟踪发言单元，实现动态显示发言画面。3台视频编码器，可以非常方便地接入需要播放的视频信号。待其转化成数字信号后，能够在单元上自由点播，或者统一播放。

配置远距离签到机，可以实现远距离自动签到。

图 8-5　国际会议厅全景

（2）省会厅数字红外会议系统

省会厅设有发言、表决、摄像跟踪功能。接入同传系统单元后，可实现3＋1通道同声传译，配置的数字会议主机和8通道分配器供会务管理人员调用。配置双机热备份软件。

（3）多功能厅数字红外会议系统

多功能厅设有发言、自动摄像跟踪功能。接入同传系统单元后，可实现3＋1通道同声传译，配置的数字会议主机和8通道分配器供会务管理人员调用。

（4）新闻发布厅

新闻发布厅设有数字红外会议系统，可以实现发言、摄像跟踪、同声传译，满足中外媒体采访需求。

4. 工程设计与实施

会议中心项目选用的设备包括：

（1）120座圆形国际会议厅，共配备2台 HCS-8300MB 主机，100席 HCS-8318B 系列会议终端，3台不同信号接口编码器，1台会务请求单元 HCS-8319，会议专用矩阵 HCS-4311M，辅助摄像机，VGA 矩阵，全数字化翻译单元 HCS-4385K2，1套中央控制系统 HCS-6000MCP3，2套远距离签到机 HCS-4393G。

国际会议厅主要承担起国际性会议的会务需求。作为一个多功能化、高标准化的会议室，在要求实现多种功能的同时，要保证会场、桌面的整洁。该会议室所配备的100席 HCS-8318B 系列多媒体会议终端能够实现高度集成化、多功能化的需求。在会场外围设置服务间，能减少会务服务人员在会场的走动次数，保证会议的秩序性。在会场外围的两个出入口处，设有远距离签到机，满足某些会议的签到需求。

HCS-8300 无纸化多媒体会议系统，是基于 GMC-STREAM 千兆会议媒体流技术设计，所有音视频信号用一条 Cat.6 网线传输，并能充分保证会议音频、表决信息、控制信息等会议重要数据流的实时性和稳定性。配备的10英寸高分辨率 LCD 触摸屏，内置300万像素摄像头，可实现双向会议控制管理（发言、表决、同传）、签到、会议文件管理、讲稿导读、会议文档的查看与编辑、代表信息及会议日程的显示。会议系统设备连接如图 8-6 所示。

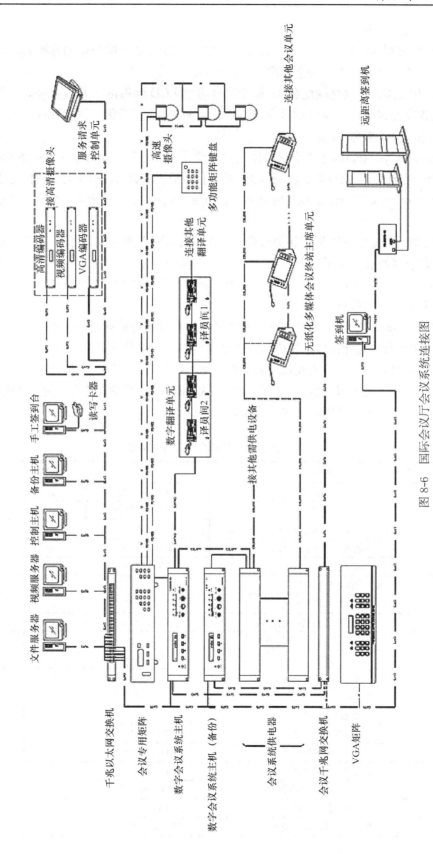

图 8-6　国际会议厅会议系统连接图

系统具有以下特点：

1）无纸化多媒体会议系统，基于具有自主知识产权的多媒体会议操作平台，能够抵御病毒侵害，不受黑客攻击，安全可靠。

2）无纸化多媒体会议终端配备 10 英寸高分辨率 LCD 触摸屏，并内置 300 万像素摄像头，可实现交互式会议控制管理（发言、表决、同传），无纸化会议，视频对话，多种视频服务，以及会议服务功能。

3）基于 CMC-STREAM 千兆会议媒体流技术设计，所有音视频信号通过一条 Cat.6 网线传输，并能充分保证会议音频、表决信息、控制信息等重要数据流的实时性和稳定性。

4）基于 CongressMatrix 会议矩阵技术，内置 $n\times8$ 音频矩阵处理器，实现 8 通道分组输出。

5）会议单元可配备一体化环保会议铭牌，配合专用的铭牌制作软件，实现快速、环保、不耀眼的会场桌牌显示系统。

6）支持 48kHz 音频采样频率，64 通道频率响应均达到 30Hz～20kHz。

7）会议单元低功耗设计。

8）支持 CobraNet 协议，实现与周边设备的数字化无损音质连接。

9）会议主机具有光纤接口，使得远距离会议室的合并成为现实。

10）系统可接入其他电容麦克风或者动圈麦克风，为用户提供更多选择。

11）会议主机具有 USB 接口，可用于升级系统和系统设置参数备份，便于管理。

该会议中心 120 座圆形国际会议厅会议系统设备清单见表 8-1。

会议中心 120 座圆形国际会议厅设备清单　　　　　　表 8-1

序号	名称	型号	数量	单位
1	全数字会议系统主机	HCS-8300MB	2	台
2	供电器（DC 33V）	HCS-8300PM	4	台
3	无纸化多媒体会议终端	HCS-8318BC	1	台
4	无纸化多媒体会议终端	HCS-8318BD	99	台
5	话筒管理软件模块	HCS-8213	1	套
6	表决软件管理模块（100 席）	HCS-8214	1	套
7	高级会场设计模块	HCS-8212	1	套
8	系统主机双机热备份软件模块	HCS-8225	1	套
9	控制电脑双机热备份软件模块	HCS-8222	1	套
10	同声传译软件模块	HCS-8216	1	套
11	文稿提示软件模块	HCS-8224	1	套
12	会议音频矩阵软件模块	HCS-8238	1	套
13	会议服务软件模块	HCS-8239	1	套
14	视频服务软件模块	HCS-8240	1	套
15	文件服务软件模块	HCS-8241	1	套
16	会议铭牌制作软件模块	HCS-8242	1	套
17	会议铭牌制作纸（100 张/套）	HCS-8318P	1	套
18	基础软件设置模块	HCS-8210	1	套
19	会议专用千兆网交换机	HCS-8300KMX	1	台

续表

序号	名称	型号	数量	单位
20	高清编码器	HCS-8316HD	1	台
21	视音频编码器	HCS-8316AV	1	台
22	VGA编码器	HCS-8316VGA	1	台
23	服务请求控制单元	HCS-8319	1	台
24	立体声耳机	HCS-5100PA	109	付
25	远距离签到机	HCS-4393G	2	台
26	会议签到管理软件（服务器端）	HCS-4217/10S	1	套
27	会议签到管理软件（客户端）	HCS-4217/10C	4	套
28	远距离非接触式IC卡（100张/套）	HCS-3924	2	套
29	读写卡器	HCS-4345C	1	台
30	辅助摄像头	HCS-3313C	3	台
31	多功能矩阵键盘	HCS-3311A	1	台
32	会议专用混合矩阵	HCS-4311M	4	台
33	视频控制软件模块	HCS-8215	1	套
34	16X8VGA矩阵	TMX-1608VGA	1	台
35	四分屏显卡	HCS-200H	4	块

（2）省会厅、多功能厅和新闻发布厅配置3套HCS-5300MA主机，60台数字红外无线话筒供流动使用，3套摄像跟踪系统HCS-4311M，1套中控系统HCS-6000MCP3。

省会厅、多功能厅和新闻发布厅是多功能设计。其灵活性的设计能够满足多种会议的需求，是举行常规性会议的重要场所。配置60台无线话筒流动使用，每间会议室安装8台收发器，实现信号的无缝隙覆盖。

数字红外无线系统，基于dirATC-数字红外音频传输与控制技术，是将语音信号和数据进行数字编码、数字调制，然后利用红外线进行传输，可以实现多路语音信号和数据的双向传输和控制。系统具有以下特点：

1）全球首创的数字红外无线会议系统。

2）独创的dirATC-数字红外音频传输及控制技术。

3）无线会议系统，易于安装和移动。

4）CD般的完美音质。

5）调节麦克风的灵敏度和EQ。

6）所有发言者的独立录音功能。

7）外传输技术，确保会议的私密性。

8）避免窃听和无线电干扰，无电磁辐射。

9）不受无线电频率的使用限制。

10）采用2～8MHz的传输频率，不受高频驱动光源干扰。

11）超强抗手机干扰能力。

12）同一建筑物内可以安装任意多套红外无线会议系统。

13）数字红外音频处理及传输技术，配合广播级麦克风，可以实现30Hz～20kHz、高信噪比、低失真的完美音质。

14）频响：30Hz～20kHz。

15）信噪比：≥80dBA。

16）总谐波失真：≤0.05%。

HCS-5300数字红外无线会议系统，以其高稳定性、高保真性、高安全性满足会展中心省会厅、多功能厅、新闻发布厅的要求，系统设备清单见表8-2。

省会厅、多功能厅、新闻发布厅会议系统设备清单　　　　　表8-2

序号	名称	型号	数量	单位
1	数字红外无线会议系统主机	HCS-5300MA/20	3	台
2	数字红外无线会议主席单元	HCS-5300C_G	3	台
3	数字红外无线会议代表单元	HCS-5300D_G	57	台
4	可充电电池组	HCS-5300BAT	60	组
5	数字红外收发器	HCS-5300TD-W	22	台
6	充电箱	HCS-5300CHG/08	4	个
7	全数字化翻译单元	HCS-4385K2/20	9	台
8	表决管理软件模块	HCS-5314/20	1	套
9	控制电脑双机热备份软件模块	HCS-5322/20	1	套
10	话筒控制软件模块	HCS-5313/20	3	套
11	同传管理软件模块	HCS-5316/20	3	套
12	高级会场设计软件模块	HCS-5312/20	3	套
13	视频控制软件模块	HCS-5315/20	3	套
14	基础设置软件模块	HCS-5310/20	3	套
15	广播级音频分配器	HCS-4112M/29	4	台
16	全数字会议系统主机	HCS-4100MB/20	1	台
17	模拟音频输出器	HCS-4110M/20	1	台
18	电脑（会议管理服务器）		8	台
19	电脑（签到机用）		2	台
20	机柜，32U		1	台
21	A3纸打印机		1	台
22	24口千兆以太网交换机		1	台

8.2　会议电视系统

8.2.1　概述

会议电视系统，又称视频会议系统，是指两个或两个以上不同地方的个人或群体，通过传输线路及多媒体设备，将声音、影像及文件资料互传，达到即时且互动的沟通，以完成会议目的的系统。

会议电视分为软件会议电视系统和硬件会议电视系统。软件会议电视是基于PC架构的视频通信方式，主要依靠CPU处理视、音频编解码工作，其最大的特点是廉价，且开放性好，软件集成方便，但软件视频在稳定性、可靠性方面还有待提高，视频质量普遍无法超越硬件视频系统，它当前的市场主要集中在个人和中小企业，政府、大型企业也逐渐开始接受，并越来越多地运用到会议当中。

硬件会议电视系统是基于嵌入式架构的视频通信方式，依靠 DSP 芯片和嵌入式软件实现视音频处理、网络通信和各项会议功能。其最大的特点是性能高、可靠性好，大部分中高端视讯应用中都采用了硬件视频方式，但随着技术的发展，其市场份额正逐渐被软件会议电视所占领。

会议电视的普及和发展经过了从模拟到数字，从点对点到多点对多点，从有线到无线，从功能单一到功能全面的过程。

8.2.2 会议电视系统的发展历程

会议电视系统的发展经历了模拟会议电视、数字会议电视和 IP 网络会议电视三个阶段，目前正在向多功能统一通信阶段发展。

1. 模拟会议电视系统阶段

会议电视系统的历史最早可追溯到 20 世纪 60 年代，美国电报电话公司（AT&T）推出了模拟会议电视系统。由于当时的电话网带宽无法满足要求，其视频信号只能通过极其昂贵的卫星信号传输，这使得通信成本高昂，再加上市场需求不强，技术发展不够成熟，限制了产品的推广，会议电视系统市场就此沉寂下来。早期的会议电视系统代表有美国贝尔实验室研制的可视电话、英国 BT 公司的 1MHz 带宽黑白会议电视等系统。

2. 数字会议电视系统阶段

数字电视会议是 20 世纪 80 年代伴随数字图像压缩技术的发展而出现的。它占用频带窄，图像质量也比较好，因此开始取代模拟电视会议，并且得到了快速发展，电视会议网也开始出现。但是由于全球各地使用的标准不一，难以实现国际会议电视交流。1988 年到 1992 年期间，国际电报电话咨询委员会（CCITT，ITU 的前身）在多国会议电视研究的基础上，提出了国际会议电视的标准（H.200 系列建议），规定了视频网上通信模式交换标准等，国际统一标准的电视会议系统自此开始出现。

长久以来，会议电视的普及和发展一直受到通信技术水平的影响。这个时期主要通过卫星、光纤等专用网络来连接会议电视系统。其中，基于 ATM 网络组网可提供 QoS（Quality of Service，服务质量），在 ATM 网上增加 ATM 25Mb/s 接入交换机 V-Switch，再增加 ISDN 电视会议网关设备 V-Gate，就可实现基于 ATM 的会议电视系统与基于 ISDN 的会议电视系统的互通。此方案的特点是图像质量很好（可达到 MPEG2 图像质量）、组网方便（不用把所有电视会议终端线路都连到 MCU 上）、可靠性高，但设备费用高，且要有 ATM 网络。

3. IP 网络会议电视阶段

随着因特网的快速发展和网络带宽的快速提升，硬件和纯软件方式的会议电视系统目前已经得到了广泛的应用。其中纯软件会议电视由于成本低廉、效果基本满足要求，从而得到高速发展。ADSL 接入方式的普及，以及网络资费的不断降低，支持 ADSL 连接的会议电视设备大量出现，成为了中小企业的首选方案。伴随通信技术的发展，光纤接入日益普及，使得高清会议电视系统的普及成为可能。H.323 协议的推出，使得会议电视系统得到空前的发展，在政府、军事、金融、电信、教育、企业等领域的应用也越来越广泛。

从 2006 年开始，高清会议电视系统产品开始相继上市，正式拉开了会议电视系统高清时代的帷幕。与传统的标清会议电视系统相比，高清会议电视系统通过提供更为清晰的画面质量、更好的声音效果，给与会者高效、高质量的视频体验，使与会者能够更有效地进行会议交流。此外，高清会议电视系统能够显示高分辨率内容，对于某些特定领域，如医疗、地图、测绘等是至关重要的，随着 HDTV、HD 摄像机等设备的普及，高清会议电视系统得到了更为广泛的应用。更多的企业和机构由于认识到信息化建设对于企业的发展起到的至关重要的作用，对高清会议电视系统有了更多的需求，同时市场上也涌现出多家厂商，积极应用高清会议电视新技术，不断地开发出新产品，进而打开高清会议电视系统的应用新局面。

4. 多功能统一通信管理平台

在多种业务全面融合的时代，多媒体通信管理平台将集成会议电视、视频监控、应急指挥调度、即时通信、视频点播、桌面应用、VOIP 电话、办公软件协同等应用于一体，支持多协议的转换和兼容，支持移动网络和 Internet 网络融合，具有大容量组网、智能网络适应、高保真音视频、软硬结合、多业务融合、平台开放能接入第三方设备等特点。

以应急领域为例，国内从 2008 年汶川地震后开始进行指挥调度系统的建设。视频指挥调度系统包含了应急系统、会议电视系统、视频监控系统等，可以实现前方情况快速掌握，各级应急联系单位及时沟通，满足快速反应、及时处置的应急反应需要。视频指挥调度系统的出现为人们解决了多方联动、协同指挥的迫切需求，其核心应用是视频的交互。在功能上，视频指挥调度系统整合了视频传输、前端数据采集、视频指挥、应急联动等不同的功能，其目的是能够帮助人们快速、准确地发现问题，进行决策，采取行动。但是，即使是可视化的指挥调度系统，往往也需要依赖于对现场图像的人工主观判断。因而，智能化的多功能统一通信管理平台将成为未来会议电视系统的发展趋势。

5. 未来发展展望

会议电视自诞生以来，以其便利性、高效性帮助人们全面提升会议效率，从而获得良好的商业应用。而会议电视技术的不断升级，也是其广泛普及的重要动力，从会议电视结合协同办公促使商务升级，到高清视频技术应用带动会议质量快速提升，会议电视市场全面扩大。随着三网融合时代的到来，3D 技术的运用，为会议电视行业带来巨大的发展空间。

（1）云会议技术

基于云计算的会议电视被称为云会议。它是基于云计算技术的一种高效、便捷、低成本的会议形式。使用者只需要通过互联网界面，进行简单易用的操作，便可快速高效地与全球各地团队及客户同步分享语音、数据文件及视频，而会议中数据的传输、处理等复杂技术由云会议服务商帮助使用者进行操作。

目前国内云会议主要集中在以 SAAS（软件即服务）模式为主体的服务内容，包括电话、网络、视频等服务形式。数据的传输、处理、存储全部由会议电视系统厂家的计算机资源处理，用户完全无需再购置昂贵的硬件和安装繁琐的软件，只需打开浏览器，登录相应界面，就能进行高效的远程会议。云会议系统支持多服务器动态集群部署，并提供多台高性能服务器，大大提升了会议稳定性、安全性、可用性。近年来，会议电视因能大幅提高沟通效率，持续降低沟通成本，带来内部管理水平升级，而获得众多用户欢迎，已广泛应用在政府、军队、交通、运输、金融、运营商、教育、企业等各个领域。

（2）远真技术（Telepresence）

远真是一种新技术，它为人们和各个场所以及工作生活各个方面的交互创造了一种独特的面对面体验，通过结合创新的视频、音频和交互式组件（软件和硬件）在网络上实现了这种体验。远真系统基于全新的远程呈现技术，综合集成了 IP 网络通信、超高清视频编解码、空间 IP 语音、建筑声学、空间照明以及人体工程学等领域的一系列技术创新，从而实现了网络与空间的真实转换，为远在异地的人们营造出一种跨越时空的真实面对面体验。

8.2.3 会议电视系统的相关标准

在高清编码/解码技术产生之前，会议电视系统的图像信号是基于公共交互媒体格式 CIF（Common Intermediate Format）的。CIF 格式图像的清晰度见表 8-3。

CIF 格式图像像素   表 8-3

名称	QCIF	CIF	4CIF	16CIF
像素数	176×144	352×288	704×576	1408×1152

1998 年国际电信联盟（ITU）制定了高清晰度电视（HDTV）的标准 ITU-R BT.709-3。HDTV 有三种显示格式，分别是：720P（1280×720，非交错式，场频为 24、30 或 60Hz），1080i（1920×1080，交错式，场频 60Hz），1080P（1920×1080，非交错式，场频为 24 或 30Hz）。

2004 年，由数字电影推进联盟（Digital Cinema Initiative）修订并推出了 4.0 行业高清标准，规定的数字影院清晰度分为两级，即 DCI 2K（2048×1080 像素，24 或 48 帧/秒）和 DCI 4K（4096×2160 像素，24 帧/秒）。

2012 年 8 月，ITU 发布了超高清电视（Ultra HDTV）的国际标准 BT.2020，对超高清电视的分辨率、色彩空间、帧率、色彩编码等进行了规范，分别对应超高清 4K 和超高清 8K：

1. 超高清 4K：水平清晰度 3840，垂直清晰度 2160，宽高比 16∶9，约 830 万像素。

2. 超高清 8K：水平清晰度 7680，垂直清晰度 4320，宽高比 16∶9，约 3320 万像素。

制定视频图像压缩编解码标准的国际组织有两个，一个是国际电信联盟（ITU-T），另一个是国际标准化组织（ISO）。前者制定了 H.26x 系列标准，如 H.261、H.263、H.264 和 H.265 等，后者制定的标准有 MPEG-1、MPEG-2、MPEG-4 等。其中 H.264 是由两个组织共同制定的数字视频编码标准，所以它既是 ITU-T 的 H.264，又是 ISO/IEC 的 MPEG-4 高级视频编码（Advanced Video Coding，AVC）的第 10 部分。

H.261 支持 QCIF 和 CIF 标准的视频图像传输。

H.263 支持 5 种分辨率，除了 QCIF 和 CIF 外，还支持 SQCIF、4CIF 和 16CIF。

H264 能以低于 1Mbps 的速度实现标清数字图像传送。与 MPEG-2 相比，同样的图像质量下，H.264 的数据速率只有其一半左右，压缩比大大提高。

H.265 仅需 H.264 一半带宽即可播放相同质量的视频。这也意味着，智能手机、平板机等移动设备将能够直接在线播放 1080p 的全高清视频。H.265 标准还支持 4K（4096×2160）和 8K（8192×4320）超高清视频。

MPEG-1 标准主要针对标清电视图像进行压缩，使之能用 1.5Mbps 的信道传输。

MPEG-2 主要针对多媒体、数字电视、高清电视等应用，但是压缩性能不高，对传输带宽的要求较高，编码率从 3Mbit/s～100Mbit/s，清晰度越高，对传输速率要求也越高。MPEG-4 采用了高效的音视频压缩算法，可以在普通电话网和移动通信网上传输多媒体信息，支持 IP 电话、可视电话、视频点播、移动接收多媒体广播和收看电视、计算机图形动画与仿真、高级电子游戏等应用，但不支持高清视频应用。

ITU-T 制定的适用于会议电视的标准有：

1. H.320 协议：1990 年提出并通过，基于 ISDN 的会议电视标准。

2. H.323 协议（用于 IP 网络的会议电视）：1997 年 3 月批准，为现有的分组网络 PBN（如 IP 网络）提供多媒体通信标准，是目前应用最广泛的协议。基于硬件的会议电视系统基本上都是采用这个技术标准，这保证了所有厂商生产的终端和 MCU 都可以互联互通。

3. H.324 协议：1996 年通过了基于 PSTN 网的、适用于个人用户的会议电视多媒体通信标准。它采用了 H.263 进行视频编解码，G.723.1 进行语音编解码，V.34 Modem 在 PSTN 传输。H.324 终端可以和在 ISDN 上传输的 H.320 系列建议的可视电话系统交互工作，亦可在无线移动电话网络中工作（称为 H.324/M 建议）。

随着 IP 网络边界的不断扩展，由 IETF 发布的 SIP 协议标准在会议电视系统也得到了越来越广泛的应用。SIP（Session Initiation Protocol）是一个应用层的信令控制协议，用于创建、修改和释放一个或多个参与者的会话。这些会话可以是 Internet 多媒体会议、IP 电话或多媒体分发。会话的参与者可以通过组播（multicast）、网状单播（unicast）或两者的混合体进行通信。SIP 较为灵活、简便、可扩展，而且是开放的，目前主流厂商的会议电视系统均提供了对 SIP 的支持。SIP 在会议电视的进一步应用，还有两大障碍需要解决：（1）SIP 不是会话描述协议，也不提供会议控制功能；（2）SIP 自身不提供服务质量（QoS）。

IETF（Internet 工程任务组）制定的可用于会议电视的标准有：

RFC2543——SIP 最早的一个实时流传输协议标准，用于控制音频视频内容在 Web 上的流传输。

RFC3261——确立 SIP 的基础。

RFC3262——对临时响应的可靠性做了补充规定。

RFC3263——确立了 SIP 代理服务器的定位规则。

RFC3264——提供了提议/应答模型。

RFC3265——确立了具体的事件通知。

虽然 H.323 来自于通信领域，SIP 来自因特网领域，但是两者的关系并不对立，在不同应用环境中可以有效互补。SIP 作为以因特网应用为背景的通信标准，是将视频通信大众化，引入千家万户的一个有效并具有现实可行性的手段；而 H.323 系统和 SIP 系统有机结合，又确保了用户可以在构造相对廉价灵活的 SIP 视频系统的基础上，实现多方会议等多样化的功能，并可靠地实现 SIP 系统与 H.323 系统之间的互通，在最大程度上满足用户对未来实时多媒体统一通信的要求。

8.2.4 会议电视系统的组成

一般的会议电视系统整体包括：MCU 多点控制器（视频会议服务器）、会议室终端、

PC 桌面型终端、电话接入网关 (PSTN Gateway)、网闸 (Gatekeeper) 等几个部分。各种不同的终端都连入 MCU 进行集中交换,组成一个会议电视网络,如图 8-7 所示。

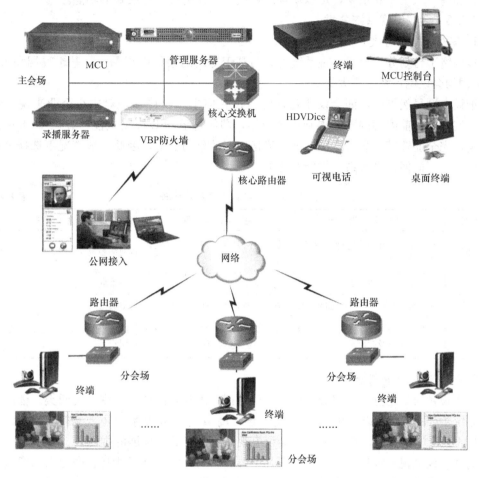

图 8-7 会议电视系统网络结构图

1. 多点处理单元 (MCU)

MCU 是会议电视系统的核心部分,为用户提供群组会议、多组会议的连接服务。目前主流厂商的 MCU 一般可以提供单机多达 32 用户的接入服务,并且可以进行级联,大型会议电视系统都在 100 点以上,超大型可以超过上千点,可以基本满足用户的使用要求。

2. 会议室终端产品

会议室终端产品是提供给用户的会议室使用的,设备自带摄像头和遥控键盘,可以通过电视机或者是投影仪显示,用户可以根据会场的大小选择不同的设备。一般会议室设备带专用摄像头,可以通过遥控方式前后左右转动从而覆盖到会议的任何人和物。

3. 桌面型 (PC) 终端产品

直接在电脑上进行视频会议,一般配置价格比较低的 PC 摄像头,常规情况下只能 1~2 人使用。

4. 电话接入网关（PSTN Gateway）

用户直接通过电话或手机可以在移动情况下加入到会议电视中来，这点对国内许多政府官员和商务人士尤其重要，可以说今后将成为会议电视不可或缺的功能。

8.2.5 会议电视系统分类

1. 按网络平台分类

按网络平台划分，会议电视系统可分为基于专网的会议电视系统、基于混网和Internet公网的会议电视系统三大类。

铺设专网虽然可以保证会议质量，但是投入成本高出许多，对中小企业来说并不适合。事实上，目前因特网已经得到广泛应用，即使是ADSL线路也能够提供1Mbps以上的带宽，完全能够满足会议电视清晰、流畅应用效果的要求，因此一般情况下选择公众互联网即可。不同网络平台系统性能对比见表8-4。

不同网络平台会议电视系统比较   表8-4

比较项目	专网会议电视系统	混网会议电视系统	公网会议电视系统
会议质量	专网传输，网络稳定性有保证，会议质量高	专、公网混联，网络稳定性较好，会议质量较高	网络稳定性一般，会议质量尚可
投入成本	专网建设投入成本大	成本较高	成本低
适用性	受专网建设影响，适用范围有限	适用范围受专网的一定限制	适用范围广
应用范围	具有专网以及专网建设能力的大型企业以及政府相关部门	具有一定专网线路，实力较强的大型企业以及政府部门	缺乏专网、企业实力较弱的行业用户

2. 按音视频质量划分

按音视频质量划分，可以分为标清会议电视系统和高清会议电视系统两类。标清会议电视系统主要是720P以下的会议电视系统，高清会议电视系统主要是达到720P或者1080P的会议电视系统，目前1080P会议电视系统已经成为发展的主流。

高清会议电视系统优势表现在以下几个方面：高分辨率格式所具备的更高的像素数可以提升画面质量，使大屏幕上的画面显得更清晰、流畅；流畅清晰的视频质量、高品质的音效能够提升与会者的参会体验，帮助与会者专注于会议本身的内容；高清晰度的画面能够使得超大屏幕的图像同样具有清晰的视频图像，从而让更多的与会者出现在画面中，使得更多的与会者参加会议；高清晰度带来的高分辨率图像，能够清晰地显示细节内容，尤其是在图形操作（如设计图纸、动画的讨论、地形图等），对于依赖视觉进行沟通的异地人员来讲有极大的好处。与标清会议电视系统相比，高清会议电视系统成本较高，对网络要求也更高。主要性能对比见表8-5。

高清和标清会议电视系统比较   表8-5

比较项	标清会议电视系统	高清会议电视系统
价格	低	高
清晰度	低于720P	720P或1080P
音视频质量	较低	高
带宽需求	低	高

8.2.6　会议电视系统设计

1. 功能要求

（1）在网内任意节点都可设置为主会场，便于召开现场会议。

（2）全部会场应可以显示同一画面，亦可显示本地画面。

（3）主会场可遥控操作参加会议的全部受控摄像机，调整画面的内容和清晰度。应保证摄像机摆动、倾斜、变焦、聚焦等动作要求。

（4）全部会场的画面可依次显示或任选其一，由主会场进行操作，主会场应能任意选择以下 4 种切换方式：主席控制方式（会议主席在指定时间内可以选择广播任一会场的画面）、导演控制方式（导演可以通过 CMMS 监控管理工作站，选择广播任一会场的画面）、声音控制方式（MCU 组网情况下，可根据与会者发言的声音强度和持续时间，选择其中最符合条件的发言者，将其画面广播给其他会场）、演讲人控制方式（适用于教育或做报告，各个远离教育中心或报告厅的会场可以看到教师或演讲人，教师或演讲人可以选择观看任意一个会场的画面）。

（5）除主会场与发言会场可以进行对话外，还允许 1～2 个会场进行插话。

（6）任何会场均有权请求发言，申请发言的信号应在主会场的特设显示屏上显示，该显示屏应放在会议主席容易观察的位置。

（7）主会场应能实现对全部会场的音量调节和静音功能。

（8）根据需要，系统能实现字幕功能，并能实时修改、叠加混合。

（9）MCU 组网方式应能实现当某一会场需要长时间发言时，主会场可任意切换其他会场的画面进行轮换广播，而不中断发言会场的声音；会议进行中，能实现某一会场的实时加入。

2. 设备选型原则

设备选型要符合 ITU 的相关标准，还要满足会议电视的功能要求和主要设备的技术要求；符合技术先进、安全可靠、经济实用的原则；有利于今后系统扩容及设备扩展的能力；视频设备必须满足 PAL-D 制式；满足 2Mb/s 以上更高速率的码流传送要求。

3. 组网方式及传输信道选择

根据不同的需求可选择使用 MCU 组网方式和音、视频切换矩阵组网方式。MCU 组网方式是各会场会议电视系统终端设备通过传输信道连接到 MCU 上，通过 MCU 实现切换；音、视频切换矩阵组网方式是各会场会议电视系统终端设备通过传输信道连接到音、视频切换矩阵，通过音、视频切换矩阵进行切换。

会议电视传输信道包括专线式传输信道和交换式传输信道。音、视频切换矩阵组网方式应采用专线式传输信道，MCU 组网方式既可采用专线式传输信道，也可采用交换式传输信道。

专线式传输信道应符合下列要求：应采用数字信道；应便于组织视频、音频信号的传输，便于组织会议电视管理监控信息的传输；应采用 G.703 接口。

4. 设备配置

（1）终端设备配置

每一会场应配置一台会议电视终端设备，重要会场备用一台。

音频编解码器应具备对音频信号进行 PCM、ADPCM 或 LD-CELP 编解码的能力。

视/音频输入、输出设备应满足多路输入和输出，以及分画面和消除回声等功能要求。

多路复用和信号分离设备应能将视频、音频、数据、信令等各种数字信号组合到 $64\sim$ 1920kbit/s 数字码流内，或从码流中分离出相应的各种信号，成为与用户和网络接口兼容的信号格式。

用户和网络的接口应符合 G.703 或 ISDN 6B+D、30B+D 等接口标准。

会场的操作控制和显示应采用菜单式触摸屏和汉化显示终端，全部会场 CODEC、MCU 和级联端口的状态信息，应在工作站的显示屏幕上一次全部显出，菜单触摸屏的会场地址表格中，应只对完好的会场信息做出操作响应，用以保证播送的画面质量。

（2）摄像机和话筒的配置要求

每一会场至少配备一台带云台的受控摄像机、一台辅助摄像机和一台图文摄像机。面积较大的会议室，宜适当增加辅助摄像机，以保证从各个角度摄取会场全景或局部特写镜头。

会场应根据要求参与发言的人数确定话筒的配置数量。话筒不宜设置过多，其数量不宜超过 10 个。

（3）图像显示设备的配置

在小会议室或在大会议室中的某一局部区域选用监视器。应按监视器屏幕底边 6 倍的最佳视距，水平视角不大于 ±57°、垂直视角不大于 ±10° 选择监视器的尺寸；在大会议室且环境照度较强的情况下，宜选用背投式投影机；在大会议室且屏幕区的环境照度小于 80lx 时，可选用投影机，其屏幕尺寸可比内投式投影机适当加大。

（4）编辑导演设备和调音台设备的配置

编辑导演设备的配置：由多个摄像机组成的会场，应采用编辑导演设备对数个画面进行预处理，该设备应能与摄像机操作人员进行电话联系，以便及时调整所摄取的画面；单一摄像机的会场可不设编辑导演设备，由会议操作人直接操作控制摄取所需的画面。

调音台设备的配置：声音系统的质量取决于参与电视会议的全部会场的声音质量，每一会场必须按规定的声音电平进行调整，才能保证全系统有较好的声音效果。由多个话筒组成的会场，应采用多路调音台对发言话筒进行音质和音量的控制，以保证话音清晰，并防止回声干扰；单一话筒的会场可不设调音台。

（5）会场扩声的配置

扬声器的布置应使会议室得到均匀的声场，且能防止声音回授；扩声系统的功率放大器应采用数个小容量功率放大器集中设置在同一机房的方式，用合理的布线和切换系统，保证会议室在损坏一台功放时不造成会场扩声中断；声音信号输入功率放大器之前，应采用均衡器和扬声器控制器进行处理，以提高声音信号的质量。

（6）多点控制设备（MCU）的配置

多点控制设备的数量应根据组网方式确定，并满足下列基本要求：

多点控制设备应能组织多个终端设备的全体或分组会议，对某一终端设备送来的视频、音频、数据、信令等多种数字信号广播或转送至相关的终端设备，且不得劣化信号的质量；多点控制设备的传输信道端口数量，在 2048kbit/s 的速率时，不应少于 12 个；同一个多点控制设备应能同时召开不同传输速率的电视会议；多点控制设备应采用嵌入式系统，应能进行 $2\sim3$ 级级联组网和控制。

（7）设备布置要求

话筒和扬声器的布置应尽量使话筒置于各扬声器的辐射角之外，扬声器宜分散布置。

摄像机的布置应使被摄人物都收入视角范围之内，并宜从几个方位摄取画面，方便地获得会场全景或局部特写镜头。

监视器或大屏幕背投影机的布置，应尽量使与会者处在较好的视距和视角范围之内。

机房设备布置应保证适当的维护间距，机面与墙的净距离不应小于1500mm；当设备按列布置时，列间净距不应小于1000mm。

5. 会议室供电系统

为了保证会议室供电系统的安全可靠，以减少经电源途径带来的电气串扰，应采用3套供电系统。第一套供电系统作为会议室照明用电；第二套用于整个终端设备、控制室设备的供电，并采用不间断电源系统（UPS）；第三套用于空调设备的供电。

（1）电源和接地

交流电源应按一级负荷供电。电压波动超过交流用电设备正常工作范围时，应采用交流稳压或调压设备。重要会场的MCU、CODEC、保密机应采用不间断电源。

摄像机、监视器、编辑导演设备等视频设备应采用同相电源。在电视会议室、控制室、传输室应设置专用分路配电盘，每路容量宜为15～25A。在摄像机、监视器、内投式大屏幕投影电视机等设施附近均应设置220V三芯电源插座，每个插座的容量不小于2kW。

交流电源的杂音干扰电压不应大于100mV。

保护地线必须采用三相五线制中的第五根线，与交流电源的零线必须严格分开，防止零线不平衡电流对会议电视产生严重的干扰影响；保护地线的接地电阻值，单独设置接地体时不应大于4Ω；采用联合接地体时不应大于0.5Ω；保护地线的杂音干扰电压不应大于25mV。

接地系统应采用单点接地的方式。信号地、机壳地、电源告警地、防静电地等均应分别用导线经接地排，一点接至接地体。

（2）照明和插座

电视会议室不应采用自然光，室内的照明光源应采用色温为3200K的三基色灯。主席区的平均照度不应低于800lx；一般区的平均照度不应低于500lx。水平工作面计算距地高度为0.8m。投影电视屏幕区照度不应高于80lx。各种照度应均匀可调，保证会议室按各种功能要求调节灯光。

控制室、传输室的照明光源宜采用日光灯。机架设备区的平均照度不应低于100lx。垂直工作面计算距地高度为1.2m。座席设备区的平均照度不应低于100lx。水平工作面计算距地高度为0.8m。

电视会议室、控制室、传输室等房间的周围墙上或地面上应每隔3～5m安装一个220V三芯电源插座。

8.2.7 视频会议系统工程实例

1. 项目背景

某科学院视频会议系统是为实现科研和管理的信息交流、资源共享，提高协同工作和快速反应能力而部署的重大项目。它在现有的网络、会议室环境资源基础上，为院部机关、12个分院和112个所属单位在20多个城市共114个节点之间搭建一个具备远程、实时、交互功能的全国性会议电视平台。应用网络事业部凭借丰富的市场运作经验，采用业界最先进的技术标准成功搭建实施，主要实现以下功能：

（1）在各会场之间实现会议电视的功能，包括图像、语音交互以及会议的组织、控制等。

（2）在北京的主会场可对会议进行实时控制和监测，并可将控制权下放给其他分会场；具备多点控制功能，分会场可自行组织小范围内的视频会议，同时承担双向交互视频会议的组织和运行。

（3）可将各会场接收到的会议信息进行存储、归档。

（4）基于 Web 的双向交互式视频会议管理平台，具有一定的扩展和升级能力，提供全面、方便、丰富的会议管理和计费功能。

（5）提供具有较强功能的数据会议系统。

2. 方案介绍

整个视频会议系统工程建设的规模为 125 个会场，包括控制中心 1 个，主会场（一级会议节点）1 个，二级会议节点 16 个，三级会议节点 108 个。

该视频会议系统采用基于 IP 的 H. 323 协议，北京地区和各分院网络通过光缆改造，骨干连接使用千兆的光缆连接。通达 12 个分院（二级会议节点）的出口信道带宽提升到 155Mb/s，9 个独立研究所（三级会议节点）的出口信道带宽为 4Mb/s 或 2Mb/s，视频会议建议带宽 384kbps。视频终端设备选择 Polycom 公司的 VS4000 和 VS128。多点会议控制设备 MCU 选择 MGC-100。数据会议设备配备则采用可以实现双视频流功能的 Virtual Connect FX。

视频会议系统控制中心设在院部机关，负责视频会议系统的总体控制和运行，配置多点控制单元（MCU），该 MCU 容量应配置为至少同时支持 120 个节点 384kb/s 速率的双向交互式视频会议，系统具有一定的扩展和升级能力。

同时设在院部机关的视频会议系统物理主会场（一级会议节点，A 类会议室），由位于物理主会场中的现场导播中心对院部机关视频会议会场音、视频和数字信号进行切换、控制、导播，该会议室承担院级大型视频会议的组织和运行。

16 个二级会议节点遍布院部机关、各分院及院网络中心等，由 12 个 B 类会议室组成，分布在院部机关（5 个）、上海、广州、西安、昆明、成都、沈阳分院及院网络中心。B 类会议室具备多点控制功能，可以自行组织小范围内的视频会议，同时承担双向交互视频会议的组织和运行。

三级会议节点由研究所和院属单位组成，共 108 个。在新疆、兰州、长春、南京、武汉、合肥、北京怀柔建立有 C 类会议室 7 个，C 类会议室承担双向交互视频会议的组织和运行，配置会议室型视频会议终端设备；各院属单位分别建立研究所级会议室，由 100 套会议终端设备构成。

本 章 小 结

会议系统原本是一套相对独立的专业设备，但随着科技的发展，功能需求的提升，特别是计算机及网络技术的普及和应用，会议系统的范畴已经发生了变化，包括发言讨论、选举表决、摄像跟踪、同声传译、远程视频会议、桌面个人显示及大屏幕高清显示等，构成现代会议的基本元素，同时引入智能控制的理念，利用中央控制系统等相关设备，实现集中控制会议设备的声、光、电功能。如今的会议系统已作为智能建筑信息设施的一个组成部分。要了解会议系统的概念和发展历程，掌握会议系统的分类及用途。

现代的会议系统是利用声、光、电和控制技术，充分展现会议音、视频效果的集成系统。会议系统设备包括音频扩声、视频显示、会议灯光、中央控制等系统所涉及的产品分门别类、品种繁多，但是万变不离其宗。要掌握系统的基本原理和结构，熟悉各种设备的性能和特点，了解市场和技术的发展方向。

要完成一个好的会议系统设计和建设，单靠选择档次高、价格贵的设备是不够的，还要详细了解会场的建筑结构，熟悉声场分析的方法并提出合理的建声设计建议，掌握现场设备安装位置和距离的计算方式，同时应熟悉国家的相关规范和技术要求，做到根据实际情况选择性价比最优的设备。

思考题与习题

1. 什么是数字会议系统？它经历了哪些发展历程？
2. 数字会议系统的组成及各系统的功能有哪些？
3. 什么是边缘融合技术？它有哪些优势和特点？
4. 无纸化多媒体会议系统的工作原理是什么？有哪些主要特点？
5. 什么是视频会议系统？分为哪些类型？
6. 视频会议系统的组成及各部分的功能有哪些？
7. 高清视频会议系统优势有哪些？

第9章 信息引导与发布系统、时钟系统

信息引导与发布系统是一种以信息传递为主导的系统，主要用于建筑物内的信息发布、提供信息查询等功能。

由于高精度时间基准已经成为通信、电力、广播电视、安防监控、工业控制等领域的基础保障平台之一，使得时钟系统应运而生。GPS时钟系统是目前应用最为广泛的时钟系统。

9.1 系统概述

信息引导与发布系统的主要功能是在某些功能区域进行电视节目或定制信息的按需发布和客户信息查询，系统通过管理网络连接到系统服务器及控制器，对信息采集系统获得的信息进行编辑及播放控制。主要包括大屏幕显示系统和触摸屏查询系统。

大屏幕显示是指在大尺寸屏幕上显示图文或图像信息，大屏幕一般指屏幕对角线为40寸及以上产品。随着信息源的丰富和实时显示信息的需要，金融、通信、交通、能源、安全、医院、会议、会展、军事、大型公共建筑等越来越多的行业需要建立能够实时整合多路信号输入的超大屏幕显示系统。

触摸屏是一种可接收触摸等输入信号的感应式显示装置，是用户和计算机之间实现互动的最简单、最直接的方式。触摸屏查询系统广泛地应用于政府机关、邮电、金融、保险、旅游、税务、工商、医院、酒店、海关、车站、机场、展馆、派出所、房地产、商场、图书馆、公检法机关、街道社区、旅游景点、学校等行政机关、事业单位及其他公共服务领域，为用户提供方便快捷的政策法规、最新信息、重要通告等实时信息查询。

GPS时钟系统，也称子母时钟系统，是基于GPS高精度定位授时模块开发的基础型授时应用产品，能够按照用户需求输出符合规约的时间信息格式，完成同步授时服务。时钟系统广泛地应用于电力、金融、通信、交通、广电、石化、冶金、国防、教育、IT及公共服务设施等各个领域。

9.2 大屏幕显示系统

大屏幕显示系统是一个集视频技术、计算机及网络技术、超大规模集成电路等综合应用于一体的大型电子显示系统。系统的主要功能为信息接收及信息显示。

9.2.1 信息显示装置的分类

信息显示装置可按下述方式分类：①按显示器件可分为阴极射线管显示（CRT）、真空荧光显示（VFD）、等离子体显示（PDP）、液晶显示（LCD）、发光二极管显示（LED）、电致发光显示（ELD）、场致发光显示（FED）、白炽灯显示、LED滚动条屏、磁翻转显示等；②按显示色彩可分为单色、双基色、三基色（全彩色）；③按显示信息可分为图文显示

屏、视频显示屏；④按显示方式可分为主动光显示、被动光显示；⑤按使用场所可分为室内显示屏、室外显示屏；⑥按技术要求的高低可分为（主要用于LED屏）A、B、C三级。

目前工程中常用的大屏幕显示装置主要有以下几类：

（1）LED显示屏。LED是发光二极管（Light Emitting Diode）的缩写，LED大屏幕显示系统就是利用LED发光组件，在计算机信号的控制下，通过驱动电路，使LED器件阵列发光而显示图像。

LED滚动条屏系统广泛地应用于建筑物内、外电子公告和信息发布。如公共建筑中的公告栏、大型商业广告牌、新闻发布栏、车站及航空港的运行时间表等。

（2）PDP显示屏。PDP是等离子体显示屏（Plasma Display Panel）的英文缩写，是利用气体放电产生的等离子体引发紫外线来激发红、绿、蓝荧光粉，发出红、绿、蓝三种基色光，在玻璃平板上形成彩色图像的显示屏。

（3）LCD显示屏。LCD是液晶屏（Liquid Crystal Display）的英文缩写，是外加电压使液晶分子取向改变，以调制透过液晶的光强度，产生灰度或彩色图像的显示屏。只要改变加在液晶上的电压值就可以控制最后出现的光线强度与色彩，这样就能在液晶面板上变化出有不同色调的颜色和组合。

（4）CRT显示屏。阴极射线管显示屏（CRT display）由电子束器件构成，从电子枪发射电子束轰击涂有荧光粉的玻璃面（荧光屏）实现电光转换，重现图像。

9.2.2　大屏幕显示系统的组成

简单地讲，大屏幕显示系统就是由显示单元，再加上一套适当的控制器组成。所以多种规格的显示板配合不同控制技术的控制器就可以组成许多种视频显示系统，以满足不同环境、不同显示要求的需要。

1. LED显示系统

单色、三色LED大屏幕显示系统主要由计算机、通信卡、控制装置及显示装置等部分组成，如图9-1所示。利用系统的控制软件，计算机将编辑好的图文和控制命令传送至通信卡，通信卡对这些信息进行处理后，传送给控制装置，控制装置再对信息进行处理、分配至相应的显示装置，显示装置根据前两个环节所编辑的内容循环显示信息。

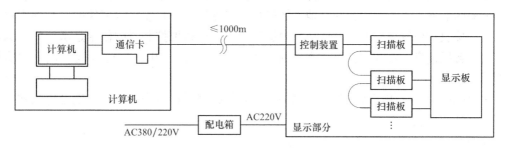

图9-1　单色、三色LED大屏幕显示系统的组成

2. LED滚动条屏系统

LED滚动条屏系统通常由计算机、单片机发送卡和滚动条屏三部分组成。其中，单片机发送卡用于信息编辑及对屏体进行控制；滚动条屏屏体由控制电路、驱动电路、电源及发光器件等组成，用来显示系统发布的信息；计算机通过其应用软件对屏幕显示内容进行图文编辑操作，控制显示屏的显示功能。LED滚动条屏系统的结构如图9-2所示。

图 9-2　LED 滚动条屏系统的组成

3. 电视型视频显示系统

按照显示屏器件的物理组成种类区分，电视型视频显示可分为 LCD、CRT、PDP 等显示屏系统；按显示屏组成数量区分，可分为单屏电视型视频显示系统和电视拼接视频显示系统。

电视型视频显示系统由计算机、控制装置和显示装置组成（见图 9-3）。其中，多媒体卡负责采集复合电视视频信号，并将其转换成适合计算机显示的信号，采集卡完成这些信号和计算机上的显示信号的采集。控制装置对采集到的信息进行处理、分配至相应的显示装置，显示装置对前两个环节所编辑的内容循环显示信息。

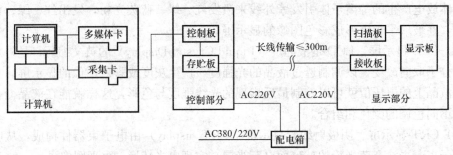

图 9-3　电视型视频显示系统的组成

9.3　触摸屏查询系统

触摸屏查询系统将文字、图像、音乐、视频、动画等数字资源通过系统集成并整合在一个互动的平台上，具有图文并茂、有趣生动的表达形式，给用户很强的音响、视觉冲击力，并留下深刻的印象。即使是对计算机一无所知的人，也照样能够应用自如，展现出多媒体计算机的魅力。

9.3.1　触摸屏查询系统工作原理

触摸屏查询系统由触摸检测部件和触摸屏控制器两部分组成，触摸检测部件安装在显示器屏幕的前面。当人用手指或其他物体触摸到触摸屏时，触摸检测部件即检测到用户触摸位置，接收到位置信号后将其送至触摸屏控制器。触摸屏控制器的作用是从触摸检测部件上接收触摸信息，将其转换成触点坐标，通过接口送给 CPU，同时也能够接收并执行 CPU 发来的命令。

按照触摸屏的工作原理和传输信息的介质，触摸屏可以分为 4 类，分别是电阻式、电容式、红外式及表面声波式。

1. 电阻式触摸屏

电阻式触摸屏的主要部分以一层玻璃或硬塑料平板作为基层，表面涂有一层透明的导电膜，之上为隔片，隔片之上又涂有一层透明导电膜，最上面盖有一层外表面硬化处理、光滑防擦的塑料层。当手指触摸到上层的透明导电膜的任意位置后，该部分就与下侧的玻璃基板上的透明导电膜短路，通过测量此时的电压下降来计算触摸的位置，此即电阻触摸屏的基本原理。目前常用的透明导电膜的材料有两种，一种是纳米钢锡金属氧化物（ITO）涂层，另一种是镍金涂层。

2. 电容式触摸屏

电容式触摸屏是一块四层复合玻璃屏，玻璃层为基层，玻璃屏的内、外面各涂有一层 ITO，一侧的 ITO 称为内表面，另一侧的 ITO 称为夹层，夹层之上是一极薄的石英玻璃保护层，夹层作为工作面，其四个角上引出四个电极，内层 ITO 为屏蔽层以保证良好的工作环境。当手指触摸在金属屏幕上时，由于人体电场，手指和触摸屏表面间会形成一个耦合电容，对于高频电流来说，电容是直接导体，于是手指从接触点吸走一个很小的电流。这个电流分别从触摸屏的四角上的电极中流出，并且流经这四个电极的电流与手指到四角的距离成正比，控制器通过对这四个电流比例的精确计算，即可得出触摸点的准确位置。电容触摸屏又可分为表面电容式和投射电容式两类。

3. 红外式触摸屏

红外式触摸屏是利用 X、Y 方向上密布的红外线矩阵来检测并定位用户的触摸。红外触摸屏在显示器的前面安装一个电路板外框，电路板在屏幕四边排布红外发射管和红外接收管，一一对应形成横竖交叉的红外线矩阵。用户在触摸屏幕时，手指就会挡住经过该位置的横竖两条红外线，因而可以判断出触摸点在屏幕上的位置。

4. 表面声波式触摸屏

表面声波是一种沿介质表面传播的机械波。表面声波式触摸屏由触摸屏、声波发生器、反射器和声波接收器组成，其中声波发生器能发送一种高频声波跨越屏幕表面，当手指触及屏幕时，触点上的声波即被阻止，由此确定坐标位置。

表面声波触摸屏不受温度、湿度等环境因素影响，分辨率极高，有极好的防刮性，寿命长（5000 万次无故障），能保持清晰透亮的图像质量，没有漂移，只需安装时一次校正，有第三轴（即压力轴）响应，最适合公共场所使用。

上述几种触摸屏的性能比较见表 9-1。

各类触摸屏的性能比较　　　　　　　　　　　　　　　　　　表 9-1

类别特性	红外式	电阻式	表面声波式	电容式
清晰度	一般	较好	很好	较差
透光率	100%	75%	85%	85%
分辨率	977×377	4096×4096	4096×4096	4096×4096
响应速度	<20ms	<10ms	<10ms	<3ms
感应轴	X、Y	X、Y	X、Y、Z	X、Y
防刮擦	好	一般	非常好	一般
漂移	无	无	无	有
防尘	不能挡住透光部分	不怕	不怕	不怕
耐磨损性	很好	好	很好	好
干扰性	无	无	小	电磁干扰
污物影响	无	无	小	较小
稳定性	高	好	一般	差
寿命	太多传感器，损坏概率大	大于 3500 万次	大于 5000 万次	大于 2000 万次
价格	低	中	高	中

9.3.2　触摸屏查询系统的组成

触摸屏信息查询系统由触摸屏主机、网络链路、服务器及软件四个部分组成。触摸屏主机通常采用基于浏览器/服务器（B/S）体系架构，提供友好的人机界面，实现数据的输入和输出，完成用户与后台数据库的交互过程。

网络链路用于实现触摸屏查询到业务系统后台的网络连接。

服务器作为连接客户机和数据库服务器的桥梁，通过 HTML 和 ODBC 等实现将客户端数据传送到数据库服务器、提供处理数据功能和将处理结构以 HTML 形式传送到客户端。

软件部分主要由客户端浏览器 WEB 管理、接口软件及 SQL 数据库三部分组成。

9.4 时钟系统

时钟系统从 GPS 卫星上获取标准的时间信号，将这些信息传输给自动化系统中需要时间信息的设备，如计算机、保护装置、事件顺序记录装置、安全自动装置、远动 RTU 等，以达到整个系统时间同步的目的。

9.4.1 时钟系统的工作原理

GPS（Global Positioning System，全球定位系统）是美国从 20 世纪 70 年代开始研制的卫星导航与定位系统，由运行在 6 个互成 $60°$ 的轨道面上的 24 颗卫星构成。每颗卫星上装有 4 台原子钟，其中 2 台铷原子钟、2 台铯原子钟，一用三备。GPS 卫星以 L 波段频率向地面全天候播发导航电文，GPS 用户从接收到的信号中可得到足够的信息进行精密定位和授时。GPS 系统采用单向传输方式，只有下行链路，即从卫星到用户的链路，所以全球任何一处的用户只需要用一个 GPS 接收机接收 GPS 卫星发出的信号，即可获得接收点的准确空间位置信息、同步时标及标准时间。

GPS 时钟系统工作原理是通过 GPS 信号驯服晶振，从而实现高精度的频率和时间信号输出。即由 GPS 接收模块从 GPS 卫星接收精确的时间信息到 GPS 母钟，对本地高精度恒温晶体振荡器进行时间对比测量，并根据测量值，由微处理器自动计算出晶振对 GPS 钟的时间差，并补偿卫星及接收机间的传输时延。然后，根据时间差的方向及大小，控制移相器进行相位调整，输出与国际标准时间误差为 $1\mu s$ 的秒脉冲信号，并通过串口输出国际标准时间、日期及所处方位等信息。

对于大区域时钟系统，可以利用现有的计算机网络系统构建局域网时钟系统，需要时基信号的系统可以从计算机网络中二级母钟上提取时钟信号与控制信号，即完全借助计算机网络系统传递时间。

9.4.2 时钟系统的组成

时钟系统由母钟、时间服务器、时间网管、交换设备及子钟等组成，如图 9-4 所示。

GPS 母钟是接收标准时间信号，与自身所设置的时间信号源进行比较、校正、处理后，发送时间信号给所属子系统的装置。由于 GPS 工作卫星上的原子钟具有 1×10^{-12} 以上的频率稳定度，因此通过 GPS 母钟，GPS 定时用户可获得毫微秒量级的时间测量精度。

网络时间服务器是一种基于 NTP/SNTP 协议的时间服务器，可以将 GPS 卫星上获得的标准时钟信号信息通过各种接口类型传输给自动化系统中需要时间信息的设备，从而使网络中的设备和机器维持时间同步。

GPS 接收机接收 GPS 工作卫星发送的导航电文后，经内部电路进行解算，得到相应的定位信息，然后通过接口送出三维定位信号和高精度时间信号。GPS 接收机通常为高精度授时型和低相噪、低漂移的双恒温槽高稳晶振，采用频率测控技术，对晶体振荡器的输出频率进行精密测量与校准，使 GPS 驯服晶振的输出频率精确同步在 GPS 系统上。

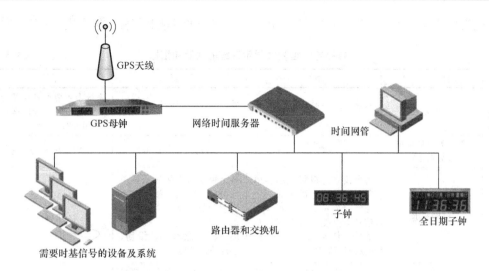

图 9-4 时钟系统的组成

子钟是接收母钟所发送的时间信号并进行显示的装置。正常运行情况下，时钟系统一般通过 422/485（或网络）总线结构，由母钟直接向各终端子钟发送标准时间信号。

9.5 工程设计内容及技术要求

9.5.1 工程设计基础

1. 大屏幕显示系统的主要技术指标

LED 视频显示系统可分为甲、乙、丙三级，各级的性能和指标应符合表 9-2 的规定。

各级 LED 视频显示系统的性能和指标 表 9-2

项目		甲级	乙级	丙级
系统可靠性	基本要求	系统中主要设备应符合工业级标准，不间断运行时间 7d×24h		系统中主要设备应符合商业级标准，不间断运行时间 3d×24h
	平均无故障时间（$MTBF$）	$MTBF \geqslant 10000h$	$10000h \geqslant MTBF \geqslant 5000h$	$5000h \geqslant MTBF \geqslant 3000h$
	像素失控率 P_z 室内屏	$P_z \leqslant 1 \times 10^{-4}$	$P_z \leqslant 2 \times 10^{-4}$	$P_z \leqslant 3 \times 10^{-4}$
	室外屏	$P_z \leqslant 1 \times 10^{-4}$	$P_z \leqslant 4 \times 10^{-4}$	$P_z \leqslant 2 \times 10^{-3}$
光电性能	换帧频率（F_H）	$F_H \geqslant 50Hz$	$F_H \geqslant 25Hz$	$F_H < 25Hz$
	刷新频率（F_C）	$F_C \geqslant 300Hz$	$300Hz > F_C \geqslant 200Hz$	$200Hz > F_C \geqslant 100Hz$
	亮度均匀性（B）	$B \geqslant 95\%$	$B \geqslant 75\%$	$B \geqslant 50\%$
机械性能	像素中心距相对偏差（J）	$J \leqslant 5\%$	$J \leqslant 7.5\%$	$J \leqslant 10\%$
	平整度（P）	$P \leqslant 0.5mm$	$P \leqslant 1.5mm$	$P \leqslant 2.5mm$
图像质量		>4 级		4 级
接口、数据处理能力		(1) 输入信号：兼容各种系统需要的视频和 PC 接口；(2) 模拟信号：达到 10bit 精度的 A/D 转换；(3) 数字信号：能够接收和处理每种颜色 10bit 信号	(1) 输入信号：兼容各种系统需要的视频和 PC 接口；(2) 模拟信号：达到 8bit 精度的 A/D 转换；(3) 数字信号：能够接收和处理每种颜色 8bit 信号	输入信号：兼容各种系统需要的视频和 PC 接口

电视型视频显示系统亦分为甲、乙、丙三级，各级的性能和指标应符合表 9-3 的规定。

各级电视型视频显示系统的性能和指标 表 9-3

项目		甲级	乙级	丙级
系统可靠性	基本要求	系统中主要设备应符合工业级标准，不间断运行时间 7d×24h		系统中主要设备应符合商业级标准，不间断运行时间 3d×24h
	平均无故障时间（MTBF）	$MTBF>40000h$	$MTBF>30000h$	$MTBF>20000h$
显示性能	拼接要求	各个独立的视频显示屏单元应在逻辑上拼接成一个完整的显示屏，所有显示信号均应能随机实现任意缩放、任意移动、漫游、叠加覆盖等功能	各个独立的视频显示屏单元可在逻辑上拼接成一个完整的显示屏，所有显示信号均应能随机实现任意缩放、任意移动、漫游、叠加覆盖等功能	无
	信号显示要求	任何一路信号应能实现整屏显示、区域显示及单屏显示	任何一路信号宜实现整屏显示、区域显示及单屏显示	无
	同时实时信号显示数量	$\geq M(层)\times N(列)\times 2$	$\geq M(层)\times N(列)\times 1.5$	$\geq M(层)\times N(列)\times 1$
	计算机信号刷新频率	$\geq 25f/s$		$\geq 15f/s$
	视频信号刷新频率	$\geq 24f/s$		
	任一视频显示屏单元同时显示信号数量	≥ 8 路信号	≥ 6 路信号	无
	任一显示模式间的显示切换时间	$\leq 2s$	$\leq 5s$	$\leq 10s$
	亮度与色彩控制功能要求	应分别具有亮度与色彩锁定功能，保证显示亮度、色彩的稳定性	宜分别具有亮度与色彩锁定功能，保证显示亮度、色彩的稳定性	无
机械性能	拼缝宽度	≤ 1 倍的像素中心距或 1mm	≤ 1.5 倍的像素中心距	≤ 2 倍的像素中心距
	关键易耗品结构要求	应采用冗余设计与现场拆卸式模块结构	宜采用冗余设计与现场拆卸式模块结构	无
图像质量		>4 级		4 级
支持输入信号系统类型		数字系统		无

2. 触摸屏查询系统的主要技术指标

触摸屏查询系统的核心部件是触摸屏。触摸屏的主要技术性能指标如下：

（1）透射率。透射率是液晶显示器或等离子显示器因安装触摸屏而导致画质劣化时的衡量指标，透射率越高，画质劣化程度越小。相反，透射率较低时，影像显示会发暗，或者颜色不鲜艳。衡量触摸屏透射率不仅要从它的视觉效果来衡量，还应该包括透明度、色彩失真度、反光性和清晰度这四个特性。

透射率较高的触摸屏是红外式触摸屏和表面声波式触摸屏，原因是这两种方式将传感器等部件配置在屏幕的显示区周围，因此给影像显示带来的影响较小。相比之下由于电阻式触摸屏与电容式触摸屏将玻璃及薄膜等配件配置在屏幕显示区上方，对影像显示的影响较大，因此其透射率不及红外式触摸屏和表面声波式触摸屏。

（2）分辨率。一般来说，物理分辨率越高则图像显示越清晰，但也不能一味盲目地追求超高的物理分辨率。应根据实际应用、单屏尺寸、技术发展等因素综合确定分辨率。分辨率最出色的是电阻式触摸屏，其次是表面电容式触摸屏与表面声波式触摸屏，再次为投射电容式触摸屏与红外式触摸屏。目前，可手写输入的大部分便携式游戏机与电子笔记本均采用电阻式触摸屏。

（3）准确率。由于 PET 材料的物理特性使得电阻式触摸屏的最高准确率只能达到98.5％，而电容式触摸屏以电流驱动，准确率可达到99％。

（4）响应时间。如果只是单点触摸的话，或许感觉不出响应时间的重要性，如果触摸画线，响应时间就非常重要。电容式触摸屏反应快，相比而言电阻式触摸屏就差一些。新型的电容式触摸屏配以控制卡，可使响应时间低于 3ms。

（5）屏幕尺寸。目前电阻式触摸屏可支持 22in 以下的屏幕尺寸。投射电容式触摸屏支持的屏幕尺寸不超过 5in，表面电容式支持的屏幕尺寸最大可达 30in。表面声波式可支持的屏幕尺寸为 46in。红外式触摸屏可支持的屏幕尺寸已达 120in。

9.5.2　工程设计内容及技术要求

信息引导及发布系统设计应满足实用性、先进性、经济性、可靠性和可维护性的要求，其显示制式应支持模拟视频信号和数字信号的播放。

民用水、陆、空交通枢纽港站，应设置营运班次动态显示屏和旅客引导显示屏。金融、证券、期货营业厅，应设置动态交易信息显示屏。

系统的设计方案应符合下述要求：系统组成及设备配置应根据系统的技术、功能要求确定；系统各部分设备的设置地点应根据使用场所、使用环境确定；传输系统设备、传输介质及传输线路应根据系统各部分设备及信号源的分布与周围环境条件确定。

1. 大屏幕显示系统

大屏幕显示系统的设计首先要提出需求，通用的功能有信息接收，信息显示，预览、摄像与切换，电视电话会议等。

大屏幕显示系统可由视频显示屏系统、传输系统、控制系统及辅助系统四个系统或其中部分系统组成。其中，视频显示屏系统为视频显示屏单元或视频拼接显示屏（墙）。视频显示屏单元是指在视频显示系统中可独立完成画面显示功能的基本单位，视频拼接显示屏（墙）是由显示屏物理拼接而成，是图像显示区域的总称。

传输系统是在视频显示系统中，将需要显示的信号传输至各显示屏单元的信号传输部分。

控制系统用于视频信号的调度管理，包括图像分割和拼接、图像显示参数的设置和调整、视频信号的分配和切换。

辅助系统是用于支持视频显示系统工作的配套工程，包括控制室、设备间、供配电和防雷接地系统等。

上述四个系统各部分应符合下述规定：

LED 视频显示系统应由显示屏幕、屏体控制单元、电源模块、金属屏体框架等组成。电视型视频显示系统应由 M（层）×N（列）个独立的 CRT、PDP 或 LCD 视频显示屏单元组成。

传输系统应将需显示的计算机网络信号、计算机显卡输出信号和视频信号按照设计的技术指标要求传输至各显示屏单元。

控制系统应满足视频信号调度管理需要，对视频信号进行分配、切换、处理，对图像显示参数进行设置和调整，对图像进行分割、拼接。

辅助系统应包括支持视频显示系统工作的控制室、设备间、供配电和防雷接地系统等配套工程。

(1) 视频显示屏系统

系统设计应对已确定的显示方案提出下列部分或全部技术要求：

光学性能宜提出分辨率、亮度、对比度、白场色温、闪烁、视角、组字、均匀性等要求。

电性能宜提出最大换帧频率、刷新频率、灰度等级、信噪比、像素失控率、伴音功率、耗电指标等要求。

环境条件宜提出照度、温度、相对湿度、气体腐蚀性等要求。其中，主动光方案指照度上限，被动光方案指照度下限。

机械结构应提出外壳防护等级、模组拼接的平整度、像素中心距精度、水平错位精度、垂直错位精度等要求。

图文显示屏屏面尺寸通常可按下列步骤确定。首先确定基本组字矩阵。然后根据视认距离和分辨率确定像素点间距，即确定基本文字规格。根据显示文字的排列及满屏最大文字容量，框算显示屏面尺寸。再根据其他制衡因素进行综合调整，最后确定组成屏面的像素点和屏面尺寸。

1) LED 大屏幕显示系统

LED 大屏幕显示系统安装现场设计应符合下述要求：显示屏发光面应避开强光直射；显示屏图像分辨率应≥320×240；各路模拟视频信号，在设备输入端的电平值应为 $1V_{PP}$ ±0.3V；视距和像素中心距应按式（9-1）计算

$$H = k \cdot P \tag{9-1}$$

式中　H——视距（m）；

　　　k——视距系数，最大视距宜取 5520，最小视距宜取 1380；

　　　P——像素中心距（m）。

LED 大屏幕显示系统的设计应符合下述要求：像素中心距应根据合理或最佳视距计算；背景照度小于 20lx 时，全彩色室外 LED 显示屏最高对比度不应小于 800：1，室内不应小于 200：1；显示屏的白场色坐标，在色温 5000K～9500K 之间应可调节；显示屏的色度不均匀性不应大于 0.14；显示屏的每种基色应具有 256 级（8bit）的灰度处理能力；显示屏的亮度应符合表 9-4 的规定，在重要的公共场所亮度应可调节。

视频显示屏的亮度（cd/m²）　　　　　　　　　　　　　　表 9-4

场所	种类		
	三基色（全彩色）	双色	单色
室外	≥5000	≥4000	≥2000
室内	≥800	≥100	≥60

2) 电视型大屏幕显示系统

电视型大屏幕显示系统的设计应符合下列规定：①显示单元宜采用 CRT、PDP 或 LCD 等显示器，并应具有较好的硬度、质地和较小的热膨胀系数；应能清晰显示分辨率较高的图像，并应保证图像失真小、色彩还原真实；亮度应均匀，显示画面应稳定、无闪烁。②显示质量应保证显示色彩的还原性；视频显示屏单元的物理分辨率不应低于主流显示信号的显示分辨率；CRT 显示屏单元对角线尺寸不小于 56cm 时，亮度不应低于 60cd/m²，小于 56cm 时亮度不应低于 80cd/m²。PDP 显示屏单元对角线尺寸不大于 127cm 时，亮度不应低于

$60cd/m^2$，大于 127cm 时亮度不应低于 $40cd/m^2$。LCD 显示屏单元亮度不应低于 $350cd/m^2$。CRT 显示屏各显示单元的对比度不应低于 150：1。

（2）传输系统

传输系统应采用有线传输方式。模拟视频信号应采用视频同轴电缆传输，数字视频信号应采用超 5 类或以上等级 4 对对绞电缆。光缆应根据网络传输速率确定。选用单模光缆时，传输距离不宜大于 10000m；选用多模光缆时，传输距离宜小于 2000m。

室内线缆的敷设应符合下列规定：

新建建筑内要求管线隐蔽的电缆或光缆，应采用暗管敷设。

改、扩建工程使用的电缆或光缆，可采用沿墙明敷设。

视频传输信号电缆和电力电缆平行或交叉敷设时，其间距不应小于 0.3m，交叉敷设宜成直角；与通信线缆平行或交叉敷设时，其间距不应小于 0.1m。

建筑物内传输电缆或光缆暗管敷设时，传输电缆或光缆与其他管线最小净距应满足《视频显示系统工程设计规范》的规定。

信息显示系统的控制、数据电缆，应采取穿金属导管（槽）保护，金属导管（槽）应可靠接地。

室外线缆的敷设，当采用通信管道敷设时，不得与通信电缆共用管孔；线缆在沟道内敷设时，应敷设在支架上或线槽内。当线缆进入建筑物后，线缆沟道与建筑物间应隔离密封。

敷设电缆时，多芯电缆的最小弯曲半径应大于其外径的 6 倍，同轴电缆的最小弯曲半径应大于其外径的 15 倍，光缆的最小弯曲半径应大于其外径的 20 倍。

线缆槽敷设截面利用率不应大于 50%，线缆穿管敷设截面利用率不应大于 40%。

（3）控制系统

控制系统应具有以下功能：可任意编辑屏幕图像；对屏幕的显示状态应进行控制和记忆；应能制作所需预案效果，并可进行效果调用；应为用户提供相关的接口和通信协议。

控制系统可由专用的图像处理设备、控制用计算机硬件和软件，以及各类数据信号转换装置等部分组成。

（4）辅助系统

辅助系统主要包括控制室、设备间、供配电和防雷接地系统等。

控制室与设备机房设置应符合下列规定：信息显示装置的控制室、设备机房，应贴近或邻近显示屏设置；民用水、陆、空交通枢纽港站的信息显示装置的控制室，宜与运行调度室合设或相邻设置；金融、证券、期货、电信营业厅等场所的信息显示装置的控制室，宜与信息处理中心或相关业务室合设或相邻设置；大型体育场馆的信息显示装置的主控室，宜与计算机信息处理中心合设，且宜靠近主席台；当显示装置主控室与计算机信息处理中心分设时，其位置宜直视显示屏，或通过间接方式监视显示屏工作状态。

控制室设计应符合下述规定：控制室内部空间的几何尺寸应满足系统控制设备的布置与安装需要；控制室应处于系统线路中间部位，宜靠近弱电竖井，上下四周不应与卫生间、燃气间、变电所、水泵房等具有潜在危害的房间相邻；体育场馆的控制室应能观看到显示屏；视频显示系统与灯光、广播、电视转播、会议、数据发布、同声传译等系统宜设置综合性的控制室。

2. 触摸屏查询系统

信息查询设备在设计时应充分考虑现场安装环境，尽可能在安装方法、方式和设备布置上实现使用和维护的方便性。

屏面设计的主要原则是按照用户要求及风格，与应用场合特点相吻合，页面结构合理、浏览导航良好、条理清晰、美观大方、使用简捷。

触摸屏查询系统软件应按照用户的不同需求单独开发，以更好地完成服务功能，系统按照功能可划分为各种模块，并可指定专人定期修改、维护。各功能模块应相对独立，可以单独运行构成专用服务子系统，也可以根据业务实际情况选择相应的功能模块组合使用，各功能模块均可根据用户的需要随时进行调整。

3. 时钟系统

中型及以上铁路旅客站、大型汽车客运站、内河及沿海客运码头、国内干线及国际航空港等公共场所，省市级广播电视及电信大楼，国家重要科研基地及其他有准确、统一计时要求的工程宜设置时钟系统。在涉外或旅游饭店中，宜设置世界钟系统。系统组成的规模和形式可按实际需求决定。

母钟站应选择两台母钟，主/备配置，并配备自动倒备装置，当主母钟故障时，备用母钟自动投入。母钟站应配置分路输出控制盘，控制盘上每路输出均应有一面分路显示子钟。母钟应为电视信号标准时钟或全球定位报时卫星（GPS）标准时钟。

母钟站站址宜与电话机房、广播电视机房及计算机机房等其他通信机房合并设置。

母钟站内设备应安装在机房的侧光或背光面，并远离散热器、热力管道等。母钟控制屏分路子钟最下排钟面中心距地不应小于 1.5m，母钟的正面与其他设备的净距离不应小于 1.5m。

时钟系统的线路可与通信线路合并，不宜独立组网。时钟线对应相对集中并加标志。

子钟网络宜按负荷能力划分为若干分路，每分路宜合理划分为若干支路，每支路单面子钟数不宜超过 10 面。远距离子钟可采用并接线对或加大线径的方法来减小线路电压降。一般不设电钟转送站。

子钟的指针式或数字式显示形式及安装地点，应根据使用需求确定，并应与建筑环境装饰协调一致。子钟的安装高度，室内不应低于 2m，室外不应低于 3.5m。

9.5.3 工程设计步骤

1. 明确系统要求

根据用户对信息引导与发布系统、时钟系统的基本需求、建筑物的规模与布局、资金情况等，首先明确下述几点：（1）需要服务的区域范围；（2）服务内容及种类；（3）控制室及设备间的位置和布局。

2. 总体方案设计

根据建筑图纸对建筑物的整体布局及空间进行分析，了解建筑物的功能布局及用户需求，确定系统的总体方案。

3. 平面与系统设计

（1）根据用户需求选择系统设备，按照规范的要求确定控制室、设备间的具体位置；

（2）根据系统的要求进行平面设计；

（3）根据系统的规模及使用情况确定管线的走向、型号规格及接线箱的位置，绘制线路图；

（4）根据系统设备用电量确定电源的容量，绘制控制室的设备平面布置图；

（5）绘制系统原理图；

（6）列出设备、材料清单，编制工程预算表。

4. 编制设计文件

信息引导与发布系统、时钟系统的工程设计文件主要包括：（1）系统原理图；（2）系统设计说明书；（3）能够完整说明各层设备平面布置情况的平面图；（4）设备、材料清单及工程预算表。

9.6　工程设计实例

【实例1】 某市民水上活动中心 LED 大屏幕显示系统设计

1. 工程概况

本工程是某城市的市民水上活动中心，该活动中心是一座地上 3 层、地下 1 层的游泳跳水馆，建筑物总高度约为 32m，其外形像一只蘑菇。工程占地 63 亩，总建筑面积 33000m²，布置了 3000 个观众座席。

按照一馆多功能兼容的要求，该水上活动中心内设公共流通区、场馆运行区、体育竞赛区、文字媒体区、电视转播区、贵宾服务区、看台区七大区域。共设计了 9 个游泳池，其中室内 7 个、室外 2 个。室内泳池包括国际标准跳水池、国际标准比赛池、热身池及儿童专用泳池，完全具备了举办全国性和单项国际赛事的功能要求。室外泳池包括室外游泳池与嬉水池。其中跳水池在赛后可在上方搭建舞台，用于举办各类商业活动；比赛池在赛后可对外开放，为市民锻炼健身提供场所。

2. 工程需求分析

该水上活动中心工程的建设以满足"工作需求"、"管理需求"、"运行需求"、"投资需求"为宗旨，将智能化系统的功能发挥到极致，其需求具体表现为以下几个方面：

（1）工作需求：需满足日常办公需求，保证节能、环保、舒适的工作环境。

（2）管理需求：需提供高效、便利的管理环境和管理决策支持，提供日志记录和维护支持。

（3）运行需求：需实现节能环保，降低运行成本，提供良好的设备运行环境，有效监测系统运行状态。

（4）投资需求：规划需合理，中高档定位，节省投资成本。

3. 工程设计方案

在水上活动中心比赛大厅内设置一块 73.12m² 的室内 LED 大屏幕，以供信息发布之用。根据 LED 显示用途的不同，将 LED 显示屏设计成两部分。一部分为全彩屏，尺寸为 4.48m×6.72m。另一部分为双基色屏，尺寸为 4.48m×9.6m。全彩屏部分具有文字功能、动画功能，并可放映视频信号，主要用于广告及商业用途。双基色部分用于比赛成绩公布、比分显示、参赛队员信息显示、比赛时间显示及当地时间显示。

采用一套控制系统来管理两部分的屏体显示，分别进行管理、控制、显示画面设置等。

图 9-5 为该工程大屏幕显示系统的系统图。

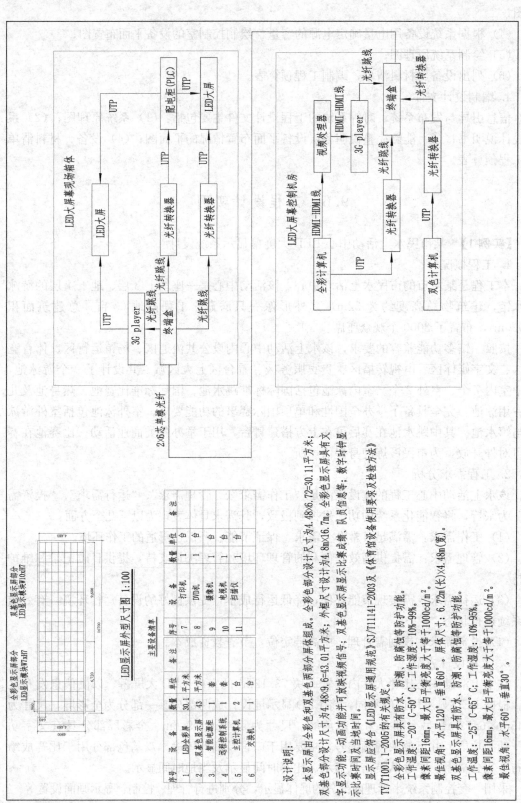

图9-5 LED大屏幕显示系统图

LED显示屏外型尺寸图 1:100

主要设备清单

序号	设备	数量	单位	备注
1	LED全彩屏	30.1	平方米	
2	双基色显示屏	43	平方米	
3	智能显示主控	1	套	
4	远程控制系统	1	套	
5	主控计算机	2	台	
6	交换机	1	台	
7	打印机	1	台	
8	DVD机	1	台	
9	摄像机	1	台	
10	电视机	1	台	
11	扫描仪	1	台	

设计说明:

本显示屏由全彩色和双基色两部分屏体组成。全彩色部分设计尺寸为4.48×6.72=30.11平方米；双基色部分设计尺寸为4.48×9.6=43.01平方米；外框尺寸设计为4.8m×16.7m。全彩色显示屏具有文字显示功能，动画功能并可收映视频信号；双基色显示屏显示比赛成绩、队员信息等；数字时钟显示比赛用及当地时间。

显示屏应符合《LED显示屏通用规范》SJ/T11141-2003及《体育馆设备使用要求及检验方法》TY/T1001.1-2005的有关规定。

全彩色显示屏具有防尘、防潮、防腐蚀等防护功能。
工作温度：-20° C~50° C；工作湿度：10%~99%。
最佳视角：水平120°，垂直60°。屏点尺寸：6.72m(长)×4.48m(宽)。
像素间距16mm，最大白平衡亮度大于等于1000cd/m²。

双基色显示屏具有防尘、防潮、防腐蚀等防护功能。
工作温度：-25° C~65° C；工作湿度：10%~95%。
像素间距16mm，最大白平衡亮度大于等于1000cd/m²。
最佳视角：水平60°，垂直30°。

时钟系统图纸

【实例2】 某医院门急诊楼时钟系统设计

1. 工程概况

该工程是一个定位为集医疗、教学、科研预防保健、康复于一体的省属综合性医院的门急诊大楼。该大楼为一类高层建筑，总建筑面积 $57200m^2$，建筑总高度 $98.8m$，地下 1 层、地上 26 层。地下部分主要用作停车场；地上部分主要功能为：一层～三层为门诊、急诊及医技用房，四层主要为手术室，五～二十六层为住院病房，设计床位 1200 张。按照三甲医院标准设计。

2. 工程需求分析

该医院的建设目标是：建立一所现代化、数字化的大型综合性医院；患者就医实行"一卡通"服务，全院实现信息化和自动化管理及最优化的就医流程。因此在大楼内重要区域设置一套能够提供一个统一、标准的时钟显示系统对医院的数字化管理和医院各部门工作的统一协调意义重大。该工程的具体要求如下：

时钟系统所有设备应能满足 24 小时/天，365 天/年，全天候不间断连续运行，并保证整个系统时间与 GPS 卫星标准时间同步。

时钟系统应具备可监控性，通过设置在消控中心的网管终端能够实时监测时钟系统主要设备的运行状态及故障状态，并具有集中告警和远程联网告警功能。

时钟系统的设计应充分考虑医院工程的特点，特别注意其他电器设备所产生的强电磁波和对时钟系统的干扰，在时钟系统设计时应采用抗电磁干扰的器件和屏蔽线缆，并对接口采取必要的防护和隔离措施。

时钟系统应可以方便地进行扩展和升级，对任一终端显示单元的增删都不会影响整个系统的其他部分的原有性能。

3. 设计方案

该大楼时钟系统主要由 GPS 信号接收单元、中心母钟、多路输出接口箱、NTP 网络时间服务器、子钟、时钟监控终端、通信 HUB、传输通道等部分组成。其主要功能为：显示统一的标准时间信息；向医院内需要统一定时的所有设备提供标准时间信息。

（1）中心母钟

中心母钟主要功能是作为基础主时钟系统，自动接收 GPS 提供的标准时间信号，将自身的时间精度校准，通过传输系统将精确时间信号发送各区域内子钟和其他需要标准时间信号的弱电系统设备。中心母钟定时（每秒）向子钟以及其他通信子系统发送标准时间信号。

中心母钟由主、备两个母钟组成，采用双机热备份技术，当中心主母钟出现故障时系统能够在极短的时间（最长 30s）自动切换到备用母钟，备用母钟全面代替主母钟工作。

（2）标准时间信号接收单元

时钟系统通过中心母钟对标准时间信号接收单元接收的标准时间信号的不断接收、判断、校时和再接收，来实现系统的长期无累积误差运行。GPS 标准时间信号接收单元采用单片机处理来自 GPS 的标准时间信号，经由 RS485/422 接口在每秒的零毫秒时刻向中心母钟发送标准时间信号，从而实现对中心母钟内部时钟的精确校准。

（3）多路输出接口

多路输出接口单元实现主、备母钟为各楼层子钟提供标准时间信号输出、实时监控其运行状态，并且为其他通信系统提供标准时间信号输出接口，还预留了充足的扩展接口，可根据未来的发展及实际需要方便地进行扩容。

中心母钟多路输出接口箱配置了 32 路（RS422）毫秒级同步时间码输出接口，其中 6 路连接各楼层 485 接口扩展箱，1 路给 NTP 时间服务器，1 路连接网管终端；10 路给其他智能化应用系统及监控系统等；其余留作备用。

（4）NTP 时间服务器

NTP 服务器接收中心母钟发出的时间信号，再通过计算机网络系统，利用 NTP 网络时间协议，同步网络内的服务器、客户机以及相关计算机系统的时间。

（5）子钟

本工程中所采用的子钟共有三类，即数字式单面子钟、数字式双面子钟及倒计时数字式子钟。

1）数字式单面子钟

在各科室、护士站、餐厅、输液室、候诊区等处设置单面日历数码管显示数字式子钟，规格为 1200mm×450mm，由 4 英寸的红色数码管组成，显示内容有：年、月、日、时、分、秒及星期。

2）数字式双面子钟

在住院病房区走廊、体检中心内走廊设置双面数字式子钟，均采用 4 英寸高亮度红色 LED 数码管显示。显示内容为：时、分、秒。规格为 680mm×200mm×160mm。

3）倒计时数字式子钟

在手术室设置单面倒计时数字式子钟，采用 3/4 英寸高亮度红/绿色 LED 数码管组合显示，尺寸为 800mm×400mm。

倒计时数字式子钟显示格式为"时、分、秒"。具有倒计时功能；在正常情况下跟随母钟工作，在手术时调节到倒计时的计时状态（如麻醉时间倒计时）。在调整时间时，某子钟在接到母钟指令后立即将时间显示按母钟发出的命令进行调整并进行倒计时开始。倒计时结束后，随即开始正常计时。

上述数字子钟均具备 12/24 小时两种显示方式的转换功能，在调整时间时，子钟在接到母钟指令后立即将时间显示按母钟发出的命令进行调整。

（6）传输通道

母钟到子钟之间的传输介质采用超五类双绞线，接口标准为 RS-422。

（7）计算机网管终端

时钟监控维护系统为一台高性能的计算机加监控软件（包括打印机）构成，通过数据传输通道，实时监测全线时钟系统的运行状态，记录故障时间和故障部位。发现故障立即自动传呼通知维护管理人员，并发出声光报警信息。

在时钟网管终端上可以查看本系统任何一个子钟的运行状况，并对本系统中任何一个子钟进行必要的管理操作。

该门急诊楼时钟系统的系统图、四层平面图（手术室区域）及六层平面图如图 9-6、图 9-7 及图 9-8 所示。

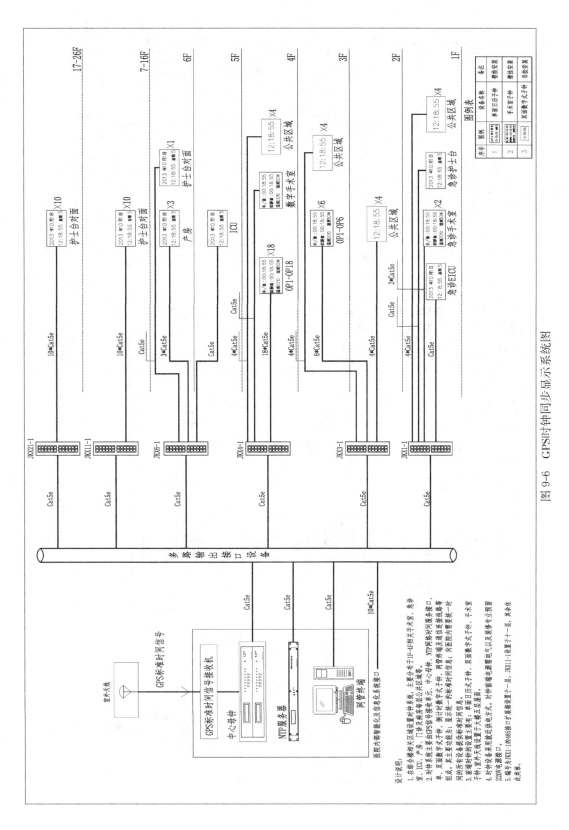

图 9-6　GPS时钟同步显示系统图

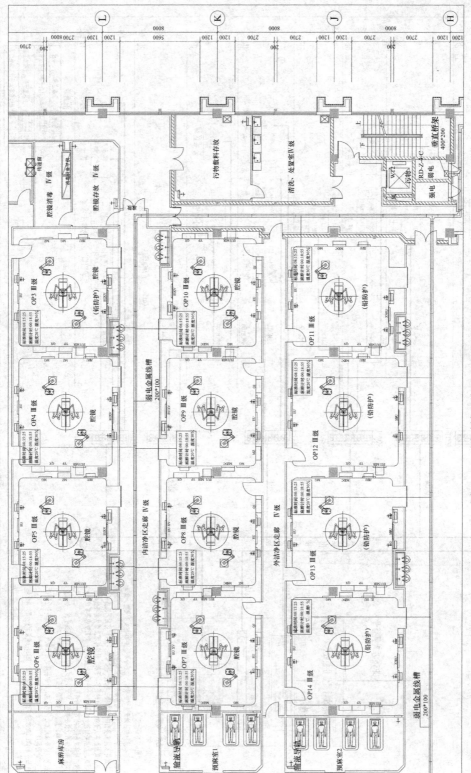

图 9-7 四层时钟系统平面布置图（局部）

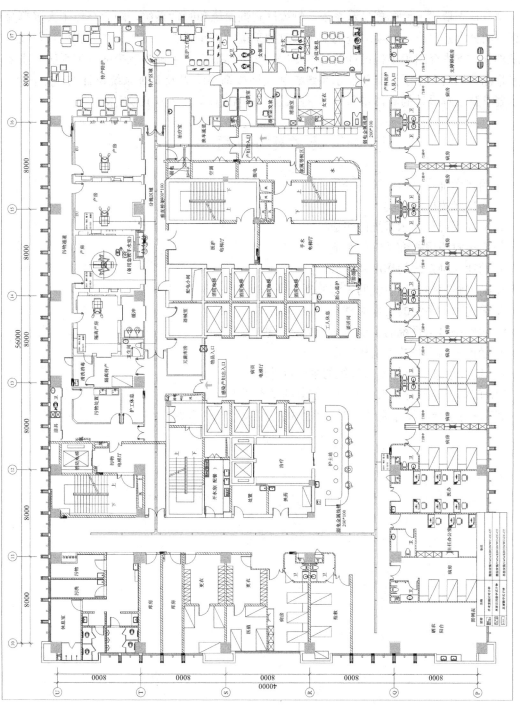

图 9-8　六层时钟系统平面图

本 章 小 结

　　本章首先概述了大屏幕显示系统、触摸屏查询系统和时钟系统，随后介绍了大屏幕显示系统的分类及组成、触摸屏查询系统和时钟系统的工作原理及组成。在工程设计及技术要求部分，首先介绍了工程设计的基本知识，即大屏幕显示系统和触摸屏查询系统的主要技术指标。然后介绍了大屏幕显示系统、触摸屏查询系统以及时钟系统设计的基本内容、技术要求及工程设计的具体步骤。本章的最后，给出了2个具体工程实例。

思考题与习题

1. 简述大屏幕显示系统的分类。
2. 简述触摸屏的分类。
3. 简述大屏幕显示系统的组成。
4. 简述触摸屏查询系统的组成。
5. 简述时钟系统的作用及组成。
6. 简述触摸屏查询系统的工作原理。
7. 简述时钟系统的工作原理。
8. 大屏幕显示系统的主要技术指标有哪些？
9. 触摸屏的主要技术指标有哪些？
10. 简述信息引导与发布系统的主要设计原则。
11. 信息引导与发布系统的设计方案的基本要求有哪些？
12. 信息引导与发布系统、时钟系统的工程设计文件有哪些？

第 10 章　信息机房系统

随着我国电子信息系统信息化、数字化建设的进一步实施，物联网技术的应用与发展，各行各业需要对人流、物流、财流、信息流进行综合管理，对信息数据的采集存储、提取分析、整理加工，以及对新技术的开发应用，都离不开电子信息机房这个枢纽平台。因此设计建设一个功能完善、安全可靠、节能环保的信息机房，为计算机、网络设备创造一个安全、高效的运行环境，既可以保障计算机、服务器、存储设备和网络设备的安全、可靠、均衡、经济运行，延长设备使用寿命，又可以确保计算机工作人员的身心健康，提高工作效率，营造一个良好的人机环境，是建筑物信息设施系统的重要内容。

10.1　信息机房系统概述

10.1.1　信息机房系统发展的历程

我国信息机房系统的建设经历了初期、中期、近期及现代大致四个发展阶段。

1. 初期阶段（1960～1980）

该阶段的信息机房是非常原始和简单的。机房内有空调系统，但缺少精密的温度控制；用稳压电源供电，但没有不间断电源（UPS）。恶劣的机房环境加上早期计算机的可靠性差，导致计算机系统的无故障工作时间很短，可用性差。

2. 中期阶段（1980～1990）

随着计算机应用的普及，机房建设日显重要。1982 年我国颁布了第一部机房建设国家标准《计算站场地技术要求》GB 2887—1982。机房建设安全标准《计算站场地安全要求》GB 9361—1988 也随之出台。信息机房建设开始有了统一的设计规范和要求，逐步开始由专业机房工程公司设计建设，进入了工业化、标准化的建设阶段。

3. 近期阶段（1990～2000）

这个阶段计算机通信技术有了长足的发展，计算机已开始作为网络中的一个节点在运行。从开始的 X.25 分组网到帧中继以及 ATM 网络，从电话拨号上网到卫星再到光纤传输，计算机和通信成了不可分割的有机体。这个时期，我国颁发了机房建设设计标准《电子计算机机房设计规范》GB 50174—93。我国各企事业单位、国家机关各部门，虽然在设备规模、机房面积、智能化程度上各有差异，但大都建设了独立的信息机房。

4. 现代阶段（21 世纪至今）

进入 21 世纪，因特网数据中心（Internet Data Center，IDC）这一概念被引入。IT 设备进一步小型化，机架成为机房 IT 设备的主体，同时加强了对数据环境的重视，IT 设备稳定工作时间能够更加持久。我国相继发布了《电子信息系统机房设计规范》GB 50174—2008 及《电子信息系统机房施工及验收规范》GB 50462—2008。上述规范近期相继修订并分别更名为《数据中心设计规范》GB 50174—2017 及《数据中心基础设施施工及验收规范》GB 50462—2015。

随着大数据、云计算时代的到来，物联网、虚拟化、智能控制等技术的应用，信息机房在设计和构建上逐步向智能数据中心发展，以满足高密度、综合性和大型数据中心的需要，实现高安全性、高可用性、高灵活性、机架化、节能性等综合目标。随着数据中心机房内设备的不断增加，其能耗管理逐渐成为人们关注的问题，因此绿色数据中心应运而生。所谓绿色数据中心（Green Data Center）是指数据机房中的 IT 系统、制冷、照明和电气等能取得最大化的能源效率和最小化的环境影响。其核心指标是数据中心的电源使用效率（PUE）。*PUE* 值是指数据中心消耗的所有能源与 IT 负载消耗的能源之比。*PUE* 值越接近于 1，表示一个数据中心的绿色化程度越高。绿色数据中心包括数据中心选址、平面布局、机房装修、制冷与散热、通风、电气、布线、动力与环境监控、运维监控中心、安防以及整体气流的组织、微环境控制等子系统，是一个广泛而完整的系统工程。

10.1.2 信息机房的组成

数据中心机房建设，可从机房结构空间和系统功能两个方面来进行描述。

1. 按结构空间划分

信息机房的组成，根据系统运行特点及设备具体要求，主要由主机房、辅助区、支持区、行政管理区等功能区组成。

主机房区：包括服务器机房、存储器机房、网络交换机房、数据输入/输出配线机房、通信机房等，是机房建设的核心工程。

辅助区：包括第一类辅助房间、第二类辅助房间、第三类辅助房间。

第一类辅助房间包括：应用测试室、介质库、仪器仪表室等。

第二类辅助房间包括：低压配电室、UPS 电源及蓄电池室、精密空调室、气体灭火器材间等。

第三类辅助房间包括：维修室、备件室、资料室、储藏室、更衣室、休息室等。

支持区：包括调试维护室、监控室（中心）、消防控制室（中心）。

行政管理区：包含办公室、打印室、数据录入室、通信机要室、技术交流室、演示研讨室、缓冲间、走廊等。

2. 按功能子系统划分

依据《数据中心设计规范》GB 50174 等国家标准及规范，机房建设划分为若干子系统，如图 10-1 所示。

（1）机房结构与布局：包括机房总体布局、机房围护结构装饰等子系统。

（2）机房空气环境系统：包括气流组织设计、精密空调、新风、排风等子系统。

（3）机房电气系统：包括电力供/配电子系统、UPS洁净电源子系统、防雷与接地子系统、照明与事故照明子系统、防静电子系统。

（4）电磁屏蔽系统。

（5）动力、环境集中监控与安全防范

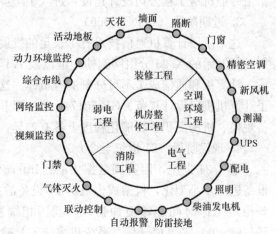

图 10-1 机房建设内容

系统。

（6）机房综合布线系统。

（7）机房给排水系统。

（8）KVM 设备管理系统。

（9）机房火灾自动报警与气体灭火系统。

10.1.3　信息机房的等级

随着电子信息技术的发展，各行各业对信息机房的建设提出不同的要求，为避免设计浪费及功能不足，建设单位应结合自身需求与投资能力，确定电子信息机房的建设等级和技术要求。根据《数据中心设计规范》要求，参考国外信息机房的建设标准，从机房的使用性质、管理要求及重要数据丢失或网络中断在经济、社会上造成的损失及影响程度，一般将信息机房划分为 A、B、C 三级。

1. A 级

符合下列情况之一的电子信息系统机房应按 A 级建设：

（1）电子信息系统运行中断将造成重大的经济损失。

（2）电子信息系统运行中断将造成公共场所秩序严重混乱。

2. B 级

符合下列情况之一的电子信息系统机房应按 B 级建设：

（1）电子信息系统运行中断将造成较大的经济损失。

（2）电子信息系统运行中断将造成公共场所秩序混乱。

3. C 级

不属于 A 级或 B 级的电子信息系统机房的应按 C 级建设。

对不同等级的信息机房，设计的技术要求是不同的。

A 级场地设施应按容错系统设计，在电子信息系统运行期间，场地设施不应因操作失误、设备故障、外电源中断、维护和检修而导致电子信息系统运行中断。

B 级场地设施应按冗余要求设计，在系统运行期间，场地设施在冗余能力范围内，不应因设备故障而导致电子信息系统运行中断。

C 级场地设施应按基本需求配置，在场地设施正常运行情况下，应保证电子信息系统运行不中断。

10.1.4　信息机房依据设计

目前信息机房的设计依据除建设单位提供的机房建设平面图和建设需求外，还有如下国家规范标准：《数据中心设计规范》GB 50174—2017；《数据中心基础设施施工及验收规范》GB 50462—2015；《计算站场地通用规范》GB/T 2887—2011；信息机房的建设涉及很多方面，还应该遵循现行的其他国家规范和标准。

10.2　信息机房选址

信息机房位置选择是机房设计的第一步，原则上在土建规划中，应对机房的环境、承重、高度及防水、消防、保温、接地、进出管线以及风道、水管路由进行统一考虑。按照《数据中心设计规范》GB 50174—2017 要求，信息机房建设选址要对建筑物外部、内部环境等进行综合分析和经济比较。

1. 外部环境

机房选址在外部环境方面应重点考虑以下事项。

（1）电力供给应充足可靠，通信应快速畅通，交通应便捷。

（2）采用水蒸发冷却方式制冷的数据中心，水源应充足。

（3）自然环境应清洁，环境温度应有利于节约能源。

（4）应远离产生粉尘、油烟、有害气体以及生产或贮存具有腐蚀性、易燃、易爆物品的场所。

（5）应远离水灾、地震等自然灾害隐患区域。

（6）应远离强振源和强噪声源。

（7）应避开强电磁场干扰。

（8）A级数据中心不宜建在公共停车库的正上方。

（9）大中型数据中心不宜建在住宅小区和商业区内。

2. 内部环境

设置在建筑物内局部区域的数据中心，在确定主机房的位置时，应对安全、设备运输、管线敷设、雷电感应、结构荷载、水患及空调系统室外设备的安装位置等进行综合分析和经济比较。

10.3 信息机房布局与围护结构

机房布局要依据使用单位信息工作的特点、流程及设备具体要求，合理分配机房现有空间；围护结构、隔墙（断）材料选择和施工工艺设计要满足恒温/恒湿、防静电、防火、防雷、防电磁波干扰、防水/防潮/防结露、消音防震、洁净通风、环保节能、承重等机房环境要求；保障服务器、磁盘阵列存储设备、网络设备的安全、可靠、高效运行，将机房建成既安全、可靠又具有扩展性，既美观舒适又经济合理的良好的人机环境。

10.3.1 信息机房布局

1. 信息机房布局原则

（1）信息机房的空间布局应满足机房管理、人员操作和安全、设备和物料运输、设备散热、安装和维护的要求。

（2）动、静分开，人员出入较多的区域与设备区相对分开、物理隔离，以满足机房洁净度及设备、人员安全要求。

（3）从操作便利角度考虑，主机房和辅助区相邻布置，辅助区与支持区及基本工作间相邻布置；主机房、辅助区与支持区及基本工作间之间有缓冲走廊隔离。

（4）主机房宜设置单独出入口，当与其他房间共用出入口时，应避免人流和物流的交叉，建筑入口至主机房的通道净宽不应小于1.5m。

（5）主机房要设置疏散通道，面积大于100m² 的主机房，安全出口不少于两个，且应分散布置；面积小于100m² 的主机房，可设置一个安全出口，并可通过其他相邻房间的门进行疏散；门应向疏散方向开启并自动关闭，保证在任何情况下均能从机房内向外开启；走廊、楼梯间应畅通，并有明显的疏散指示标志。

（6）实现物理隔离的隔墙、隔断，在防火等级上要满足消防要求。

（7）当机柜内或机架上的设备为前进风/后出风方式冷却时，机柜或机架的布置宜采用面对面、背对背方式。

（8）主机房内通道与设备间的距离应符合下列规定：

1）用于搬运设备的通道净宽不应小于 1.5m。

2）面对面布置的机柜或机架正面之间的距离不宜小于 1.2m。

3）背对背布置的机柜或机架背面之间的距离不宜小于 0.8m。

4）当需要在机柜侧面维修测试时，机柜与机柜、机柜与墙之间的距离不宜小于 1.0m。

5）成行排列的机柜，其长度超过 6m 时，两端应设有出口通道；当两个出口通道之间的距离超过 15m 时，在两个出口通道之间还应增加出口通道。出口通道的宽度不宜小于 1m，局部可为 0.8m。

（9）产生尘埃及废物的设备，如静电喷墨打印机、复印机等设备，应远离对尘埃敏感的设备，并布置在有隔断的单独区域内。

2. 信息机房的平面设计

信息机房各功能房间的面积，原则上根据设备及工作人员数量、机房工艺布置确定，但总面积不应小于下列计算数值并应预留今后业务发展需要的使用面积。

（1）主机房的使用面积

当电子信息设备已确定规格时，可按下式计算：

$$A = K \sum S \tag{10-1}$$

式中，A 为主机房使用面积（m^2）；K 为系数，可取 5～7；S 为电子信息设备的投影面积（m^2）。

当电子信息设备尚未确定规格时，可按下式计算：

$$A = FN \tag{10-2}$$

式中，F 为单台设备占用面积，可取 3.5～5.5（m^2/台）；N 为主机房内所有设备的总台数。

（2）辅助区的使用面积：宜为主机房面积的 0.2～1 倍。

（3）支持区的使用面积：宜为主机房面积的 0.2～1 倍。

（4）基本工作间的使用面积：按 3.5～4m^2/人计算；硬件及软件人员办公室等有人长期工作的房间面积，按 5～7m^2/人计算。

10.3.2　信息机房围护结构及材料

1. 信息机房围护结构设计要求

机房的围护结构是以土建结构的墙、顶、地作为机房建设的载体，机房内部装饰结构，一般分为吊顶、墙面、隔（墙）断、防静电地面等，通常称为机房结构建设六面体。其总体设计应按下列要求：

（1）室内装饰设计除应符合《电子信息系统机房设计规范》规定外，还应符合现行国家标准《建筑内部装修设计防火规范》GB 50222 的有关规定。

（2）主机房室内装饰，应选用气密性好、不起尘、易清洁、符合环保要求，在温度和湿度变化作用下变形小且表面静电耗散性能好的材料，不得使用强吸湿性材料及未经表面改性处理的高分子绝缘材料作为面层。

（3）主机房地面设计应满足使用功能要求，当铺设防静电活动地板时，活动地板的高度应根据电缆布线和空调送风要求确定，并应符合下列规定：

1) 活动地板下的空间只作为电缆布线使用时，地板高度不宜小于 250mm；活动地板下的地面和四壁墙面装饰可采用水泥砂浆抹灰；地面材料应平整、耐磨。

2) 活动地板下的空间既作为电缆布线，又作为空调静压箱时，地板高度不宜小于 400mm；活动地板下的地面和四壁装饰应采用不起尘、不易积灰、易于清洁的材料；地面应采取保温、防潮措施，地面垫层宜配筋，并采取防结露措施。

(4) 技术夹层的墙壁和顶棚表面应平整、光滑。当采用轻质构造顶棚做技术夹层时，宜设置检修通道或检修口。

(5) A级和B级电子信息机房的主机房不宜设置外窗，原则上应全部保温封闭；当主机房确实需要设有外窗时，应采用双层防火固定窗，并应有良好的气密性。不间断电源系统的电池室设有外窗时，应避免阳光直射。

(6) 当机房内及机房顶部设有用水设施时，应采取防止水漫溢和渗漏措施。

(7) 门窗、墙壁、地（楼）面的构造和施工缝隙，均应采取密闭措施。

2. 信息机房围护结构材料

(1) 吊顶或顶部工程

对 IDC 机房或电信机房，可不要求吊顶，但要求保温及洁净处理。对其他中小型机房或将吊顶上部空间作为回风静压库时，为了美观整齐起见，一般采取吊顶设计。

1) 不采用吊顶的机房顶部处理：安装保温材料、表面洁净处理。其材料要求如下：

保温材料要求：采用防火等级为 A 级（或 B_1 级）且无毒、无味的保温材料。

洁净材料要求：具有防火、防腐、防潮性能且无毒、无味的水性材料。

2) 采用吊顶的机房，顶部材料要求：

采用金属板吊顶，吊杆采用镀锌金属吊杆，视吊顶板重量及吊顶高度，吊杆直径一般选择为 Φ8mm～Φ12mm；当吊杆长度≥1.5m 时，应加反支撑处理，吊点间距符合国家规范要求；机房净高一般≥2600mm。因吊顶上部作为回风静压库，机房吊顶上部的楼顶板及墙面、梁柱面全部洁净、保温处理。其材料选择要求如下：

保温材料要求：采用防火等级为 A 级（或 B_1 级）且无毒、无味的保温材料。

洁净材料要求：具有防火、防腐、防潮性能且无毒、无味的水性材料。

吊顶材料要求：洁净型且具有消音功能的金属板或金属微孔板，表面采用粉末静电喷涂，涂层均匀。

(2) 地面工程

IDC 机房、电信机房、无人值守机房，因线缆采用上走线方式，空调送回风方式一般采用上送下回、侧送侧回、自然送回等方式，可不要求铺设防静电地板，但要求地面保温及防静电处理。

大部分中小型机房，因将地板下空间作为送风静压风库，且为了下走线的美观整齐，一般采取铺设防静电地板设计。

1) 不铺设防静电地板的机房，其地面要求如下：

地面保温：采用铺设保温水泥砂浆保温或土建提前保温处理，但其保温处理层应满足机房防火标准，承载力应满足机房楼地面承载力要求。

地面防静电处理：一般采用防静电地坪或镶贴防静电瓷砖方式处理；其防火性能、防静电性能应满足机房防静电指标要求，且符合国家《防静电地面施工及验收规范》SJ/T

31469—2002 要求。

2）铺设防静电地板的机房，其地面要求如下：

对机房原楼地面做地面洁净、保温处理；洁净材料要求具有防火、防腐、防潮性能且无毒、无味的水性材料；保温材料要求防火等级≥B_1级的保温材料进行地面保温，一般采用橡塑保温棉、泡沫玻璃等材料，或土建提前保温处理。

防静电地板应满足《数据中心设计规范》GB 50174—2017、《防静电活动地板通用规范》SJ/T 10796—2001、《防静电贴面板通用规范》SJ/T 11236—2001、《建筑材料及制品燃烧性能分级》GB 8624—2012 技术要求。目前我国防静电地板主要品种有：复合型、全钢型、陶瓷型、硫酸钙型等多种型号。地板幅面尺寸为 600mm×600mm 或 500mm×500mm，厚度在 30～40mm，也可根据需求定做。其防静电面层一般选用高耐磨 HPL、PVC 贴面、防静电瓷砖等。

（3）墙面及隔断墙工程

机房围护结构的墙面采用洁净、保温处理；一般选用防火等级为 A 级、强度高、易维护、不产尘、不藏尘的洁净材料。常规有下列设计方式：

1）原建筑墙面由土建专业保温处理后，面层刮腻子刷高级乳胶漆。

2）原建筑墙面保温处理后，机房侧墙面镶贴大理石、瓷砖等防火洁净材料。

3）钢龙骨石膏板墙面，龙骨间充填保温材料，面层刮腻子，刷高级乳胶漆。

4）轻钢龙骨复合金属板墙面，龙骨间或复合金属墙板内侧充填保温材料，面层安装防静电复合金属墙板。目前这种方式在机房建设中应用较多。

无论墙面采取何种方式装饰，都要把防火、防静电列入第一位考虑。

机房的平面设计和空间布局应具有灵活性，采用大开间跨度的柱网结构，以提高机房的使用率和气流通畅；围护结构严格密闭，机房内部宜采用通透设计。为灵活并合理地划分机房内各功能区，采用隔断墙方式。隔断墙一般有下列设计方式：

1）轻钢龙骨双面石膏板隔墙，龙骨间充填保温材料，内外面层安装石膏板，刮腻子，刷高级乳胶漆。

2）轻钢龙骨双面复合金属板墙面，龙骨间或复合金属墙板内侧充填保温材料，内外面层安装防静电复合金属墙板。

3）采用不锈钢玻璃隔断，依据各区域功能要求，分为单层玻璃、双层玻璃。依据消防要求，一般选择钢化玻璃、铯钾防火玻璃，其厚度应根据耐火级别要求，可在 8～12mm 范围内选择。不锈钢依据装饰风格不同，可选用镜面、发纹、压花、喷涂等形式的材料。

上述各类型隔断设计高度在吊顶下、地板上。根据防火分区的要求，不同的防火分区之间的隔墙，吊顶上及地板下要严格密封处理，有时为满足机房通风要求，安装电动防火阀。但同一防火区内的隔断，吊顶上地板下可不作上述处理。

（4）保温要求

一般情况下，为实现机房节能运行，机房采用顶、地、墙六面体保温处理，同时根据消防要求及实际配置情况，保温材料防火等级须≥B_1级。

（5）洁净要求

为满足机房洁净度要求，机房地面、顶棚、墙面等围护结构要选择不产尘、不藏尘的洁净型材料。同时地板下及吊顶上的墙、柱面等均应做洁净处理。所有孔洞全部防火封堵。洁净材料选择具有防火、防腐、防潮性能且无毒、无味的材料。

机房还应设置不小于亚高效洁净级别的正压送风系统，满足机房对走廊间的正压≥4.9Pa，机房对室外的正压≥9.8Pa，防止机房外部的污风、粉尘进入机房。

（6）门、窗要求

机房的外门采用保温防火门，内门采用密闭型防火门，防火级别依据机房防火等级确定。为保证机房正压、洁净、保温，要求主机房区域的窗户应全部封闭并保温处理；辅助机房的窗户为节约照明电费，可以考虑采光，但应采用内、外双层窗，内窗一般设计为不锈钢防火玻璃密封，外窗保留以便与大楼统一格调。

10.4　信息机房的空气环境

10.4.1　信息机房对空气环境的要求

信息机房安装有大量的网络、服务器设备，处理速度越来越快、存储量越来越大、体积越来越小，这意味着机房单位面积的散热量越来越大。同时由于电子信息设备的制造精度越来越高，对环境的要求也越来越严格，空气中的灰尘粒子有可能导致电子信息设备内部发生短路等故障。为保证电子信息设备有一个良好的运行环境，依据《数据中心设计规范》GB 50174—2017、《电子计算机场地通用规范》GB/T2887—2011，机房空气环境要做到恒温、恒湿、洁净、正压、无毒、无害。

空气环境包括两个部分：机房精密空调系统和机房洁净新风系统，其要求如下。

1. 信息机房温、湿度环境要求

信息机房温、湿度环境应满足的要求如表 10-1 所示。

机房空气温、湿度环境要求　　　　　　表 10-1

项目	技术要求			备注
	A级	B级	C级	
冷通道或机柜进风区域的温度	18～27℃			不得结露
冷通道或机柜进风区域的相对湿度和露点温度	露点温度 5.5℃～15℃，同时相对湿度≤60%			
主机房环境温度和相对湿度（停机时）	5℃～45℃，8%～80%，同时露点温度≤27℃			
主机房和辅助区温度变化率	使用磁带驱动时＜5℃/h， 使用磁盘驱动时＜20℃/h			
辅助区温度、相对湿度（开机时）	18℃～28℃、35%～75%			
辅助区温度、相对湿度（停机时）	5℃～35℃、20%～80%			
不间断电源系统电池室温度	20℃～30℃			

2. 信息机房洁净度环境应满足的要求

主机房的空气含尘浓度，在静态条件下测试，每立方米空气中≥0.5μm 的悬浮粒子数应少于 17600000 粒。

10.4.2　信息机房空气环境的特点

1. 显热量大

信息机房安装的服务器、网络设备及其辅助设备，均会以传导、对流、辐射的方式向机房内散发热量，这些热量造成机房内温度的升高，属于显热，一般大、中型计算机机房设

备散热量在 $400\text{W}/\text{m}^2 \sim 600\text{W}/\text{m}^2$ 左右。

2. 潜热量小

机房一般采用人机分离的管理模式,如大型计算机机房,机房围护结构密封较好,新风一般也是经过温湿度预处理后进入机房,所以机房潜热量较小。

3. 风量大、焓差小

机房需要有较大的风量将余热量带走。由于机房内潜热量较少,一般不需要除湿,空气经过空调蒸发器时不需要降至露点温度以下,所以要求送风温差较小,为将机房内余热带走需要较大送风量。

4. 不间断运行,常年制冷

机房内设备散热属于稳态热源,全年不间断运行,这就需要有一套不间断的空调保障系统保障常年制冷。

5. 送回风方式

空调的送风方式分为下送上回、上送下回、上送侧回、侧送侧回。机房内空调送回风通常不采用管道,而是利用高架地板下部或天花板上部的空间作为静压箱送回风,静压箱内形成的稳压层可使送风均匀,使空间内各点静压相等。

6. 洁净度要求高

机房空调能按标准对流通空气进行除尘、过滤,空气过滤器一般要求符合 EU4 级标准。

10.4.3 精密空调的种类及特点

信息机房精密空调机组制冷系统,常用的主要冷却形式有:风冷式、水冷或乙二醇水冷式、冷冻水式、双冷源系统等,其性能特点如表 10-2 所示。

机房精密空调性能表 表 10-2

类别	性能概述
风冷式系统	(1) 直接蒸发制冷循环,没有冷冻水和冷却水系统; (2) 每个机组都自带压缩机,可以在每个机房内实现 $N+1$ 的备份方式; (3) 日常维护相对简单,不需考虑水系统; (4) 风冷机组在数据中心的应用最为广泛,但对于大型数据中心,每个机组、压缩机制冷系统均需要制冷铜管连接,工程量巨大; (5) 室内机、室外机距离受到限制,当长度大于 50m 时效率会有较明显的下降
水冷式系统	(1) 每个机组的冷凝器、蒸发器均在室内机内部,制冷循环系统在机组内部完成,制冷效率相对风冷机组高; (2) 不需要室内、室外机的连接铜管,只需要一组冷却水管道可以将所有的机组连接在一起;在大型数据中心中,相对减少工程量,不存在室内、室外机距离限制; (3) 可以用几组较大的室外干冷器做 $N+1$ 备份工作方式; (4) 每个机组都自带压缩机,可以在每个机房内实现 $N+1$ 的备份方式; (5) 扩容方便,初期设计时预留接口,在投入使用后需要扩容时,无需再寻找室内、室外机通道; (6) 数据中心内部存在空调水循环系统,需要设置防漏水检测系统和防护措施
冷冻水式系统	(1) 风冷冷水机组集中制冷,制冷效率最高,运行费用最低; (2) 只需要一组冷却水管道可以将所有的机组连接在一起; (3) 可以用几组冷水机组做 $N+1$ 备份工作方式; (4) 室内机价格便宜,整体造价低; (5) 数据中心内部带有水循环系统,需设置防漏水检测系统和防护措施
双冷源系统	(1) 适应性强,具备灵活的冷却方式; (2) 双系统互为备份,安全可靠性高; (3) 可以充分利用机组的节能模式; (4) 管线较多,安装复杂,初期投资较大

10.4.4 信息机房精密空调负荷计算

1. 机房的热负荷计算

信息机房中的热源有内外两种因素,内部因素是设备、照明、人员等;外部因素是机房的朝向、所处大气环境、机房的围护结构、热辐射及热传导等。为便于定量计算,可以将机房中的热负荷归纳为以下 6 种:

Q_1:机房内各种设备发出的热负荷(IT 设备、UPS/PDU 设备);

Q_2:照明器具发出的热负荷;

Q_3:进入机房人员发出的热负荷;

Q_4:机房六面体即墙壁、屋顶、地面热传导进入的热负荷;

Q_5:门窗处太阳热辐射进入的热负荷;

Q_6:换气及缝隙进风带入的热负荷。

机房总热负荷 Q 为各种热负荷之和,即

$$Q = Q_1 + Q_2 + Q_3 + Q_4 + Q_5 + Q_6 \tag{10-3}$$

(1)机房设备产生的热负荷 Q_1

机房 IT 设备和辅助设备的发热量是机房内最主要的热源,若设备的发热量在技术规格中已经给出,则可直接加到 Q_1 中去;若只给出了功耗值,则其发热量一般可用以下公式来确定:

$$Q_1 = 860 \times P \times \eta \tag{10-4}$$

式中,Q_1 为机房各设备的热量和,单位为 kcal/h;P 为各设备的总功耗,单位为 kW;$\eta = \eta_1 \times \eta_2 \times \eta_3$,其中 η_1 为各设备同时使用系数,η_2 为利用系数,η_3 为负荷工作均匀系数。在实用上 η 值是难以准确求得的,通常取 $0.6 \sim 0.8$ 之间;860 称为功热当量,即 1kW 电能全部转化为热能时所产生的热量。

(2)照明器具产生的热负荷 Q_2

照明器具发出的热也是按其功耗来计算的。照明的功耗,一部分变成热,一部分变成光,变成光的那一部分也以某种形式变成了热。总的经验公式为:

$$Q_2 = C \times P \tag{10-5}$$

式中,P 为照明器具的总功耗,单位为 W;C 为系数,通常白炽灯是 0.86kcal/h·W,日光灯是 0.5kcal/h·W。

(3)机房工作人员产生的热负荷 Q_3

这种热因含有水蒸气,其热负荷应是显热和潜热负荷之和。当室温升高时,显热负荷减小,潜热负荷增大;当室温降低时,显热负荷增加,潜热负荷减小。可见,在室温变化不大时(如在有空调的机房),人体发出的总热负荷变化也不大。按实际经验,在机房环境中人员发出的热可用下面的简便公式来计算:

$$Q_3 = N \times 150 (\text{kcal/h}) (1\text{kcal} = 4.1868\text{J}) \tag{10-6}$$

式中,N 为进入机房的人数。

(4)机房围护结构热传导进入的热负荷 Q_4

机房围护结构热传导进入的热负荷,除了与墙壁、屋顶所用材料的导热系数、面积、厚度、结构以及室内外温差直接有关外,还与机房地理位置、周围环境、季节、时间、太阳的照射角度等因素有关,因此是一个很复杂的问题。简便计算公式为:

$$Q_4 = K \times S \times \Delta T \tag{10-7}$$

式中，K 为所用材料的导热系数，单位为 kcal/(h·m²·℃)；S 为墙壁、屋顶、地面的面积，单位为 m²；ΔT 为机房内外温度差，单位为℃，宜取四季中的最大值，但不与室外空气直接接触的面积，此值应减半。

常用材料导热系数 K 常规取值为：砖取 1.1；轻质混凝土取 0.5～0.7；普通混凝土取 1.4～1.5；木材取 0.1～0.25；石棉水泥板取 1.0。

（5）太阳辐射进入的热量 Q_5

许多大、中型机房为了防尘和保温，常不设窗户或将窗户做保温封闭处理，即使设窗户也多用双层密封玻璃窗结构。机房门大部分采用标准门，其尺寸常规为 2100mm×1500mm、2100mm×900mm。为了防尘和保温，机房对外的主门采用保温密闭门或标准门进行保温处理，且一般机房对外的主门都设有一段走廊才到室外。因此，通常将保温封闭处理的门、窗按墙壁导热的方式计算。

对设门、窗的机房才考虑 Q_5，且 Q_5 中只考虑从玻璃门、窗太阳辐射进入的热量。Q_5 的近似计算公式为

$$Q_5 = 5 \times S \times \Delta T (\text{kcal/h·m}^2·℃) \tag{10-8}$$

式中，S 为玻璃门、窗的面积，单位为 m²；ΔT 为机房内外温度差，单位为℃。

（6）换气及缝隙进风带入的热量 Q_6

为了给机房工作人员创造一个舒适的环境，以及维持机房内的正压，需要向机房内不断送入经过处理的新风，简称换气。新风也就成为热量的来源，其热负荷可以按下式确定

$$Q_6 = G \times C \times R \times \Delta T (\text{kcal/h}) \tag{10-9}$$

式中，G 为进入机房新风量，单位为 m³/h；C 为空气比热，单位为 kcal/kg·℃；R 为空气比重，单位为 kg/m³；ΔT 为机房内外温度差，单位为℃。

由于一般机房密封较严，管理较好，况且大、中型机房要求机房室内气流组织为正压设计，门、窗缝隙进入机房的热量微乎其微，可忽略不计；对小型机房，若需要考虑该部分热量，可将其折算为新风量，类似新风那样来确定热负荷。

2. 机房冷量设计

计算机房冷量时，考虑到机房冷量冗余，冗余系数常规取 0.15～0.2。因此，机房冷量为

$$W = (1.15 \sim 1.2)Q \tag{10-10}$$

式中，Q 为机房热负荷之和。

10.4.5　信息机房新风系统技术设计

新风系统是机房空气环境中不可缺少的设备。

1. 新风系统的设计原则

新风量应取下列两项中的最大值：

（1）按工作人员计算，每人 40m³/h。

（2）维持室内正压所需风量。

2. 信息机房新风量的计算

机房新风量应满足维持室内压差所需风量、工作人员需求的新风量。但准确计算空调房间的新风量是一个很复杂的问题，一般可采用以下几种简易的计算方法。

（1）以人的需要为基准的估算法，按工作人员的数量计算，每人 $40m^3/h$。新风量计算公式：

$$L_1 = \eta \times 40 \times N(m^3/h) \tag{10-11}$$

式中，L_1 为满足人员需要的新风量；η 为修正参数，常规取 $2\sim2.5$；N 为进入机房的人数。

（2）维持室内正压所需风量，包括门、窗缝隙的漏风，开门时的漏风，室内工艺排风，以及保证室内压差所需风量共四部分之和。门、窗缝隙的漏风计算公式为：

$$V_1 = 3600 \times 0.827 \times A \times \Delta P \times 1/2 \times 1.25 \tag{10-12}$$

式中，V_1 为正压漏风量（m^3/h）；0.827 为漏风系数；A 为总有效漏风面积（m^2）；ΔP 为压力差（Pa），1.25 为不严密处附加系数。

开门泄漏的风量为：

$$V_2 = S \times 1.29 \times (\Delta P) \times 1/2 \times T \times N \tag{10-13}$$

式中，V_2 为开门泄漏的风量（m^3/s）；1.29 为漏风系数；S 为门的总有效漏风面积（m^2）；ΔP 为压力差（Pa）；T 为门的开启时间（s）；N 为开启次数（次/h）。

设 V_3 为机房因工艺需要的排风量，单位为 m^3/h。

保证室内压差所需风量按下式计算

$$V_4 = \Delta P \times V/R \times T \times \rho(m^3/h) \tag{10-14}$$

式中，V_4 为送风气流量，单位 m^3/h；ΔP 为气压压差，单位 Pa；V 为机房体积，单位 m^3；R 为气体常数；ρ 为空气密度，单位 kg/m^3；T 气体开氏温度，单位 K＝273＋摄氏温度。

维持室内压差所需风量为：

$$L_2 = V_1 + V_2 + V_3 + V_4 \tag{10-15}$$

（3）机房新风量的确定：机房新风量应同时满足上述两项要求，因此机房新风量应取上述两项 L_1 与 L_2 中的最大值。但因上述计算比较繁琐，有些参数存在不确定性，因此常规依据经验，机房新风量依据机房实际情况取机房精密空调送风量的 6%～10% 计算。

10.4.6 信息机房给排水设计

信息机房一般安装精密空调和加湿器设施，其给水或排水管道，应采取防渗漏和防结露措施。管道穿过主机房墙壁和楼板时应设置套管，管道与套管之间应采取密封措施。主机房和辅助区设有防水堰及配套地漏时，应采用洁净室专用地漏或自闭式地漏。地漏下应加设水封装置，并应采取防止水封损坏和反溢措施。机房内的给排水管道及其保温材料均应采用难燃材料满足消防规范要求。

对于水质盐碱较高的地区，精密空调加湿水需进行软化处理，置换水质中的钙、镁离子，软化水设备能力依据机房大小、加湿量、环境进行选择。

10.5 信息机房电气系统要求

10.5.1 信息机房对供电系统的总体要求

一个完善的信息机房供电系统，是保证服务器、网络等 IT 设备和辅助场地设备可靠运行的先决条件。

1. 信息机房供电电源质量要求

IT 设备对电源的质量要求是严格的，当市电电网的电压超出允许范围时，将直接影响设备的交、直流电源的稳定性能，导致设备工作不稳定，甚至损坏；当交流频率变化过大时，磁介质外围设备（磁盘、磁带等）的读、写操作可能工作在不同频率上，将会出现信息错误；当由于受到种种干扰使得交流波形发生严重畸变时，可能导致数据破坏或元器件损伤；当电源瞬间中断的时间超出允许值时，会出现信息丢失甚至宕机。因此，对供电电压、频率、波形、三相电源的对称性、连续性和抗干扰性等各项指标，都必须保持在允许偏差范围内。

对于供电的三项基本指标（电压、频率、波形失真）和供电方式的分类，《数据中心设计规范》GB 50174—2017 已经有了明确规定。电子信息设备供电电源质量要求详见表 10-3。

电子信息设备交流供电电源质量要求　　　　　　　　　　　　表 10-3

项目	技术要求			备注
	A 级	B 级	C 级	
稳态电压偏移范围（%）	7+～—10			交流供电时
稳态频率偏移范围（Hz）	±0.5			交流供电时
输入电压波形失真度（%）	≤5			电子信息设备正常工作时
允许断电持续时间（ms）	0～10			不同电源之间进行切换时

当电子信息设备采用直流电源供电时，供电电压应符合电子信息设备的要求。

2. 信息机房供电系统等级要求

信息机房用电不仅对供电质量有要求，还对供电级别有严格的要求，其供电级别应根据机房建设的等级配置，符合现行国家标准《供配电系统设计规范》GB 50052 及《数据中心设计规范》GB 50174 的规定。

电力负荷根据供电可靠性及中断供电在政治、经济方面造成损失或影响的程度，电力负荷分为三级。

A 级电子信息系统机房供电电源设计按一级负荷中特别重要的负荷考虑，除应由两个电源供电（一个电源发生故障时，另一个电源不应同时受到损坏）外，还应配置柴油发电机作为备用电源。

B 级电子信息系统机房的供电电源设计按一级负荷考虑，当不能满足两个电源供电时，应配置备用柴油发电机系统。

C 级电子信息系统机房的供电电源按二级负荷考虑。

10.5.2　机房供配电设计注意事项

1. 信息机房的配电应按设备要求确定，如电源种类（交流或直流）、负荷大小、电源质量要求、允许断电持续时间等。

2. 供配电系统应为信息机房的扩展预留、备用容量。

3. 信息机房应由专用配电变压器或专用回路供电，变压器宜采用干式变压器。信息机房内的低压配电系统，基于安全及干扰方面的考虑，不应采用 TN-C 系统，应采用 TN-S 系统。

4. 户外供电线路不宜采用架空方式敷设，当户外供电线路采用具有金属外护套电缆时，在电缆进出建筑物处应将金属外护套接地。

5. 电子信息设备应由不间断电源系统（UPS）供电。UPS 应有自动和手动旁路装置。确定 UPS 的基本容量时应留有裕量，基本容量可按下式计算：

$$E \geqslant 1.2P \qquad (10\text{-}16)$$

式中，E 为 UPS 的基本容量（不包含备份不间断电源系统设备），单位为 kW/kVA；P 为电子信息设备的计算负荷，单位为 kW。

6. 用于信息机房内的动力设备与电子信息设备的 UPS 应由不同的回路配电。

7. 电子信息设备的配电应采用专用配电箱（柜），专用配电箱（柜）应靠近用电设备安装。电子信息设备专用配电箱（柜）宜配备浪涌保护器（SPD）电源监控和报警装置，并提供远程通信接口。

8. 当输出端中性线与 PE 线之间的电位差不能满足设备使用要求时，宜配备隔离变压器；配电线路的中性线截面积不应小于相线截面积；单相负荷应均匀地分配在三相线路上。

9. 电子信息设备的电源连接点应与其他设备的电源连接点严格区别，并应有明显标识。

10. A 级电子信息系统机房应配置后备柴油发电机系统。当市电发生故障时，后备柴油发电机能承担全部负荷的需要，后备柴油发电机的容量应包括 UPS 的基本容量、空调和制冷设备的基本容量、应急照明及关系到生命安全等需要的负荷容量。并列运行的发电机，应具备自动和手动并网功能。柴油发电机周围应设置检修用照明和维修电源，电源宜由 UPS 供电。市电与柴油发电机的切换应采用具有旁路功能的自动转换开关。自动转换开关检修时，不应影响电源的切换。

11. 敷设在隐蔽通风空间的低压配电线路应采用阻燃铜芯电缆，电缆应沿线槽、桥架或局部穿管敷设。当电缆线槽与通信线槽并列或交叉敷设时，配电电缆线槽应敷设在通信线槽的下方。活动地板下作为空调静压箱时，电缆线槽（桥架）的布置不应阻断气流通路。

12. 配电系统须具有下列功能：

（1）电源以放射式 TN-S 制向用电设备供电；

（2）有电压、电流检测指示、火警连锁保护、紧急断电装置；

（3）防雷、过流、短路和电磁脱扣保护功能；

（4）独立的零、地汇流铜排；

（5）断电装置可手动、就地控制、遥控远程控制并与消防自动报警系统配合，实现消防联动、火警连锁，自动控制切断空调进线总开关和上进线总开关。

（6）为防止瞬时浪涌及雷击，在输入输出配电柜及重要设备上加高能量防雷器、瞬变浪涌电压抑制器和避免过压保护器。

10.5.3 信息机房供、配电设计

1. 信息机房供、配电负荷分类

机房用电电源分为三类：市电电源、UPS 电源、EPS 电源。

市电电源的用电设备包括：精密空调、新风、机房照明、维修用电、辅助机房部分用电设备、办公区域用电设备。

UPS 电源的用电设备包括：服务器、交换机、存储设备、门禁等 IT 设备及环境监控系统用电。

EPS 电源的用电设备包括：消防及排烟、应急疏散照明设施用电。

（1）信息机房用电设备负荷统计

根据机房的布置和各种用电设备的功耗，做出信息机房基本用电情况统计表，如表 10-4 所示。

信息机房基本用电情况统计表　　　　　　　　表 10-4

区域	序号	设备名称	数量	额定功率 (kW)	额定电压 (V)	额定电流 (A)	功率因数 $\cos\varphi$	安装位置
主机 区域	1	精密空调设备						
	2	新风机设备						
	3	照明设施						
	4	服务器设备						
	5	网络设备						
	6	存储设备						
	7	机架						
	8	环控设备用电						
	9	消防、排烟设备						
	10	其他设备						
电源室	11	空调设备						
	12	照明设施						
	13	配电柜装置						
	14	UPS 设备						
	15	电池						
	16	消防、排烟设备						
	17	环控设备用电						
	18	其他设备						
维修室	19	工作电脑						
	20	维修设备						
	21	空调设备						
	22	照明设施						
	23	消防、排烟设备						
	24	其他设备						
打印室	25	打印机设备						
	26	空调设备						
	27	照明设施						
	28	工作电脑						
	29	其他设备						
值班室	30	多屏电视墙						
	31	工作电脑						
	32	空调设备						
	33	照明设施						
	34	其他设备						
办公室	35	工作电脑						
	36	照明设施						
	37	其他设备						
会议室	38	多功能屏幕墙						
	39	摄像机设备						
	40	投影机设备						

区域	序号	设备名称	数量	额定功率 (kW)	额定电压 (V)	额定电流 (A)	功率因数 $\cos\varphi$	安装位置
会议室	41	扩声设备						
	42	会议设备						
	43	播放设备						
	44	照明设施						
	45	其他设备						

（2）负荷计算方法

电气负荷计算方法有：需要系数法、利用系数法、二项式系数法、单位面积功率计算法、单位产品功率计算法等。

需要系数法：用设备功率乘以需要系数和同时系数，直接求出计算负荷。

利用系数法：求出最大负荷班（即有代表性的一昼夜内电能消耗最多的一个班）的平均负荷，再考虑设备台数和功率差异的影响，乘以与有效台数有关的最大系数求得计算负荷。

二项式系数法：将负荷分为基本负荷和附加负荷，后者考虑一定数量大容量设备影响。

单位面积功率法、单位产品耗电量法：可用于初步设计用电量指标的估算，对于住宅建筑，在设计各阶段均可使用单位面积功率法。

信息机房的电气负荷计算，一般采用需要系数法计算，计算公式如下

$$\sum P = K_p \sum (K_x P_e) \tag{10-17}$$

$$\sum Q = K_q \sum (K_x P_e \tan\varphi) \tag{10-18}$$

$$S = \sqrt{\sum P^2 + \sum Q^2} \tag{10-19}$$

式中，P 为有功负荷（kW）；Q 为无功负荷（kVar）；S 为视在功率（kVA）；K_x 为需要系数；$\tan\varphi$ 为功率因数的正切值；P_e 为用电设备的容量；K_p、K_q 为最大负荷同期系数。

根据以上公式分别求出机房动力负荷和 UPS 设备用电负荷，并按信息机房现有计算负荷与预留扩展需求负荷之和的 1.2 倍设计。

2. 信息机房市电供、配电设计

（1）设计范围

机房动力配电设计范围包括：机房精密空调、工作照明、维修插座、新风机、普通空调及其他动力设备配电的设计。

（2）供电电源质量一般要求

AC 380V/220V，稳态电压偏移范围±3%～5%，三相五线制供电。

（3）动力负荷类别

A 级机房动力负荷为一级负荷中特别重要负荷，B 级机房动力负荷为一级负荷，C 级机房动力负荷为二级负荷。

（4）动力配电设计要求

1）A/B 级机房的动力供电线路应单独提供。

2）A 级机房动力电源应采用双路电源（其中至少一路为应急电源）供电，末端切换，采用放射式配电方式。

3）B 级机房动力电源应采用双路电源，末端切换。采用放射式配电方式。

4）C 级机房采用放射式配电方式。

5）具有防雷、过流、短路和电磁脱扣保护功能，系统各级保护间配合可靠。

6）有电压、电流检测指示、火警连锁保护、紧急断电装置及独立的零、地汇流铜排；具有电流、电源电压、用功功率、无功功率、功率因数、谐波电流等电气参数的显示和远程监测和报警功能。

7）断电装置可手动控制、远程遥控并与消防报警系统配合自动切断空调进线总开关或上进线总开关，配电柜带有断路器保护挡板。

8）为防止瞬时浪涌及雷击，在输入输出配电柜及重要设备上加高能量避雷器、瞬变浪涌抑制器和过压保护器。

9）配电元器件要选择质优价廉、具有 3C 认证产品。

3. 信息机房 UPS 供配电设计

（1）UPS 类型

UPS 按工作方式一般分为在线式、互动式、后备式三种类型，性能对比见表 10-5。目前在信息机房内，一般选用在线式 UPS。不管电网电压是否正常，输出交流电压都要经过逆变器，即逆变器始终处于工作状态。

在线式、互动式、后备式 UPS 性能比较　　　　　　　　　　　表 10-5

	在线式	互动式	后备式
市电模式下逆变器状态	工作	热备	不工作
输出电源质量	最高（不停电、稳压、净化功能）	中等（不停电、近似稳压功能）	低（近似不停电压功能）
切换时间	零	4ms 左右	5～12ms
功率范围	>1kVA	0.5～5kVA	<1kVA
造价	较高	中等	较低

（2）信息机房 UPS 容量的选择

UPS 的容量应按不低于 UPS 电源用电设备计算负荷与预留负荷之和的 1.25 倍选择。具体数量要按 A、B、C 级机房级别对 UPS 设备的要求，包括容错、冗余或基本配置要求及其相关设计规范要求确定。

（3）信息机房 UPS 设计

信息机房 UPS 配电系统一般由供电电源（含发电机）、双电源切换系统、UPS 输入供电系统、UPS 主机电源（含 UPS 电源后备延时电池组）、UPS 输出配电系统、UPS 用电设备等组成，如图 10-2 所示。

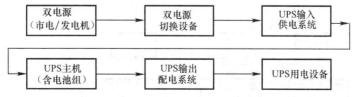

图 10-2　UPS 系统组成

UPS 配电设计的基本原则为系统设计要安全、稳定、可靠，技术先进、经济合理、节能环保。满足 A、B、C 各级机房的建设要求。

1) A 级信息机房的 UPS 配电设计

A 级信息机房 UPS 系统的设计要求是，除满足机房 UPS 基本设计要求以外，还应满足机房设计规范对"A 级信息机房内的场地设施应按容错系统配置，在电子信息系统运行期间，场地设施不应因操作失误、设备故障、外部电源中断、维护和检修而导致电子信息系统运行中断"的总体要求。机房 UPS 配电系统全部按容错方式配置设计。

A 级信息机房的 UPS 系统、配电系统设计基本指标见表 10-6。

A 级机房 UPS 配电系统设计基本指标　　　　　　　　　　　　表 10-6

场地设施名称	供电电源、发电机、UPS 与场地设施技术要求
供电电源	两个电源供电，两个电源不应同时受到损坏
变压器	M $(1+1)$ 冗余 $(M=1、2、3\cdots\cdots)$
后备柴油发电机系统	N 或 $N+X$ 冗余 $(X=1\sim N)$
后备柴油发电机的基本容量	应包括不间断电源系统的基本容量、空调和制冷设备的基本容量、应急照明和消防等涉及生命安全的负荷容量
柴油发电机的燃料存储量	72 小时
不间断电源系统配置	$2N$ 或 M $(N+1)$ 冗余 $(M=2、3、4\cdots\cdots)$
不间断电源系统电池备用时间	不低于 15min（配备柴油发电机作为后备电源）

A 类信息机房容错供配电系统一般有以下两种结构配置形式。

第一种结构配置形式如图 10-3 所示，由两个电源、两个发电机、2N（N 取 1）台 UPS 组成。采用非模块化 UPS，以 UPS 电源负荷 300kW、UPS 输出功率因数 0.8 为例，UPS 的容量取不低于供电负荷容量的 1.2 倍，即

$$300kW/0.8×1.2=450kVA$$

故选 500kVA/AC380V 三进三出非模块化 UPS 2 台。

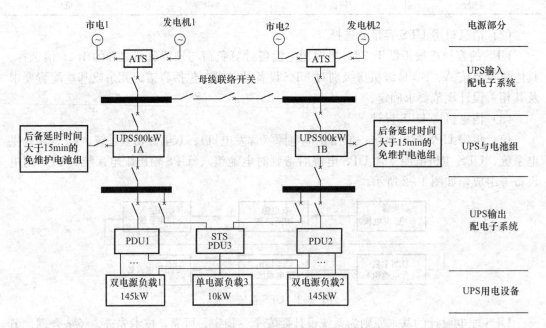

图 10-3　A 类机房容错供配电系统结构配置形式一

这种配置形式有以下优点：

① 两条独立的供电线路和两路（两路独立市电与两路独立的发电机）独立的电源，无单故障点，容错性极强，系统安全性高。

② 1A 或 1B UPS 需要维护或故障时，由 1B 或 1A 带全部负载运行，确保 UPS 用电设备安全运行。

这种配置形式的缺点是，因采用的是非模块化的 UPS，今后扩容较难。

第二种结构配置形式如图 10-4 所示，由两个独立电源、两个发电机、$2M(M=N+1)$ 台 UPS 组成。UPS 采用模块化。以 UPS 本期负荷 110kW，近期 3 年内预留负荷 90kW，UPS 输出功率因数 0.9 为例，UPS 的容量取不低于供电负荷容量的 1.25 倍，即

$$200\text{kW}/0.9\times1.25=277.78\text{kVA}$$

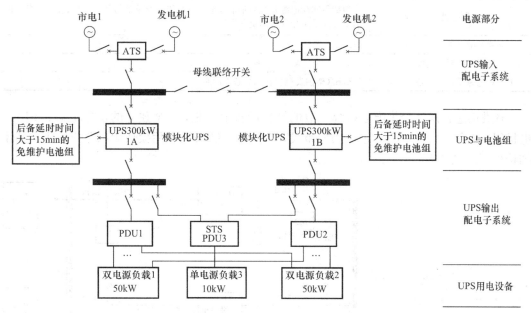

图 10-4　A 类机房容错供配电系统结构配置形式二

故选择 300kVA/AC380V 三进三出模块化 UPS 2 台，每个模块 20kVA，每台总配置 15 个 20kVA 模块（构成 14＋1 冗余）。本期配置 300kVA 的 UPS 系统柜 2 台，每台配置 9 个 20kVA 模块（构成 8＋1 冗余）。当 UPS 用电负荷需扩容时，添加模块即可。

这种配置形式的优点是：

① 供电系统由 2 条独立的供电线路、2 台独立的发电机和 2（$N＋1$）台 UPS 组成，无单故障点，容错性极强，安全性高。

② 该配置为从电力入口到关键负载的所有线路提供了全方位的容错和冗余。

③ 在 2（$N＋1$）设计中，即使在同步维护过程中，也仍存在 UPS 冗余。

④ 无需将负载转换到旁路模式（负载将处于无保护电源下），即可对 UPS 模块、开关装置和其他配电设备进行维护。

⑤ 配置既容错又冗余，既保证了安全性，又便于今后的扩容。

2）B 级信息机房的 UPS 配电设计

对 B 级信息机房 UPS 系统总体要求是，除满足 UPS 系统设计的基本设计要求以外，

还应满足依据《数据中心设计规范》GB 50174—2017 对 "B 级电子信息系统机房内的场地设施应按冗余要求配置，在系统运行期间，场地设施在冗余能力范围内，不因设备故障而导致电子信息系统运行中断"的总体要求，即 B 级信息机房 UPS 配电系统全部按冗余要求配置设计。UPS 系统配电系统设计要求基本指标见表 10-7。

B 级机房 UPS 配电系统设计基本指标　　　　　　　　　　表 10-7

场地设施名称	供电电源、发电机、UPS 与场地设施技术要求
供电电源	一个电源供电，一个发电机组
变压器	M（1+1）冗余（$M=1、2、3……$）
后备柴油发电机系统	N；供电电源不能满足要求时配置
后备柴油发电机的基本容量	应包括不间断电源系统的基本容量、空调和制冷设备的基本容量、应急照明和消防等涉及生命安全的负荷容量
柴油发电机的燃料存储量	24h
不间断电源系统配置	$N+X$ 冗余（$X=1\sim n$）
不间断电源系统电池备用时间	15min（柴油发电作为后备电源时）

　　B 类信息机房冗余供配电系统一般的结构配置形式是，1 个独立的市电电源、1 路发电机组、2 台（1+1）UPS 组成的分布式冗余设计。UPS 可采用模块化和非模块化，具体结构框图详见图 10-5。

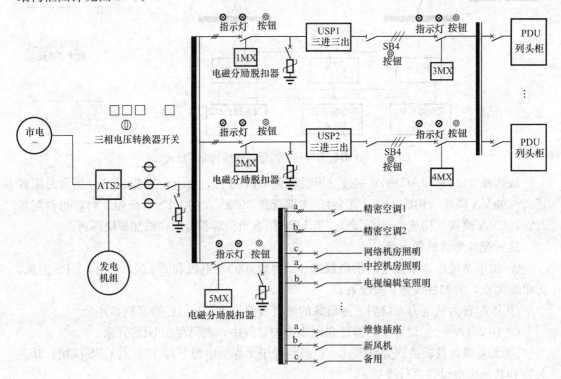

图 10-5　B 类机房冗余供配电系统结构配置形式

该接线配置方式的优点是：

① 电源采用 1 路独立市电、1 路发电机切换组合供电。

②　系统采用 1+1 UPS 冗余配置，当 1 路 UPS 维修或故障时，由另 1 路承担所有的负荷。

③　系统安全性较高。

该接线配置方式的缺点是：

①　UPS 设备输出端容易出现单点故障。

②　备用 UPS 设备大部分时间处于冗余备用状态，因此运营效率较低。

3）C 级电子信息机房的 UPS 配电设计

C 级电子信息机房总体要求是，C 级机房的供电电源仅有双回路电源（存在双回路电源同时断电的危险），应满足《电子信息系统机房设计规范》GB50174—2008 中 "C 级电子信息系统机房内的场地设施应按基本需求配置，在场地设施正常运行情况下，应保证电子信息系统运行不中断" 的总体要求。重点要根据可能停电时间选择 UPS 满载后备电池容量，确保后备电池有效放电时间大于市电停电时间，以保证电子信息系统运行不中断。

C 级电子信息系统机房 UPS 配电系统设计基本指标见表 10-8。

C 级机房 UPS 配电系统设计要求　　　　　　　　　表 10-8

场地设施名称	供电电源、发电机、UPS 与场地设施技术要求
供电电源	两回线路供电
变压器	N；用电量较大时设置专用变压器供电
后备柴油发电机系统	不间断电源系统的供电时间满足信息存储要求时，可不设置柴油发电机
后备柴油发电机的基本容量	——
柴油发电机的燃料存储量	——
不间断电源系统配置	N
不间断电源系统电池备用时间	根据实际需要确定
空调系统配电	采用放射式配电系统

C 类信息机房供配电系统一般的结构配置形式是，由 2 个回路的市电电源和 1 台 UPS 组成，UPS 采用非模块化，结构配置接线框图详见图 10-6。

该结构配置形式的优点是：

①　该结线方式节约投资费用。

②　配置移动柴油发电机电源接口，一旦 2 路市电同时停电，机房温度无法降低时，可使用移动发电机给机房 UPS 和空调供电，确保机房安全运行。

该结构配置形式的缺点是，易出现单点故障，且需要移动发电机。

4. 机房 UPS 的选择

（1）UPS 的选择应按负荷性质、负荷容量、允许中断供电时间等要求确定，不低于机房对 UPS 选定容量和工程实际应用需求。

（2）满足机房电子信息设备对 UPS 电

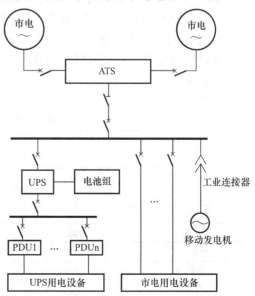

图 10-6　C 类机房供配电系统结构配置形式

源供电电源质量的要求。

（3）可靠性要高：UPS 的平均无故障时间要长，产品成熟可靠，有大量的应用案例。

（4）可扩展性：扩容升级零风险。

（5）维护性：在线自主维护，UPS 无需转旁路供电。

（6）可全面监控：满足本地、网络、远程监控要求。

（7）电池管理：具备智能化电池充、放电管理功能和电池检测功能。

（8）性价比高：较低的初期购置成本、日后扩容维护成本及运营成本低。

（9）节能：高效率、低热损耗、对电网无谐波污染，满足国家 UPS 强制认证和检验的要求。

（10）数量：选择要满足 A、B、C 级机房对 UPS 容错、冗余的配置要求。

5. 柴油发电机组的选择

（1）柴油发电容量的确定：目前电子信息系统机房配置柴油发电机组主要负责 UPS 和机房专用精密空调、应急照明、消防等设备的应急供电，设备负荷相对稳定。针对信息机房用电环境，柴油发电机的容量一般取总负荷的 1.2～1.3 倍。

（2）柴油发电机启动方式的确定：信息机房内电子设备 7 天×24 小时×365 天全天候不间断运行，应急柴油发电机的启动方式要适应机房全天候随时可能启动应急供电的需求，配置全自动柴油发电机。满足：当市电中断供电时，单台机组应能自启动，并应在 30s 内向负荷供电；当市电恢复供电后，应自动切换并延时停机；当自启动失败，应发出报警信号。

10.5.4 信息机房照明

信息机房照明是机房建设中的重要部分。根据不同机房的建筑要求和环境的特点，照明设计是不一样的，但都会从以下几个方面考虑：计算照度水平，处理好空间亮度分布；把握色温和显色性，对眩光加以有效限制，从而构建完美的造型和立体感，建立良好的视觉环境。机房多为密封式结构，它既不同于工业厂房的照明，也不同于办公室照明。

机房照明设计，一是符合国家标准对照度的指标要求；二是照明布局合理，灯具美观实用。

机房的照明一般分为工作照明、备用照明和疏散照明。

1. 信息机房照度要求

主机房和辅助区照明的照度标准值宜符合表 10-9 的规定（照度标准值的参考平面为 0.75m 高水平面）。

主机房和辅助区照度值要求 　　　　　　　　　　　　表 10-9

房间名称	照明标准值（lx）	统一眩目值（UGR）	一般显色指数（Ra）	备注
主服务器机房	500	22	80	
网络机房	500	22		
存储机房	500	22		
进线间	300	25		
监控中心	500	19		
测试区	500	19		
打印室	500	19		
其他房间	300	22		

支持区和行政管理区的照度标准值，按照现行国家标准《建筑照明设计标准》GB 50034 有关规定执行。

主机房和辅助区内应设置备用照明，备用照明的照度值不应低于一般照明照度值 10%；有人值守的房间，备用照明的照度值不应低于一般照明照度值的 50%。

信息机房应设置通道疏散照明及疏散指示标志灯，机房通道疏散照明的照度值不低于 5lx，其他区域通道疏散照明的照度值不应低于 0.5lx。

2. 信息机房照明设计

（1）灯具的布局：灯具应采用分区、分组的控制措施。

（2）照明均匀度要求：工作区域内一般照明的均匀度不应小于 0.7，非工作区域内的一般照明照度值不宜低于工作区域内一般照明照度值的 1/3。

（3）防谐波及电磁波干扰要求：荧光灯镇流器的谐波限值应符合国家标准《电磁兼容限值谐波电流发射限值》GB 17625.1 的有关规定；灯具应配置电子镇流器，防止频闪，防止产生谐波影响计算机设备正常工作。

（4）节能要求：主机房内的主要照明光源应采用高效节能灯具。

（5）安全要求：信息机房内应采用Ⅰ类灯具，不采用 O 类灯具，灯具的供电线路应有保护线缆，保护线缆应与金属灯具外壳做电气连接。

（6）线缆敷设及要求：机房内的照明线路宜穿钢管暗敷或在吊顶内穿钢管明敷，通道疏散照明要采用耐火线缆。

（7）电源要求：机房各功能区的照明可采用市电电源；备用照明平时采用市电电源，在市电停电后，由备用（应急）照明检测装置自动检测并投入应急电源（UPS 电源）供电；通道疏散照明应采用消防 EPS 电源。

3. 信息机房灯具的布局及选择

灯具在机房内布局的好坏，除直接影响到照明效果外，还影响到机房的美观。机房内常用的照明布局方式有以下几种。

（1）分散布局：这是将灯具按一定合理的分配方式，均匀分散布设在机房内的一种最基本的布局方式，一般是 2~3㎡ 的范围内设一个双管或三管灯具。这种布局方式比较简单，比较适用于小面积的机房，用在大面积机房里就显得过于简单，往往给人以单调的感觉。

（2）光带布局：将灯具按照一定方式在机房内设计成几条由多个灯具串成光带的一种新式布局。该方式特别适应大面积的机房，能给机房工作人员产生一种无限伸远的感觉，感到舒适、新鲜、能调解人的疲劳。

（3）环形灯带：这是根据机房本身的建筑结构特点，因地制宜采取的一种布局方式。该方式要围绕机房内某一中心，由许多灯具组成一道环光、二道环光，甚至三道环光。它可以弥补机房在建筑结构上的某些不足，使得不足之处能变成一种新颖的照明方式，会给人以清新的感觉。该方式只适用于大面积机房。

（4）机房灯具选择：机房应选择节能型的Ⅰ类灯具；对识别颜色要求较高的场所，宜采用日光色荧光灯、白炽灯和卤钨灯。

10.5.5　信息机房静电防护设计

为减少数据中心机房的静电危害，一般采取下列措施：

（1）温度、湿度、洁净度的控制：机房运行的环境中温度、湿度、洁净度要满足《数据中心设计规范》GB 50174—2017 的要求。

（2）防静电地板：主机房和辅助区铺设防静电地板，它能够抑制静电产生并把产生的静电缓慢排除，防静电地板表面电阻或体积电阻为 $2.5 \times 10^4 \sim 1.0 \times 10^9 \Omega$，且应具有防火、环保、耐污耐磨性能。

（3）防静电地坪：不具备铺设防静电地板条件时可采用防静电地坪，其防静电性能应长期稳定，且不易起尘，其表面电阻或体积电阻亦应满足 $2.5 \times 10^4 \sim 1.0 \times 10^9 \Omega$。

（4）工作台设施材料：机房内的工作台、架、柜、桌椅以及工作人员的服装，宜采用静电耗散材料，其静电性能指标应满足表面电阻或体积电阻为 $2.5 \times 10^4 \sim 1.0 \times 10^9 \Omega$ 的规定。

（5）采取静电接地措施：在信息机房内不应存在对地绝缘的孤立导体，机房内所有设备可导电金属外壳、各类金属管道、金属线槽、建筑物金属结构、防静电地板、金属天花板、墙面板、隔断墙、门、窗等必须进行等电位连接并可靠防静电接地；保证计算机设备工作场地静电电位<1kV。

防静电接地的连接线应有足够的机械强度和化学稳定性，宜采用焊接或压接。当采用导电胶与接地导体粘接时，其接触面积不宜小于 $20cm^2$。

10.5.6　信息机房的防雷

雷电对信息机房设备的危害，主要分为电源浪涌和信号浪涌两方面，因此信息机房建设防雷采取下列措施。

（1）屏蔽措施

1）机房建设时，顶、墙、地进行接地连接或敷设金属屏蔽网。

2）进出机房的电力线缆、信号线缆需有屏蔽层，或在从室外引入前必须穿管埋地。

3）架空电缆的牵引钢丝两端应进行接地。

（2）隔离措施

自动控制系统：解决接口信号的隔离，抑制传输过程中干扰。

电源部分：安装交流电源隔离变压器。

数字输入、输出信号：利用光电隔离器或串接各种信号防雷设备，或使用脉冲变压器隔离和运算放大器隔离。

模拟量输入信号：安装音视频隔离变压器、光隔离器等进行隔离。

计算机网络接口：采用专用的网络防雷器，距离较远时采用光纤传输。

（3）电源防雷器

机房配电设计时，安装电源防雷器（防浪涌保护器），设置三级或四级防雷器防护。

一级保护：配电柜进线安装三相电源防雷器。

二级保护：在 UPS 电源前端安装三/单相电源防雷器。

三级保护：在机房列头配电柜上装三/单相电源防雷器。

四级保护（精细防护）：在重要设备前端，安装电源防雷 PDU。

依据电源负荷，对各级防雷器性能、指标选型。

（4）等电位保护措施

机房设置 40×4 铜排制作等电位网络，用 $50 \sim 120mm^2$ 接地线干线连接至接地端子或建筑物接地母排；机房内的设备、机柜等用 $\geqslant 16mm^2$ 接地线与等电位网络连接；静电接地用 $\geqslant 6mm^2$ 接地线与等电位网络连接。机房综合防雷系统详见图 10-7 所示。

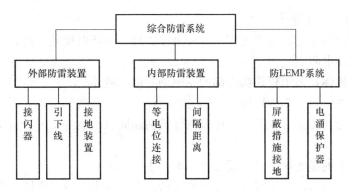

图 10-7　机房综合防雷系统图

10.5.7　信息机房的接地

1. 机房接地类型及要求

信息机房接地类型和阻值要求如下：

（1）交流工作接地≤4Ω。

（2）计算机系统的逻辑接地≤1Ω。

（3）安全保护接地≤4Ω。

（4）防静电接地≤4Ω。

（5）防雷保护接地≤10Ω（一般由大楼建筑结构方统一考虑）。

信息机房的接地采用一点式综合接地，共用大楼≤1Ω 的接地体。若大楼接地不能满足要求，须单独做≤1Ω 的接地体。

2. 信息机房等电位接地

为保证操作人员和设备的安全，信息机房的设备必须采取等电位连接与接地措施。在信息机房内设置等电位连接网格（带），安全保护地、防静电接地、屏蔽线外层及各种SPD 接地，均应以最短的距离，就近与等电位连接网格（带）连接。

等电位网格基本形式有 S 型星形和 M 型网形两种结构。复杂的信息机房，采用 S 型和 M 型两种形式的组合结构。

等电位联结网格（带）应采用截面积不小于 $25mm^2$ 的铜带或裸铜线，并应在防静电活动地板下构成边长为 $0.6 \sim 3m$ 的矩形网格。等电位联结带、接地线和等电位联结导体的材料和最小截面积应符合表 10-10 的要求。

等电位联结带、接地线和等电位联结导体的材料和最小截面积要求　　表 10-10

名称	材料	截面积（mm^2）
等电位联结带	铜	50
利用建筑内的钢筋做接地线	铁	50
单独设置的接地线	铜	25
等电位联结导体（从等电位联结网格（带）至接地汇集排或至其他等电位联结带；各接地汇集排之间）	铜	16
等电位联结导体（从机房内各金属装置至等电位联结网格（带）或接地汇集排，从机柜至等电位联结网格）	铜	6

3. 信息机房综合接地体

信息机房综合接地是将交流工作地、安全保护地、防静电接地、防雷接地等共用一组综合接地，接地体电阻不应大于 1Ω。

（1）自然接地体：采用建筑物内部的基础钢筋做接地体。

（2）自然接地体与人工接地体：对信息系统设备要求严格的接地，采用自然接地体与人工接地体相组合的方法，人工接地体宜在建筑物四周散水坡外，埋设人工垂直接地体和水平环形接地体。

（3）埋于地下的接地体，其埋设深度不得小于 0.8m。

接地体焊接应搭接，扁钢焊接为宽度的 2 倍以上，并应至少三个棱边焊接。

10.6 电磁屏蔽机房

对涉及国家秘密或企业对商业信息有保密要求的信息机房，应设置电磁屏蔽室或采取其他电磁泄漏防护措施。电磁屏蔽室的性能指标应依据国家标准设计。

1. 屏蔽效能要求

依据《电磁屏蔽室屏蔽效能测量方法》GB/T 12190—2006，屏蔽效能依据干扰源的性质分为 A、B、C 三级，各级要求的屏蔽效能如表 10-11 所示。

A、B、C 三级屏蔽效能表 表 10-11

干扰源 \ 干扰强度		A 级	B 级	C 级
磁场	14kHz～150kHz	≥40dB	≥60dB	≥70dB
平面波	900kHz～900MHz	≥70dB	≥80dB	≥90dB
微波	900MHz～5GHz	≥80dB	≥90dB	≥100dB

2. 屏蔽室结构形式

用于保密目的的电磁屏蔽室，其结构形式可分为可拆卸式和焊接式；焊接式可分为自撑式和直贴式。

（1）电场屏蔽衰减指标大于 120dB，建筑面积大于 $50m^2$ 的机房室宜采用自撑式结构形式。

（2）电场屏蔽衰减指标大于 60dB 的机房时，宜采用直贴式结构形式，材料可选择镀锌钢板，厚度应根据屏蔽性能指标确定。

（3）电场屏蔽衰减指标大于 25dB 的机房时，屏蔽材料可选用金属丝网，金属丝网的目数应根据被屏蔽信号的波长确定。

（4）建筑面积小于 $50m^2$、日后需搬迁的电磁屏蔽室，结构形式宜采用可拆卸式。

3. 主要构件组成

屏蔽壳体：主要包括机房六面体、支撑龙骨及壳体与地面绝缘处理，一般采用优质冷轧钢板，顶板、墙板厚度≥2mm，底板厚度≥3mm，钢板设计成不同尺寸的模块板，焊接工艺为 CO_2 保护焊。

屏蔽门：屏蔽门是屏蔽室的关键设备，是工作人员及设备进出的主要通道，是保持屏蔽性能不退化的关键部件。屏蔽门分为旋转式和移动式。常规采用二排簧片与插刀及门框铜板同时压紧接触的方式（俗称三簧屏蔽门），以确保屏蔽效能达到要求。

截止波导通风窗：屏蔽通风窗常做成截止波导形式，其插入衰减与屏蔽室指标一致，波导管截面形状选用六角形；通风波导窗与屏蔽壳体焊接，焊接断面的屏蔽效能应大于整个机房的屏蔽效能。常用规格为 300mm×300mm、300mm×600mm、600mm×600mm 等，也可根据要求定制。

空调的屏蔽处理：屏蔽室采用空调系统，无论何种送回风形式，对应风口位置均可配置相应规格截止波导窗作为屏蔽室进、出风口，波导窗与送回风口之间采用风管硬连接。设计时要考虑空调的进排水及室内外机的控制信号线缆的屏蔽。

光纤转换器：光端机的作用是进行光信号和电信号的转换，由于光缆不会对外辐射和传导电磁波信号，因此用光端机对数据信号进行转换后，经穿过波导管后及光端机的再次光电信号转换，即可获得所需的数据信号。

10.7　机房动力、环境与安全防范集中监控系统

为保证信息机房安全运行，信息机房各系统必须时刻稳定协调地工作。若机房动力、环境与安全防范设备出现故障，则会影响信息机房设备系统的运行。

1. 系统概述

机房动力环境与安全防范集中监控系统，简称"动环监控系统"，是一个综合利用网络技术、数据库技术、通信技术、自动控制技术、新型传感技术等构成的计算机网络，提供一种以计算机技术为基础，基于集中管理监控模式的自动化、智能化和高效率的技术手段。系统监控对象主要是机房动力和环境的设备，如配电、UPS、空调、温湿度、漏水、烟雾、视频、门禁、消防系统，对机房实时监控、主要参数实时记录并存储；系统具有远程监控、WEB 浏览、存储回放功能；可实现邮件、短信、语音、声光等方式报警。动环监控系统结构如图 10-8 所示。

2. 机房监控系统实现的功能

监控系统需要实现的主要功能和楼宇自控系统基本相同，概括起来主要有以下功能：集中实时监视功能；报警和事件功能；运行历史数据记录和趋势功能；用户管理功能；计划安排功能；报表功能；远程管理功能；运行设置和控制功能；安全冗余功能。

监控内容及功能描述见表 10-12。

3. 机房环境监控系统的设计

不同的机房因设备数量、型号规格要求不一样，或者使用习惯不同，造成需求的千差万别，很难用固定不变的软件满足所有需求，因此动环监控系统二次开发是不可避免的。为了成功地完成二次开发，在动环监控系统项目的设计过程中，特别需要和用户有良好的技术沟通。一般按照如下几个步骤进行动环监控系统的设计。

（1）确定需要监控的对象

首先应该明确系统中需要监控的设备和项目，如配电、UPS、空调、温湿度、漏水、烟雾、视频、门禁、消防系统等。

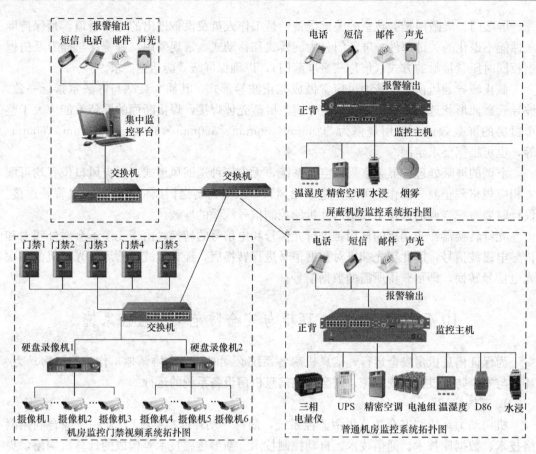

图 10-8　机房动力环境与安全防范集中监控系统框图

监控主要内容及功能要求　　　　　　　　　　　　　表 10-12

监控内容	功能描述	所需配备
供配电监测	监测各级主回路和分回路的各种电力参数，如三相相电压/线电压/电流、频率、有功功率、无功功率、视在功率、功率因数、电量等。出现断电、缺相、过压、低压等异常即时发出报警	数显电量监测仪、协议转换软件模块
开关通、断状态监测	监测各级开关的通断状态，出现异常即时报警	状态监测模块、开关量采集模块
电源防雷器监测	监测具有遥信报警触点的防雷器工作状态，对防雷器的情况进行实时记录和即时报警	开关量采集模块
UPS监控	实时监控 UPS 的工作状态、运行参数并即时报警控制，如输入电压/电流、输出电压/电流、功率、频率、负载率、电池电压/电流、整流器/逆变器/充电器//旁路运行状态、整流器/逆变器/充电器/电池电压/自动旁路故障报警、远程开关机等	通信模块、协议转换模块（UPS提供通信接口及通信协议）
蓄电池组监测	监测蓄电池组每个单体电池电压、总电压、电流、充放电电流、表面温度等	电池监测仪、电池夹、电池温度传感器、电流传感器
发电机组监控	监测发电机组运行状态及输出电压、电流、功率、频率、油位、油压、水位、水温等参数，并控制发电机启停	通信模块、转换软件模块

续表

监控内容	功能描述	所需配备
空调监控	实时监测专用空调的工作状态、运行参数并即时报警控制，如送风温度/湿度/回风温度/湿度/压缩机运行时间；压缩机/风机/冷凝器/加湿器/去湿器/加热器/传感器/控制器的运行状态、温度/湿度/压缩机/风机/冷凝器/加湿器/去湿器/加热器/传感器/控制器故障即时报警、调节温湿度、控制启停等	通信模块、转换软件模块。（空调提供通信接口及协议）
新风机监控	监测新风机的工作状态及启停控制	监测采集器、控制模块
温湿度监测	实时监测机房温度、湿度值，实时显示	温湿度传感器、软件转换模块
空气质量监测	通过相应的传感器实时监测 O_2、CO_2、CO、H_2S、SO_2、NO、Cl_2、瓦斯等气体数据，并即时报警	气体传感器、软件转换模块
漏水检测	线式检测空调等可能出现水浸处，准确定位漏水位置，按预设报警方式即时报警	漏水控制器、检测线缆等
门禁监控管理	ID刷卡/指纹机进入，刷卡/开门按钮出门。不同区域/人员/时段设置不同的进出权限，监测并记录门的开关状态、进出时间、卡号、门区及责任人等资料，远程控制门的开关，并与视频系统进行联动监控。可随时查询进出门资料和报警情况并分类统计，为事后提供依据	门禁控制器、读卡器、电锁、专用电源、开门按钮、软件转换模块等
防入侵报警监控	在机房出入口、重要通道及重要位置安装红外探测器、玻璃破碎传感器、震动传感器等防盗报警设备，通过监测其报警信号，即时发出报警，并联动灯光、视频、门禁等系统进行控制	红外双鉴探测器（或其他防盗报警器）、开关量模块
视频监控	在机房出入口、重要设备及通道，安装一体化红外半球彩色摄像机，实时监视各监控区域的状况，按需可选择不同的录像方式录像，录像回放	摄像机、网络硬盘录像机；少量可集成至监控系统软件
灯光照明控制	配合门禁、防入侵、视频等防盗系统开启灯光照明，在正常情况下也可远程控制灯光的开关	状态采集器、控制模块
消防监测报警	通过采集消防控制器或烟/温感探测器信号，即时发出报警	烟/温感探测器、开关量模块
机柜微环境监测	实时监测机柜内的温湿度参数、PDU 电源运行状态、灰尘浓度、烟雾浓度、机柜门开关状态、附近人员活动情况等，确保核心设备在最优化、最安全的环境中运行	感应探测器、开关量模块等
计算机网络监控	实时监控计算机网络中的各种设备的运行状态、参数、数据流量等情况，出现异常即时报警，并采取相应控制措施	服务器、交换机等设备监控软件模块

（2）确定监控对象的信号类型

监控对象虽然多，但信号类型可分为三类，即开关量信号、模拟量信号、智能设备信号。

开关量信号：这类信号只有两个状态，比如配电柜开关只有合闸和分闸两种状态。属于开关量信号的有配电开关、防雷器状态、新风机、排风机、消防信号等。采集到的原始信号需要将其进行数字化转换。在机房环境中，目前主流方法是采用分布式 I/O 采集模块来实现。由于配电开关只监视，不需要控制，因此需要采用 DI 输入模块，将开关量状态转化为 0、1 的数字信号状态。每个模块根据型号和厂家的不同，可以同时检测 4～32 路开关信号。

模拟量信号：模拟量是连续变化的信号，采集的过程就是进行模拟到数字信号的转换和传输的过程。模拟量信号转换模块一般有 4～8 路输入信号。机房的温湿度就是典型的模拟信号。

智能设备：智能设备的检测和数字编码工作由已经内置的单片机自行完成，设备上提供通信接口，监控系统只是与其进行通信连接，将信号传输到监控主机上解码。机房的 UPS 电源、空调、发电机、电量仪、定位漏水控制器等属于智能设备。

（3）确定监控对象的信号采集方法

信号的采集过程分为两个环节：实际信号/电信号的转换和电信号/数字信号的转换。

（4）确定智能设备的控制参数

智能设备的参数是监控系统数据采集的难点。首先应保证设备有通信接口，因为部分设备的通信接口是选购件，用户采购设备时不一定购买。要得到通信协议，只能通过设备生产商提供。其次，对协议的分析最为关键。在分析协议前需要了解设备，以便能够理解各个参数的含义，重点了解协议中提供的参数并规划出需要采集的信息。一份完整的协议中有十到数百个参数，可分为报警参数、运行参数、设置调试参数。其中报警和运行参数是主要采集的，而设置调试参数则往往是生产商工程师进行调试所用。大多数参数对用户并无实际意义，可以不考虑，比如精密空调的设置参数，用户一般只需要了解设置的温湿度和报警上下限值即可。

（5）确定系统所要实现的功能

前面已经介绍了系统常用的功能。在每个具体项目中，需要与用户进行充分的沟通，确认最终要实现的系统功能。

（6）确定采用的通信解决方案

通常采用现场采集模块配合 RS485 通信的模式。一般采用网络传输，模拟量和开关量共用一条总线，其余的智能设备每台占用一条总线。

（7）确定监控系统架构

数据采集：通过开关量采集模块、控制模块、漏水绳等设备将配电参数、开关状态、精密空调、漏水、温湿度、门禁、视频等设备的状态参数进行采集，然后再通过 RS485/RS232、TCP/IP 等接口将采集到的数据上传至机房内的监控服务器（上位机）。

核心处理：配备现场管理服务器及相应的软件实现对各参数的集中存储、处理与分析。选择相应的报警方式：电话语音报警、手机短信报警、声光报警、电子邮件报警。

远程管理：系统支持远端 IE 浏览，实现移动办公。通过授权可以在任何有网络的地方实时对监控系统进行浏览检索、操作控制等。

（8）确定软件的集成开发平台

考虑到灵活性和开放性，可以采用组态软件，一般采用 C/S、B/S 或 C/S＋B/S 的网络架构。系统应采用完全组态方式，通过系统所提供的组态工具来完成各项工作，操作简单，监测站点组建扩充无须编程，可避免人为因素造成系统不稳定性，确保系统运行稳定可靠，方便系统维护升级，确保服务质量，设计完全用户化的界面，方便用户修改。

（9）确定报警功能及方式

根据国家标准和现场实际环境情况对机房内的各类被监控设备设置其预警和报警阈值，所设定的值将保存在系统数据库内。机房监控管理系统将前端被监控设备的数据采集后与数据库内所设定的数据值进行比对，当被监测数据发生改变且超过设定范围时，系统将产生报警事件。用户也可根据管理需要，按照设备安装重要性和危害性对报警种类划分等级，分级处理报警事件。报警发送方式多样，支持短信、电话、声光、邮件、语音等发送方式。报警的发送也可根据事件级别进行设置，支持预警、报警、报警屏蔽、报警过滤、报警查询等功能。

（10）双机冗余热备

集中监控系统要管理大量的设备和系统，同时也具有很多数据分析、报警、联动等管理功能。如果监控系统出现问题，机房管理将回到原始的纯人工管理模式，配备的人员短时间内无法满足管理要求，一旦 IT 系统出现问题，带来的损失将不可估量。所以，监控系统必须高可靠性设计，充分考虑监控系统的冗余热备，当主服务器出现问题不能继续提供服务时，在设定的时间内另外一台热备份服务器将自动接替工作，无需人工干预，对纳入其下的子系统实现无缝切换，从而保障监控系统运行的连续性及数据的可靠性。

10.8 信息机房布线系统

1. 信息机房综合布线简介

信息机房是服务器和网络、存储等关键 IT 设备的安装场所。机房综合布线是将机房内网络交换设备与服务器等设备连接的布线系统，因此它与建筑物和建筑群的综合布线系统有所不同。借用一般建筑物综合布线系统的术语，仍可将机房布线系统分为工作区子系统、水平子系统、管理子系统、主干子系统和设备子系统，如图 10-9 所示。

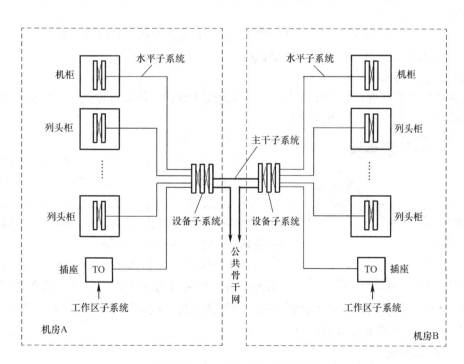

图 10-9　信息机房综合布线系统

信息机房布线系统中，工作区的大小与区域有关。在主机房区域，通常将一个机柜作为一个工作区；辅助区以 3～9m² 为一个工作区；支持区以一个房间作为一个工作区；行政管理区按一般建筑物综合布线系统工作区划分处理。

当主机房内排列的机柜或机架超过 5 个时，为方便施工、管理和维护，往往设立一个列头柜，将同一排机柜或机架的线缆汇聚在列头柜中。如果列头柜中不安放网络设备，则列头柜的作用相当于一个集合点（CP）。当列头柜中安放网络设备时，它便相当于一个管理系统。

2. 信息机房布线的特点及基本要求

信息机房布线系统具有以下特点：信息点密度高；扩展性强；以数据传输为主；光纤信息点比例高；以水平子系统模式为主；线路敷设方式需满足机房的应用特点；能综合规划设备间的非常规布线。

对信息机房布线的基本要求是：考虑扩容的高性能和高带宽需求，预留充分的扩展、备用空间；支持 10Gbps 及更高速率的网络传输技术；支持新型存储设备；支持扩容需求的聚合点；高质量、高可用性和高可量测性；大冗余性、高容量、高密度；采用交叉连接方式，通过跳线完成链路的变动、增删，减少管理维护时间。

3. 信息机房的布线方式及端接

（1）信息机房布线方式

信息机房的布线直接影响到机房的功能，一般要求布线距离尽量短而整齐，排列有序，具体的布线方式有下走线、上走线两种方式。

1）下走线：线缆敷设在防静电地板下方，充分利用了高架地板下的空间，每个机柜下方开凿相应的穿线孔。但要注意漏水、鼠害、空调送风和散热。它是小型机房最常见的布线方式。

2）上走线：线缆敷设在设备机柜上方，适合于经常变更、增减布线的机房，特别适合于 IDC 数据中心、电信机房等大中型机房。

（2）信息机房布线的端接

根据机房"高密度，高性能，快速部署以及便于维护"的布线原则，现代信息机房布线的端接方式，正向预端接方式发展。

1）铜缆预端接

所谓预端接铜缆是指集束型（6 根、12 根或 24 根/束）的双绞线两端均端接了指定的模块，并测试合格的双绞线电缆组，使用时只要将预端接铜缆敷设到位后，两端插入相应的空配线架中，即可完成铜缆系统的免调试安装，如图 10-10 所示。

铜缆预端接是一种高密度的模块化双绞线连接系统，端接和测试均在工厂中完成，从而使安装人

图 10-10　预端接铜缆束

员能够简单迅速地将网络组件连接到一起。铜缆预端接一般应用于 6 类屏蔽、6A 类屏蔽、7 类、7A 类等几个带宽等级的铜缆。

2）光纤预端接

光纤端接经历了从研磨到熔接的端接方式，目前向预端接方式发展。预端接是将光纤

预置在连接器的陶瓷插芯中，连接器端面由工厂压接固定处理；现场安装只需要插接、绑定即可。

光纤预端接结构如图 10-11 所示，在光纤主干的两端，分别连接端接模块。端接模块安装于不同机柜内的配线架上，再通过光纤跳线与设备连接。

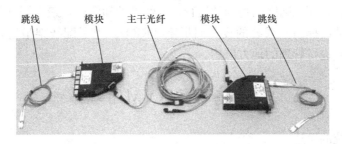

跳线　　模块　　主干光纤　　模块　　跳线

图 10-11　光纤预端接结构

光纤预端接布线如图 10-12 所示。

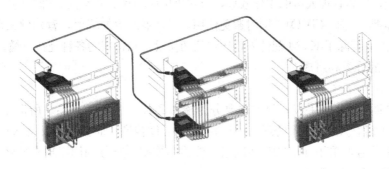

图 10-12　光纤预端接布线

4. 机房智能布线管理系统

（1）电子配线架的概念

电子配线架，又称"综合布线管理系统"或者"智能布线管理系统"。它与普通配线架的不同之处主要有以下几点：引导跳线，包括用 LED 灯、显示屏文字、声音、机柜顶灯引导等方式；实时记录跳线操作，形成日志文档；以数据库方式保存所有链路信息；以Web 方式远程登录系统对配线架端口进行管理和维护。

目前电子配线架按照其原理可分为端口探测型配线架和链路探测型配线架两种类型；按布线结构可分为单配线架方式和双配线架方式；按跳线种类可分为普通跳线和 9 针跳线；按配线架生产工艺可分为原产型和后贴传感器条型。

（2）电子配线架的功能

利用电子配线架，能大大减少工作人员的操作失误和工作人员交替造成的配线资料混乱、不完整。电子配线架能够实现下列功能：可实时探测配线架端口之间跳线的链接关系；可预先对配线架端口连接做配置，并实时地将端口链接关系生成数据库；可根据探测到的跳接变化实时告警。

第一项是整个电子配线架的核心。第二项强调的是生成数据库，而且能实时地生成。即使系统断电，数据库数据全部丢失，一旦恢复供电，系统可以马上重新扫描每一端口的链接关系并即刻生成新的数据库。第三项就是一旦有人进行跳线操作，无论是断开还是连接，系统都会马上报警。

电子配线架可以派生出许多其他非常有用的功能，如 LED 引导跳线功能、跳线操作检错功能等。电子配线架的使用大大减少了工作人员的工作强度，对网络链路的连通性进行最大程度的保证，简化网络的规划和运行，方便维护和管理，最大限度地利用了整个物理层基础设施，从而提高了系统的投资回报率（RIO）。电子配线架最适宜在数据中心机房等对大量信息点进行管理的地方应用。

10.9　信息机房 KVM 管理系统

1. KVM 系统的概述

KVM 是键盘（Keybord）、显示器（Video）、鼠标（Mouse）的英文缩写。KVM 技术的核心思想是，用一套 KVM 在多台主机之间切换，实现使用一套外设操作多台主机，达到系统的高效管理，提高管理人员的工作效率，节约机房面积和机柜空间，降低网络系统和服务器系统的总体拥有成本（TCO），同时避免使用多显示器产生的辐射，营建健康环保的机房。KVM 主机切换系统除了 KVM 配件外，还包括切换设备和特制的各种连接电缆。

2. KVM 的分类和组成

（1）KVM 的分类

KVM 按照技术实现手段，目前主要分为模拟和数字两大类产品。所谓模拟产品，主要是指在 KVM 信号的传输和处理上，没有进行 A/D 转换。而数字产品将 KVM 的模拟信号转换为数字信号，采用 TCP/IP 在网络上传输和控制，充分利用了现有的网络资源。

（2）KVM 的配置组成

1）KVM 切换器

KVM 切换器是整个系统的核心。切换器连接着用户和被监控设备，能够让用户自主选择键盘、显示器、鼠标控制设备。根据信号传输方式的不同，又分为模拟 KVM 切换器和数字 KVM 切换器。

模拟 KVM 切换器具有接入端和控制端口。典型模拟 KVM 切换器后视图如图 10-13

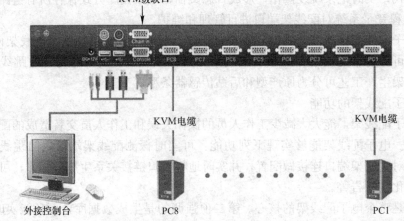

图 10-13　模拟 KVM 切换器后视图

所示，它有一套键盘（PS/2 或 USB）、鼠标（PS/2 或 USB）和显示器接口（即控制端口）以及若干 KVM 接入端口。接入端口通过 KVM 专用线缆与服务器连接，控制端与键盘、鼠标、显示器连接或与用户工作站连接，用户工作站再与控制端键盘、鼠标、显示器连接。使用用户工作站的好处是可以延长用户访问距离，长度可达 300m。实质是把用户工作站看作延长器。延长连接使用的是 Cat5 线缆，一般可分为 1 控多、2 控多、4 控多服务器，其信号传输无论是服务器到 KVM 切换器或 KVM 切换器到控制终端均为模拟信号。

数字 KVM 切换器一般有模拟控制台接口，所以又可以称为数模结合产品。从硬件上看与模拟 KVM 不同的是它有一个以太网接口，通过此接口用户可以远程访问数字 KVM 切换器。从数字 KVM 切换器到用户终端传输的是 IP 信号，而服务器到数字 KVM 切换器依然是模拟信号，这样对于数字 KVM 切换器来说，只要它有一个 IP 地址，用户就可以通过网络来管控机房的服务器等设备了。

串口切换器：机房内的设备除了各种常规接口的服务器之外，还有一些设备如网络交换机等采用的是串口通信，这时可以采用串口切换器。它不再是针对键盘、鼠标、显示器的切换，而是针对串口的切换，如图 10-14 所示。

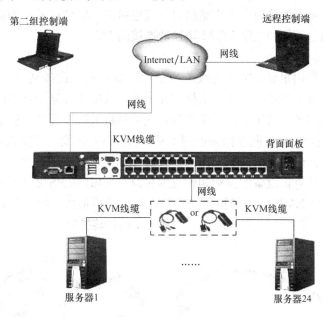

图 10-14　数字 KVM 切换器连接示意图

切换器在应用中涉及几个技术参数，介绍如下。

用户数：指一台切换器可以由几个用户同时操作与之连接的不同的被控设备。但是，一台设备是不能同时被多个用户操作的。被控设备数/用户数是一个设计时要考虑的指标，该比值数值越低意味着允许同时操作的人员越多，这将会带来成本的升高，例如 4 用户控 32 台设备的数字 KVM 比 2 用户控 32 台设备数字 KVM 成本要高。

现场用户端口：某些品牌的切换器带有独立的现场用户端口。此端口只用于本地维护，不能进行远程控制。

被控设备数：就是切换器可以连接被控设备的数量，每个设备都对应有接线端口，比如 8 设备的切换器就带有 8 个设备端口。

连线距离：KVM 要实现多个设备的集中切换控制，因此集中控制台与被控设备间的距离可能较远，连线也就较长，比如监控室和主机室的距离可能是几十米，这就要求从被控设备到用户终端的连线距离能够满足现场要求。连线距离分为两段：从被控设备到切换器的距离及从切换器到用户的距离。目前，模拟切换器最大的传输距离可以达到 300m，只要保证总长度不超过即可。而基于 TCP/IP 的数字系统其总长度因网络的原因而不受限制，但从被控设备到切换器的距离则较短，一般在 40m 左右。因此，在布置切换器位置时，应让其靠近被控设备。

支持的显示分辨率：显示分辨率应满足用户的最高使用需求。目前模拟 KVM 切换器可以支持到 1920×1440，但数字 KVM 受带宽影响分辨率稍低，一般为 1280×1024。

对于模拟 KVM 系统，当模拟切换器的端口数不够时，可以采用级联和堆叠方式扩展端口的数量。级联是将下级切换器的用户接口连接到上级切换器的一个设备接口实现端口数的增加。级联会占用设备端口，而且搭配后的 KVM 系统不能保证全通道无阻塞管控。堆叠是通过专用接口实现的，不占用被控设备端口。

用户工作站：对模拟系统而言，用户工作站类似一台终端，是一个独立的设备，有连接键盘、鼠标、显示器的接口。工作站的另一侧连接 KVM 切换器。而数字系统的用户工作站则是任何能通过网络和数字 KVM 切换器连接的 PC。

2）接口转换器

接口转换器的作用主要是减少连线的数量，增加从被控设备到 KVM 切换器的距离。计算机都有三根线缆分别连接键盘、鼠标和显示器，其中连接显示器的线缆比较粗，与切换器连接起来比较困难。采用接口转换器后，其一侧接入被控设备（转换器到设备的连线很短，仅 30cm 左右），另一侧连接一根到 KVM 切换器的连线，这样就将每台设备的三根线转化为一根线。同时通过它的放大作用，将信号加强，增加传输距离。

一般情况下，计算机设备的鼠标和键盘的接口有 USB 和 PS/2 两种接口形式，而显示器为 VGA 接口。故 KVM 接口转换器至计算机端的接口形式，要根据计算机的鼠标和键盘的接口形式确定。图 10-15 为两种常用的 KVM 接口转换器。

图 10-15 KVM 接口转换器

(a) USB/VGA 型转换器；(b) PS2/VGA 型转换器

3）管理软件

管理软件有三种，最简单的是采用 OSD（On-Screen Display），即屏幕菜单式调节方式。一般是按 Menu 键后屏幕弹出的显示器各项调节项目信息的矩形菜单，可通过该菜单对显示器各项工作指标包括色彩、模式、几何形状等进行调整，从而达到最佳的使用状态。此外，还有内嵌式软件，软件内嵌在切换器内。数字切换器往往采用 WEB 服务器的模式，用户直接用浏览器登录后进行设置。另外，还可以将 KVM 设备自带的软件安装在作为管理用的 PC 上，其他用户可以登录到这台服务器进行操作。

3. 机房 KVM 监控管理系统

数据中心机房是各个信息应用系统的数据集中管理和存储中心，汇集了大量的应用服务器、存储设备、网络设备，系统不同、设备种类繁多、数量庞大。在数据中心中，系统运行管理人员需要维护、管理众多的服务器、交换机等主机设备，维护工作量大，对所有主机设备进行集中监控管理显得非常必要。

随着 KVM 技术的发展，机房 KVM 监控管理系统已经不再是键盘、鼠标和显示器的简单延伸。机房 KVM 监控管理系统整合了现代机房管理的理念，为设备管理、操作控制及运维人员操作记录提供了全新的技术手段，已成为现代机房管理的重要环节。

机房 KVM 监控管理系统设计需要综合考虑访问控制、数据传输、存储的安全及完整性、事后审计。设计方案应根据用户使用的具体特点，对系统安全性进行重点设计，对各种可能的安全性问题进行全面防范。主机房是核心部位之一，减少人员频繁进出，可以提高机房设备的物理安全性。

10.10　信息机房消防系统

信息机房的消防是机房安全防护的一个非常重要的环节，国家对此有着十分严格的要求和标准。为保护昂贵的电子设备和数据资源，规定机房必须采用报警及气体灭火系统。

1. 机房消防系统组成

机房消防系统一般由火灾自动报警系统和气体灭火系统构成。

机房火灾自动报警系统一般由火灾报警探测器、报警控制器、手动按钮、线路组成。

机房气体灭火系统主要由灭火剂储存钢瓶、启动钢瓶、瓶头阀、主单向阀、汇集管、喷头、高压软管、安全阀、压力反馈装置、钢瓶架、气路单向阀、选择阀、泄压装置、管道及连接件等组成。

消防系统具有联动功能，通过模块可联动其他设备，如配电柜、门禁、灭火系统等。一旦有火灾发生，该系统将发出联动信号切断空调、新风等设备的电源，启动灭火系统，实施自动灭火。

2. 机房消防系统设计

机房消防系统的设计除应遵循《数据中心设计规范》GB 50174 外，还应遵循《火灾自动报警系统设计规范》GB 50116 和《气体灭火系统设计规范》GB 50370 的相关规定。

（1）机房火灾自动报警系统的设计

1）确定火灾类型

一般机房的起火因素主要是由电气过载或短路引起的，燃烧初期发出浓烟，温度上升相对较慢，火灾一旦扩散即发展迅速，同时产生大量的热和烟。因此机房内应设置感烟火灾探测器。现在的工程中一般选用光电感烟探测器较多。为防止因意外的尘埃引起感烟火灾探测器的误报，在机房内也设置了感温火灾探测器。

在同一区域内，当感烟火灾探测器与感温火灾探测器同时报警即可判断为发生火灾，报警系统发出报警信号，相关联动设备动作，并进入气体灭火启动程序。当仅有感烟火灾探测器或感温火灾探测器之一报警时，系统也会发出报警信号，待管理人员确认后手动报警或解除报警。

2）确定防护部位

一般机房为一个或几个独立的防火区，其内部均应设置火灾自动报警系统，并应符合现行国家标准的规定。

3）确定火灾探测器的数量

机房宜采用感烟探测器。当设有固定灭火系统时，应采用感烟、感温两种探测器的组合。

机房工作层安放 IT 主要设备，是主要的防护区域。机房的地板下和吊顶内安装有大量的信号线与动力电缆，吊顶内还有照明设备及通风管道，是火灾的多发部位。在工作层、地板下、吊顶内这三层空间均应设置灭火探测器。

确定探测器设置及数量时，探测器的设置一般按保护面积确定，每只探测器保护面积和保护半径是一定的，要考虑房间高度、屋顶坡度、探测器自身灵敏度三个主要因素。但在有梁的顶棚上设置探测器时必需考虑到梁突出顶棚带来的影响。另外，在设置火灾探测器时，还要考虑建筑内部走道宽度、至墙端的距离、至墙壁梁边距离、空调通风口距离以及房间间隔情况等的影响。

每个机房内所需设置的探测器数量，不应小于下式的计算值：

$$N = S/(K \cdot A) \tag{10-20}$$

式中，N 为探测器数量，取整数；S 为该探测区域面积，单位为 m^2；A 为探测器的保护面积，单位为 m^2；K 为修正系数，取 $0.7 \sim 1.0$。

（2）气体自动灭火系统设计

根据机房的结构，机房灭火系统的设计主要考虑以下几个方面。

1）气体灭火系统类型的选择

由于机房环境较好，对报警系统无太多特殊要求，目前的各类报警系统都基本适用。但对灭火剂有特殊要求。传统的水、泡沫、干粉和烟雾系统都不适用于机房灭火。机房灭火剂应该是一种在常温下能迅速蒸发，不留蒸发残余物，并且非导电、无腐蚀的气体灭火剂。气体灭火系统是将某些具有灭火能力的气态化合物（常温下）贮存于常温高压或低温低压容器中，在火灾发生时通过自动或手动控制设备施放到火灾发生区域，从而达到灭火目的。气体灭火系统种类较多，目前在信息机房常用的有：七氟丙烷灭火系统、洁净型气溶胶灭火系统、IG541（烟必静）灭火系统、二氧化碳灭火系统和三氟甲烷灭火系统。其中七氟丙烷灭火系统是目前信息机房最为常用的灭火系统，它是一种新型环保灭火系统，属于绿色工程范畴，具有灭火效率高，无毒无害，灭火后对保护对象无腐蚀、无损害、不留残渣等特性，是早期的气体灭火剂卤代烷 1211、1301 的理想替代产品。该产品成本低、安装方便、无泄漏、挥发、衰变，维护管理简单，有着广泛的适用性。

设计机房消防工程时，七氟丙烷灭火系统有管网全淹没灭火和无管网全淹没灭火两种形式，可在具体工程中进行投资比较后，决定采用形式。

2）灭火剂及储备装置数量计算

灭火系统中灭火剂及储备装置数量与所选取的灭火剂类型、灭火形式、灭火分区息息相关。

每个气体灭火系统在设计之初都要先进行灭火分区划定，灭火分区划定的结果往往直接影响整个工程的造价。由于每个工程的灭火分区的划定不尽相同，灭火剂及储备装置数量也各异。无论采用何种气体灭火种类，《气体灭火系统设计规范》中都有相应的计算标准，只要按照标准要求设计计算即可。

本 章 小 结

本章介绍了信息机房系统在我国的四个发展阶段，应了解信息机房的发展进程，特别应熟悉现阶段信息机房的基本要求和绿色数据中心的概念。

信息机房就像一栋完整的建筑。信息机房系统的设计可以从结构空间和系统功能两方面入手。应掌握机房结构空间的划分规则和实现完整机房功能的各个子系统的组成。

根据国家信息机房设计规范，将信息机房划分为 A、B 和 C 三级。应掌握各级机房的划分原则和要求；应熟悉常用的信息机房设计、施工和验收规范。

应熟悉机房选址时对外部环境和内部环境的基本要求。应了解信息机房的布局原则，熟悉和掌握围护结构所使用的主要材料，特别是地板材料。

空气环境对信息机房至关重要。应掌握不同等级的信息机房对温湿度的要求；熟悉机房空调系统的种类和特点，掌握空调系统负荷的计算方法和新风系统流量的确定方法。

了解信息机房给、排水系统的设计要求。

供电是信息机房核心子系统之一。不同等级的机房对供电提出不同的要求。应掌握电力负荷等级的划分规则和系统配置要求；应掌握供配电系统的设计方法，如配电形式、负荷计算、UPS 选型与容量确定、照明系统设计、防雷和接地系统设计等。

熟悉机房屏蔽的要求和屏蔽功能的实现方法。

熟悉机房独立、环境与安防集中管理系统的基本概念和系统组成；熟悉系统集成的基本方法和手段。

掌握机房布线系统的特点，掌握预端接布线的概念和实现方式，熟悉智能布线管理系统和电子配线架的基本概念。

掌握 KVM 系统实现的基本功能和特点，掌握 KVM 系统的分类与组成。

熟悉机房消防系统的组成，掌握机房消防系统的设计方法。

思 考 题 与 习 题

1. 电子信息系统机房划分哪几个等级，各是什么条件？
2. 机房按功能划分的建设内容？
3. 机房热负荷包括哪些？如何计算的？
4. 机房动力负荷包括哪些内容？
5. A 级机房 UPS、配电系统设计基本指标包括哪些内容？
6. 数据中心机房接地有哪几种类型？
7. 机房的静电危害有哪些？

8. 机房动力、环境监控对象有哪些？

9. 电子配线架的功能？

10. 气体灭火系统主要由哪几个部分组成？

11. 机房建设包括哪几个系统？

12. 目前国内信息中心机房建设存在的常见问题？如何解决？

13. 机房配电系统须具有什么功能？

14. 屏蔽机房主要构件要求？

15. 采用 KVM 系统的优点？

16. 机房消防的原理？

17. 机房对雷电危害采取的措施？

参考文献

[1] 白殿一. 标准的编写. 北京：中国标准出版社，2009.

[2] 中华人民共和国建筑法.

[3] 中华人民共和国标准法.

[4] 叶敏. 程控数字交换与交换网（第二版）. 北京：北京邮电大学出版社，2003.

[5] 王娜. 智能建筑信息设施系统. 北京：人民交通出版社，2008.

[6] 何滨，王卓昊. 速学电话电视系统施工. 北京：中国电力出版社，2009.

[7] 戴瑜兴，黄铁兵，梁志超. 民用建筑电气设计手册（第二版）. 北京：中国建筑工业出版社，2007.

[8] 金惠文，陈建亚，纪红. 现代交换原理. 北京：电子工业出版社，2011.

[9] Andrew S. Tanenbaum. Computer Networks (First Edition).

[10] Andrew S. Tanenbaum. Computer Networks (Second Edition).

[11] Andrew S. Tanenbaum. 计算机网络（第3版）. 熊桂喜，王小虎译. 北京：清华大学出版社，1998.

[12] Andrew S. Tanenbaum. Computer Networks (Fourth Edition). 北京：清华大学出版社，2004.

[13] 张立云，马皓，孙辨华. 计算机网络基础教程（修订本）. 北京：清华大学出版社，2006.

[14] 张卫，余黎阳. 计算机网络工程. 北京：清华大学出版社，2010.

[15] 王畅，张天伍. 计算机网络技术. 北京：清华大学出版社，2011.

[16] 程光，李代强，强士卿. 网络工程与组网技术. 北京：清华大学出版社，2008.

[17] 王凤英，程震，赵金铃. 计算机网络. 北京：清华大学出版社，2010.

[18] 尤克，黄静华，任丽颖，吴佳欣. 通信网教程. 北京：机械工业出版社，2009.

[19] 姚玉坤. 现代通信网络实用教程. 北京：机械工业出版社，2009.

[20] 王兴亮，李伟. 现代接入技术概论. 北京：电子工业出版社，2009.

[21] 王洪，贾卓生，唐宏. 计算机网络与应用教程（第3版）. 北京：机械工业出版社，2011.

[22] 魏东兴，冯锡钰，邢慧玲. 现代通信技术（第2版）. 北京：机械工业出版社，2009.

[23] 李仲令，李少谦，唐友喜，武钢. 现代无线与移动通信技术. 北京：科学出版社，2006.

[24] 杨庚，章韵，成卫青，沈金龙. 计算机通信与网络. 北京：清华大学出版社，2009.

[25] 谢希仁. 计算机网络（第6版）. 北京：电子工业出版社，2013.

[26] 张宜. 综合布线工程. 北京：中国电力出版社，2008.

[27] 梁华，梁晨. 简明建筑智能化工程设计手册. 北京：机械工业出版社，2005.

[28] 姚玉坤. 现代通信网络实用教程. 北京：机械工业出版社，2009.

[29] 林如俭. 光纤电视传输技术. 北京：电子工业出版社，2001.

[30] 李鉴增，焦方性. 有线电视综合信息网技术. 北京：人民邮电出版社，1997.

[31] 吴诗其，李兴. 卫星通信导论. 北京：电子工业出版社，2002.

[32] 陈振国，杨鸿文，郭文彬. 卫星通信系统与技术. 北京：北京邮电大学出版社，2003.

[33] 王秉钧，王少勇. 卫星通信系统. 北京：机械工业出版社，2004.

[34] 朱立东，吴廷勇，卓永宁. 卫星通信导论（第3版）. 北京：电子工业出版社，2009.

[35] 金文中，李建新. 广播影视科技发展史略. 中国广播电视出版社，2013.

[36] 许锦标，张振昭. 楼宇智能化技术. 北京：机械工业出版社，2012.

[37] 陈伟利，魏立明，王琮泽. 楼宇智能化技术与应用. 北京：化学工业出版社，2010.

[38] 王波. 楼宇智能化技术. 重庆：重庆大学出版社，2006.

[39] 刑智毅. 智能建筑技术应用. 北京：中国电力出版社，2012.

[40] 杜茂安. 现代建筑设备工程. 哈尔滨：黑龙江科学技术出版社，1997.

[41] 中国建筑标准设计研究院. 智能建筑弱电工程设计与施工（国家建筑标准设计图集 09X700（上）). 北京：中国计划出版社，2010.

[42] 刘光辉. 智能建筑概论. 北京：机械工业出版社，2006.

[43] 王齐祥，曾维坚，王恒，钟恭良. 现代公共广播技术与工程案例. 北京：国防工业出版社，2011.

[44] 周志敏，季爱华. 触摸屏实用技术与工程应用. 北京：人民邮电出版社，2011.

[45] 叶选. 电缆电视系统. 北京：中国建筑工业出版社，1997.

[46] 程子华. 视频学工控—触摸屏应用技术. 北京：人民邮电出版社，2010.

[47] 李方园. 触摸屏工程应用. 北京：电子工业出版社，2008.

[48] 王建章. 实用智能建筑机房工程. 南京：东南大学出版社，2010.

[49] 刘春贵. 计算机机房、空调与电源. 北京：海洋出版社，1997.

[50] 计世资讯. 2011—2012 年中国视频会议系统发展趋势研究报告

[51] SYSTIMAX® STRUCTURE CABLING SYSTEM COMPONENTS Guide，1994.

[52] SYSTIMAXTM PDS Design Guide. AT&T Private Network，1991.

[53] AT&T SYSTIMAX® PDS Design and Engineering，AT&T，1992.

[54] TIA942—2005. 数据中心电信基础设施标准. 2007.

[55] GB/T 50622—2010. 用户电话交换系统工程设计规范 [S].

[56] GB/T 50623—2010. 用户电话交换系统工程验收规范 [S].

[57] GB 50057—2016. 建筑物防雷设计规范 [S].

[58] GB 15629.3—1995. 局域网 第3部分：带碰撞检测的载波侦听多址访问（CSMA/CD）的访问方法和物理层规范 [S].

[59] GB 15629.1101—2006. 5.8GHz 无线局域网 [S].

[60] GB 15629.1104—2006. 2.4GHz 无线局域网 [S].

[61] GB/T 20270—2006. 网络基础安全技术要求 [S].

[62] GB 50314—2015. 智能建筑设计标准 [S].

[63] GB 50311—2016. 综合布线系统工程设计规范 [S].

[64] GB/T 50312—2016. 综合布线系统工程验收规范 [S].

[65] GB/T 50373—2006. 通信管道与通道工程设计规范 [S].

[66] TIA/EIA-568. Commercial Building Telecommunications Cabling Standard [S].

[67] TIA/EIA-568-B. Commercial Building Telecommunications Cabling Standard [S].

[68] TIA/EIA-568-C. Commercial Building Telecommunications Cabling Standard [S].

[69] GB 50526—2010. 公共广播系统工程技术规范 [S].

[70] GB 50371—2006. 厅堂扩声系统设计规范 [S].

[71] GB 50174—2017. 数据中心设计规范 [S].

[72] GB 50200—1994. 有线电视系统工程技术规范 [S].

[73] GY/T 106—1999. 有线电视广播系统技术规范 [S].

[74] GB/T 11318.1～14—1996. 电视和声音信号的电缆分配系统设备与部件 [S].

[75] GB 50799—2012. 电子会议系统工程设计规范 [S].

[76] YD/T 5032—2005. 会议电视系统工程设计规范 [S].

[77] GB 50635—2010. 会议电视会场工程设计规范 [S].

[78] GB 50464—2008. 视频显示系统工程设计规范 [S].

［79］ GB/T 21671—2008. 基于以太网技术的局域网系统验收测评规范［S］.

［80］ MH/T 5019—2004. 民用机场航站楼时钟系统工程设计规范［S］.

［81］ JGJ 16—2016. 民用建筑电气设计规范［S］.

［82］ GB 50343—2012. 建筑物电子信息系统防雷技术规范［S］.

［83］ GB 50462—2015. 数据中心基础设施施工及验收规范［S］.

［84］ SJ/T 10796—2001. 防静电活动地板通用规范［S］.

［85］ SJ/T 31469—2002. 防静电地面施工及验收规范［S］.

［86］ SJ/T 11236—2001. 防静电贴面板通用规范［S］.

［87］ GB 8624—2012. 建筑材料及制品燃烧性能分级［S］.

［88］ GB/T 2887—2011. 计算机场地通用规范［S］.

［89］ GB 50052—2009. 供配电系统设计规范［S］.

［90］ GB 50370—2005. 气体灭火系统设计规范［S］.

［91］ GB 50116—2013. 火灾自动报警系统设计规范［S］.